普通高等教育人工智能与大数据系列教材

大数据基本处理框架原理与实践

刘　春　编著

机 械 工 业 出 版 社

本书针对大数据处理的两种典型方式，即批处理和流处理，介绍了当前 Apache 软件基金会三大软件开源项目 Hadoop、Spark 和 Storm 中主要的存储及计算框架。本书从初学者的角度出发，聚焦于大数据处理框架的基本原理以及安装和部署等实践过程。通过本书的学习，读者在了解处理框架的结构、设计原理以及执行流程等原理性知识的同时，还可以结合本书给出的完整部署过程以及 WordCount 等示例的完整源代码，熟悉如何使用这些处理框架来编写大数据处理程序以及大数据处理程序的基本结构。

本书配套 PPT、源代码等资源，欢迎选用本书作为教材的老师登录机工教育服务网 www. cmpedu. com 注册下载。

本书可作为高等院校计算机、数据科学与大数据技术及人工智能或相关专业的本科生或研究生教材，也可供相关工程技术人员阅读参考。

图书在版编目（CIP）数据

大数据基本处理框架原理与实践 / 刘春编著 . —北京：机械工业出版社，2021. 11（2023. 6 重印）

普通高等教育人工智能与大数据系列教材

ISBN 978-7-111-69493-9

Ⅰ. ①大… Ⅱ. ①刘… Ⅲ. ①数据处理-高等学校-教材 Ⅳ. ①TP274

中国版本图书馆 CIP 数据核字（2021）第 220440 号

机械工业出版社（北京市百万庄大街 22 号　邮政编码 100037）

策划编辑：路乙达　责任编辑：路乙达　张翠翠

责任校对：炊小云　封面设计：张　静

责任印制：常天培

北京机工印刷厂有限公司印刷

2023 年 6 月第 1 版第 2 次印刷

184mm×260mm · 14 印张 · 345 千字

标准书号：ISBN 978-7-111-69493-9

定价：43. 80 元

电话服务	网络服务
客服电话：010-88361066	机　工　官　网：www. cmpbook. com
010-88379833	机　工　官　博：weibo. com/cmp1952
010-68326294	金　　书　　网：www. golden-book. com
封底无防伪标均为盗版	机工教育服务网：www. cmpedu. com

Preface 前　言

随着手机和摄像头等大量移动设备的使用、Web 2.0 和社交网络带来的数据产生方式的转变，以及云计算、Hadoop、Spark 等的出现，大数据越来越多地对人们的生活、企业的运营以及国家的治理和安全产生深远的影响。在这种情况下，研究大数据处理技术，培养大数据专业人才得到了国家和社会各界的广泛重视。当前，已经有越来越多的高校开设数据科学与大数据技术专业，也有越来越多的人学习大数据处理技术。

1. 本书的定位

对于初次接触大数据处理技术的读者来说，了解大数据处理框架的基本原理并能够搭建运行和开发环境，编写简单的应用代码，进而掌握大数据处理程序的基本结构与编写流程，往往是有难度的。

本书面向大数据处理技术的初学者，在介绍大数据处理框架的结构、设计原理以及执行流程等原理性知识的同时，还给出了大数据处理框架的完整安装过程以及 WordCount 等示例的完整程序代码，并对代码进行详细的注释说明。本书强调完整的安装过程和示例代码，可以省去读者查找安装过程、代码以及调试代码 Bug 所带来的麻烦。在介绍安装过程和示例代码的过程中尽可能地对大数据处理框架涉及的诸如 Linux 命令、文件系统、分布式日志收集工具 Flume 等相关知识点进行了简单的介绍，可节省读者了解相关背景知识所需要的时间。

2. 本书的主要内容

本书主要聚焦于大数据处理的两种主要方式，即批处理和流处理，介绍当前 Apache 软件基金会的三大软件开源项目 Hadoop、Spark 和 Storm 中的主要存储和计算组件。由于 Hadoop 与 Spark 的组件众多，从实际应用开发者的角度出发，针对 Hadoop 主要介绍 HDFS、MapReduce 和 HBase 三个组件，针对 Spark 主要介绍 Spark 的核心框架以及 Spark 应用于流处理的 Spark Streaming 组件。

HDFS、MapReduce 和 HBase 是 Hadoop 的核心组件。HDFS 是 Hadoop 的分布式文件系统，HBase 是 Hadoop 的分布式数据库，两者主要解决的是大数据的可靠存储。MapReduce 和 Spark 的核心框架主要应用于大数据的批处理。Spark 作为 MapReduce 之后发布的批处理框架，弥补了 MapReduce 的一些局限性，具有了更强的计算表达能力以及更快的处理速度。但是，本书仍然对 MapReduce 进行介绍，这是因为 Spark 的设计借鉴了 MapReduce，理解 MapReduce 有助于更好地理解 Spark。

对于流处理框架，将介绍 Spark Streaming 和 Storm。两者代表了实际中两种不同的流处理方式。Spark Streaming 基于 Spark 核心框架的批处理功能将数据流分成不同的时间片段，然后针对每个时间片段的数据进行批处理。因此，Spark Streaming 对数据流的处理过程并不是完全的实时处理，而 Storm 采取的是实时处理。

本书的所有安装和运行过程都是在单机的一个虚拟机中完成的，方便读者进行实践。所有的安装过程和程序代码都经过作者的亲自实践，但是编写这些安装过程和代码时可能出现错误，如果在学习过程中发现问题，请联系作者，邮箱为 liuchun@ henu. edu. cn。

刘　春

河南省时空大数据产业技术研究院

Contents 目　录

第 5 章 Hadoop 数据库系统 HBase …… 79

第 6 章 分布式内存计算框架 Spark … 108

第 7 章 Spark 流计算框架 (Spark Streaming) …………… 156

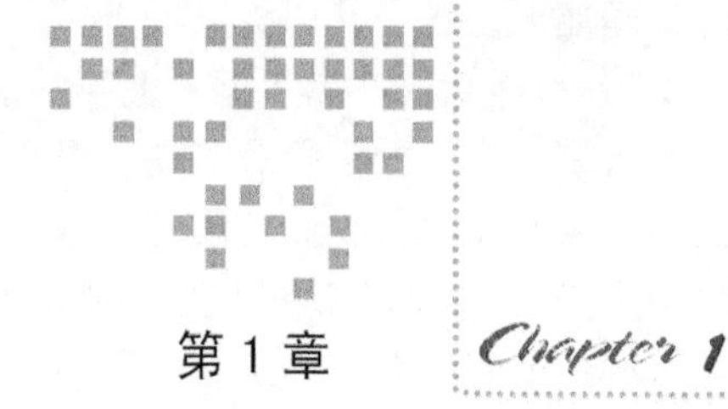

第 1 章 Chapter 1

大数据与基本处理框架

本章导读

2011 年 5 月，全球知名咨询公司麦肯锡在其发布的《大数据：下一个具有创新力、竞争力与生产力的前沿领域》报告中率先提出了大数据时代已经到来，并声称“数据已经渗透到当今每一个行业和业务职能领域，成为重要的生产因素。人们对于海量数据的挖掘和运用，预示着新一波生产率增长和消费者盈余浪潮的到来”。2012 年 3 月，美国奥巴马政府发布了《大数据研究和发展倡议》，该倡议将大数据上升为美国国家发展战略。2015 年 10 月，党的十八届五中全会正式提出“实施国家大数据战略”。大数据对国家和社会的重要性已得到全社会的广泛重视。

本章将主要对大数据产生的背景、大数据的特征、大数据的价值与意义、大数据带来的挑战、大数据的基本计算框架进行概述。

1.1 大数据产生的背景

大数据产生的背景是从 20 世纪中叶计算机产生以来，人们越来越广泛地使用计算机处理信息所带来的数字化和网络化。

1.1.1 数字化

自计算机发明以来，随着技术的进步，计算机硬件设备越来越便宜，性能越来越好，这导致越来越多的数字设备被发明出来，并被应用于数据的存储、传输和处理。

首先，计算机所能处理的数据量与存储设备的存储容量是紧密相关的，而在计算机的存储设备体积越来越小、价格越来越低的同时，容量却越来越大。IBM 在 1956 年生产了一个商业硬盘，容量只有 5MB，不仅价格昂贵，而且体积比冰箱大。而如今，容量为 TB 级的存储设备随处可见，并且价格只有几百元，而大小只有 2.5in（1in = 2.54cm）左右。

其次，伴随着容量更大、传输速度更快、价格更便宜的存储设备的产生，计算机数据处理所依赖的 CPU 的性能也在快速发展。从 20 世纪 80 年代开始，按照摩尔定律，CPU 的运行频率已经从 10MHz 提高到了 3.6GHz，CPU 中核的数量也在逐渐增加，同等价格下 CPU

的处理能力已经呈几何级数上升。

最后，随着1977年世界上第一套光纤通信系统在美国芝加哥投入商用，信息的传输速度进入了一个新的阶段。当前，世界各国都在加大宽带网络的建设。截至2019年10月底，我国三家基础电信企业的固定互联网宽带接入用户总数达4.52亿户，其中光纤接入用户达4.16亿户，占固定互联网宽带接入用户总数的92%。在宽带网络速率不断提升的情况下，宽带网速朝着千兆迈进。与此同时，移动通信宽带网络发展迅猛，3G、4G网络的普及，5G的快速发展，使得各种移动终端设备可以更加快速地随时随地传输数据。

1.1.2 网络化

如果说数字化背后高性能、低成本数字设备的发明和使用是大数据产生的基础，那么互联网所带来的网络化则是大数据产生的催化剂。互联网消除了地域、国别等阻碍信息流通的限制，使得人类能够快速地传输和分享数据信息。它所带来的便捷也将全世界更多的人卷入网络中。人们在享受这种便捷的同时，也变得更加依赖数字设备，以至于PC、手机等数字设备成为人们生活和工作的标配。这种依赖也在无形中使得人们更加主动地生产诸如短信、微博、邮件等各种数据。在全世界数十亿人口的加持下，人们每天通过持有的数字设备所产生的数据是海量的。比如，全世界的人每天发送1.8亿封邮件；每天通过谷歌进行超过30亿次搜索，如果每次搜索产生一个搜索记录，那么谷歌就会每天获得超过30亿条的搜索记录。特别是以社交网络为代表的Web 2.0技术的发展以及智能手机的普及，更加加速了人作为数据主动生产者的角色，从而生产了更大规模的数据。2018年的新浪微博用户发展报告显示，微博月活跃用户达4.62亿，月阅读量过百亿的领域达32个，其中仅大V所生产的微博数量每月达到650万条。2018年，微信数据报告显示，每天有10亿用户登录微信，6300万用户保持活跃，他们每天发送450亿条信息。

如今，在互联网蓬勃发展的同时，人们已经不满足于通过互联网实现人与人之间的互联，更希望将物理世界融入互联网之中，实现人与物理世界的沟通。而这种沟通的重要媒介就是各种用于感知物理世界的传感器，如各种摄像头、湿度/温度传感器。为了感知对象，这些传感器设备时时刻刻都在不辞辛劳地产生各种数据。在这种情况下，它们所产生的数据规模更是惊人。比如如果将摄像头的码率设为4Mbit/s，假设带宽允许的情况下，一个摄像头1h就会产生14GB的数据，一天会产生336GB数据，一年会产生120TB数据。100个摄像头一年就会产生12PB的数据。如今各城市中遍布各种摄像头，可以设想下如果把这些摄像头产生的所有数据全部存储起来，那么所产生的数据量会远远超出普通的计算机或者服务器所能处理的数据规模。

1.2 大数据的特征

人们通常认为大数据就是海量的数据，或者海量的数据就是大数据，然而仅从规模上理解是不准确的，因为一个单词复制1万亿次也会产生海量的数据，但是显然这个海量的数据是没有多大保存意义的。一般来说，大数据往往具有4个重要特征：规模大（Volume）、多样化（Variety）、快速化（Velocity）、价值密度低（Value Less）。

- **规模大：**在数据的规模上，大数据的数据量非常大。

- **多样化**：在数据的构成上，大数据不仅包括了传统关系型结构化数据，还包括来自于网页、网络日志、社交媒体、论坛、传感器等数据源的文本、图像、语音、视频等半结构化和非结构化数据。
- **快速化**：在对数据的产生和处理上，大数据从数据的生成到处理，时间窗口非常小，可用于生成决策的时间比较短，超出了一定时间数据可能就失去了价值。
- **价值密度低**：在数据的价值上，大数据中只有小部分的数据有极高的价值。

从上述 4 个特征可以看出，大数据不仅体现在规模上，还体现在它的构成、产生和处理方式以及蕴含的价值上。数据构成的多样化使得大数据中隐含的信息更加丰富，从而可以从多源信息中更好地了解一个事物的全貌。大数据的快速化特征体现了数据的产生和对数据处理的时效性要求。也就是说，如果数据产生的速度很慢，那么即使最终产生的数据量巨大，也只能称为海量数据，而不能称为大数据。大数据的价值密度低是相对于大数据的规模来说的，大数据中蕴含的价值从量上来说是少的，但并不是说蕴含的价值低。相反，大数据的意义往往体现在其所蕴含的价值是巨大的。

1.3　大数据的价值与意义

1.3.1　量变到质变

自从 2011 年大数据时代被提出以来，大数据吸引了世界范围内的政府、企业和研究机构的重视。亚马逊前任首席科学家 Andreas Weigend 认为数据是新的石油，更有人称大数据将开启第三次工业革命。为什么大家如此重视大数据？主要的原因还是大数据中隐含丰富的价值，并且这种价值跟人们长久以来所拥有的“小数据”中隐含的价值不同。这种不同就体现在大数据由量变到质变过程中所产生效应。

比如，在整个城市都布满摄像头的情况下，从一个人在一个时间段内由某个摄像头所拍摄的视频中获取的信息是有限的。但是，如果能获取这个人一年内由该摄像头所拍摄的视频数据，就可以大概得知这个人在一个路段的出行规律。更进一步，如果能获取这个人一年内在整个城市由不同地段的摄像头所捕获的视频数据，那么就可以分析得知这个人的工作和生活模式，包括在哪上班、上下班的时间点、上下班喜欢走的路线等信息。如果还能获得这个人在淘宝、京东等网上商城购物的数据和银行的记录数据，那么就可以分析出这个人的喜好、收入、消费模式，并有可能分析出上班的公司及工作的类型等更有价值的信息。从一个摄像头在一个时间段的数据、一个摄像头在多个时间段的数据、多个摄像头在多个时间段的数据到购物和银行的数据，可以看出大数据的量变到质变，从而可以获得更多难以从小数据中所获取的信息。

大数据可以让医生更清楚地知道针对某种疾病的更有效的治疗方案，可以让银行甄别优质的贷款客户，可以让商家更了解顾客的需求，可以让电影导演知道观众更喜欢什么类型的演员主演的电影，可以让算法工程师知道汽车沿哪条道路行驶能够更加节省时间和燃油，可以让竞技体育的教练知道如何更好地制定比赛战术，也可以让政治家更好地了解当前社会大众真正的关注点是什么。这就是大数据的价值和意义。

1.3.2 数据科学的产生

在大数据时代，当数据已经变成重要的资产并得到越来越重视的情况下，就有必要让数据为人类发声，并充分挖掘数据中隐含的价值来为人类服务。在这种情况下，一种新的科学研究方式就产生了：数据密集型科学或者数据科学。

数据科学以数据为中心，从数据中挖掘未知的知识，推动科技发展和社会进步。这是一种与传统的试验科学、理论科学和计算科学不同的科学研究方式。试验科学从各种假设出发，通过试验来发现知识；理论科学基于已有的数学、物理等知识，通过推理等手段来进一步构建新的理论知识；计算科学则利用计算机的计算能力，通过模拟等手段发现和验证知识；而数据科学则完全从数据出发，从数据中通过分析、挖掘得到新的知识。

1.3.3 思维的变革

大数据的到来也将对人们处理一些问题时的思维方式产生变革性的影响。维克托·迈尔·舍恩伯格在《大数据时代：生活、工作与思维的大变革》一书中总结到，在大数据时代，大数据将使得人们的思维方式产生以下 3 种转变。

- **不是随机样本，而是全体数据：** 由于过去在数据获取手段以及数据存储和处理技术方面的能力不足，人们在面对诸如民意调查以及经济调查等问题时，通常采取抽样的手段，以期望通过对一部分样本数据的分析来推断全体数据中蕴含的特征。但是在如今的大数据时代，依赖于分布式存储和处理等技术手段，人们已经有了足够的能力来从数据的全集而不是部分样本数据中获取数据中蕴含的价值和特征。在这种情况下，人们在数据分析时更多地思考的是如何获取更多的数据来得到更有价值的信息，而不是如何去抽样和推断数据中蕴含的价值。
- **不是精确性，而是混杂性：** 当人们基于抽样手段来获取一小部分样本数据进行分析时，数据的精确性对分析结果具有重要的意义。样本数据集的数据量小，哪怕极少的数据不精确，也可能会对分析结果产生较大的影响。但是在大数据时代，人们处理分析的是海量的全体数据。在海量的全体数据面前，部分数据的不精确将变得不那么重要，因为庞大的数据量将会稀释其对分析结果所带来的影响。在这种情况下，人们在数据分析时，追求更多的是如何获得更杂的数据，因为看似杂乱无章的数据将能够反映分析对象更多维度、更全面的信息。
- **不是因果关系，而是相关关系：** 因果关系是人类社会透过现象去追寻本质的一种近乎本能的反应，一般回答的是“为什么”的问题。追求因果关系也往往是人类进步的动力。但不可否认的是，因果关系的证明往往是复杂的事情，可能还需要严格的试验验证。但是在大数据时代，当海量的数据支撑或者反映某些对象之间存在相关性时，可以从让数据为自己发声的角度出发，认为在这些对象之间较大可能存在某种因果关系来支撑它们之间的相关性。在这种情况下，人们就可以利用这种相关性去做决策而无须进一步追求这种相关性背后的因果关系，比如根据超市用户消费数据中的“啤酒和尿布”之间的相关性，就可以将两者摆放在一起来促进两者的销量。因此，在大数据时代，从实用的角度出发，追求相关关系要比追求因果关系更好。

1.4　大数据带来的挑战

任何事物都有两面性。大数据在带给人们价值的同时，也给人们带来挑战。这种挑战主要存在于数据的处理和道德法律两个方面。

首先，从数据的处理上来说，人们需要面对的挑战包括：来源于不同数据源、不同类型的数据如何接入；如何统一它们的时空基准；如此海量的数据如何存储；在海量数据存储的过程中如何保障数据的可靠性和安全性；面对海量的数据如何有效支持对数据的修改和查询，以及统计分析；如何挖掘海量数据中隐含的价值；面对海量的数据如何更快地进行挖掘、分析；如果海量的数据以流的形式源源不断地到来，又该如何有效地处理分析；如何对海量的数据及其蕴含的价值进行可视化等。

其次，从道德法律上来说，大数据带来的挑战包括：大数据的数据来源或者生产者一般为客户，而数据的拥有者一般为政府或者企业，那么从法律层面来说客户数据到底归谁所有；谁有权支配数据的使用；数据的拥有者有没有权利去从数据中挖掘并分析得出顾客的消费习惯等个人隐私；从数据中产生的收益该如何分配；如果数据发生泄露并造成损失，数据的拥有者该负多大的法律责任；如果数据拥有者利用从数据中获取的信息针对客户做出了“杀熟”或者因预测客户是一个低价值客户而拒绝为其服务等行为是否符合道德规范或者违法，如果违法该如何惩罚数据拥有者；数据的生产者和数据的拥有者之间的权利边界在哪里等。

由于本书主要关注大数据的处理分析，因此将主要介绍当前人们在应对大数据的数据处理问题时所取得的进展，而不涉及大数据的道德和法律方面的问题。

1.5　大数据的基本处理框架

根据大数据的存在状态，大数据处理的计算模式一般包括两种：一种是批处理，另一种是流处理。

- **批处理**：在进行大数据分析处理时，海量的数据已经存在于磁盘中，此时人们对数据的处理一般采取批量处理或者分批处理。这种处理方式一般称为批处理。
- **流处理**：现实世界中，很多大数据是以流的形式产生的，并且数据的价值会随着时间的流逝而降低，比如火车站各种摄像头的监控数据、12306 的订票请求、银行的交易数据等。这种类型数据背后的业务讲究时效性，数据也自然需要即时处理，而不能攒到一起进行批量处理。在这种情况下，就需要针对这种源源不断到来的数据进行实时处理，而这种处理方式一般称为流处理或者流计算。

虽然也有很多人将针对以社交网络为代表的大规模图或者网络结构数据的图计算称为一种新的计算模式，但是本书暂不将该部分内容纳入讨论。

当前，人们已经在大数据的批量处理和流处理方面设计并提出了许多有价值的处理框架。在针对大数据的批处理方面，最知名的处理框架就是 Hadoop 以及 Hadoop 中 MapReduce 计算方式的升级版 Spark；而在流处理方面，广泛使用的计算框架包括 Spark Streaming、

Storm 和 Flink 等，其中，Spark Streaming 是 Spark 软件栈中基于 Spark 的一个组件。为了尽可能压缩本书的内容以让读者能够深入地了解每个计算框架的原理和具体实践，并考虑到现有各个计算框架之间的关系，本书将只涉及 Hadoop、Spark 和 Storm 这 3 种计算框架的主要内容。

1.5.1 Hadoop

Hadoop 是一款由 Apache 软件基金会开发的可靠、可扩展、开源的分布式系统基础架构。它允许用户在不了解分布式系统底层细节的情况下，使用简单的编程模型进行分布式大型数据处理。它的设计可以从单台服务器扩展到数千台机器，其中每台机器都提供本地计算和存储。如今，它已发展成一个包含众多组件的开源生态体系。

（1）Hadoop 的起源

Hadoop 最早起源于一个开源的网络搜索引擎项目 Nutch。它是由 Doug Cutting 于 2002 年创建的，目标是构建一个大型的全网搜索引擎，包括网页抓取、索引、查询等功能。但随着抓取网页数量的增加，面临着如何处理数十亿规模网页的难题。2003 年，Google 发表了第一篇关于谷歌云计算技术中 Google 文件系统（GFS）的论文。在了解 GFS 后，Doug Cutting 等人意识到，他们可以利用 GFS 的技术来解决 Nutch 抓取网页和建立索引过程中产生的大量文件的存储问题，并且可以提高管理这些存储结点的效率。因此在参考 GFS 技术的基础上，他们在 2004 年编写了一个开放源码的类似系统——NDFS（Nutch Distributed File System）。

2004 年，谷歌发表了谷歌分布式计算框架 MapReduce 的论文，该论文也展示了 MapReduce 编程模型在解决大型分布式并行计算问题上的巨大威力。在此之后，Nutch 项目团队就将 MapReduce 技术应用在他们的项目中，并于 2005 年将 Nutch 的主要算法都移植到基于 MapReduce 和 NDFS 的框架下运行。由于 NDFS 和 MapReduce 不仅适用于搜索领域，还可以应用于其他领域，因此 2006 年初，开发人员便将其移出 Nutch，成为 Lucene 的一个子项目，称为 Hadoop。同年 2 月，Apache Hadoop 项目正式启动以支持 MapReduce 和 HDFS 的独立发展。2008 年 1 月，Hadoop 成为 Apache 顶级项目，迎来了它的快速发展期。

2011 年 12 月，Hadoop 发布 1.0.0 版本，标志着 Hadoop 已经初具生产规模。2013 年，Hadoop 发布了 2.2.0 版本，Hadoop 进入 2.x 时代。2014 年，Hadop 2.x 更新速度加快，发布了包括 Hadoop 2.6.0 在内的多个版本，完善了 YARN 框架和整个集群的功能。2015 年，Hadoop 2.7.0 版本发布。2016 年，Hadoop 及其生态圈在各行各业落地并且得到广泛应用，同年，Hadoop 发布 Hadoop 3.0-alpha 版本，标志着 Hadoop 进入 3.x 时代。

（2）Hadoop 的构成

Hadoop 自从出现以后就得到快速发展，除了核心的 HDFS、MapReduce 之外，大量与其相关的应用也被开发出来。当下，Hadoop 已经成长为一个庞大的生态体系。图 1-1 所示为一个 Hadoop 生态体系。这些相关的组件系统与 Hadoop 一起构成了 Hadoop 生态圈。

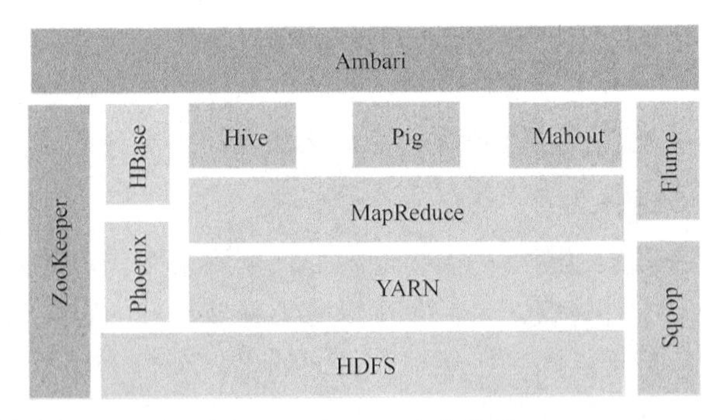

图 1-1 Hadoop 生态体系

- **HDFS**：HDFS 是 Hadoop 的分布式文件系统，它的目标是提供一个具有高可靠性、高容错性、高吞吐量以及能够在通用硬件上运行的分布式文件存储系统。
- **MapReduce**：MapReduce 是 Hadoop 的分布式计算框架。它方便编程人员在不会分布式并行编程的情况下将自己的程序运行在分布式系统上。同时，它也是一种编程模型。MapReduce的程序主要包括了 map 和 reduce 两个部分。map 将 HDFS 中存储的数据映射成需要的键值对类型，reduce 端接收 map 端输出的键值对类型的数据并进行处理，得到新的键值对并输出。
- **YARN**：YARN 的全称是 Yet Another Resource Negotiator，是 Hadoop 2. x 版本中引入的通用资源管理系统。作为一个通用资源管理系统，YARN 解决了 Hadoop 1. x 中只能运行 MapReduce 的限制，允许在其上运行各种不同类型的作业任务，如 Spark 等。
- **HBase**：HBase 是一个建立在 HDFS 之上的面向列的 NoSQL 数据库系统。它是 Google Bigtable 的开源实现。HBase 具有可伸缩性、高可靠性、高性能的特点，并且提供了对大规模数据随机、实时读写访问的能力。
- **Pig**：Pig 是一个基于 Hadoop 的大规模数据分析平台，用于检索非常大的数据集。Pig 使得使用 MapReduce 进行分析变得更加容易。当使用 Pig 进行处理时，Pig 本身会在后台生成一系列的 MapReduce 操作来执行任务。
- **Hive**：Hive 是 Hadoop 的数据仓库。它将结构化的数据文件映射为一张数据库表，并且定义了简单的类 SQL 查询语句，并能将 SQL 语句转换为 MapReduce 任务进行运行。
- **ZooKeeper**：ZooKeeper 是一个分布式应用程序协调服务框架。它为分布式应用提供一致性服务，解决了分布式环境下统一命名、状态同步和配置同步等数据管理问题。
- **Sqoop**：Sqoop 是用于 Hadoop 与传统数据库间进行数据传递的软件工具，可以完成 MySQL、Oracle 等关系型数据库到 Hadoop 的 HDFS、Hive 等框架的数据导入与导出操作。
- **Flume**：Flume 是开源的海量日志收集系统，具有分布式、高可靠、高容错、易于定制、可扩展等特点。
- **Mahout**：Mahout 是 Hadoop 中一些可扩展的机器学习领域经典算法的实现，旨在帮助开发人员更加方便、快捷地创建智能应用程序。
- **Phoenix**：Phoenix 帮助开发者像使用 JDBC 访问关系型数据库一样访问 HBase 数据库。
- **Ambari**：Ambari 具备 Hadoop 组件的安装、管理、运维等基本功能，提供 Web UI 以进行可视化的集群管理，简化了大数据平台的安装、使用难度。

1.5.2 Spark

Spark 是一种类似 Hadoop 的 MapReduce 的并行计算框架。相比于 MapReduce，Spark 的中间输出结果可以保存在内存中，这样降低了计算过程中磁盘读写的开销，极大地提高了运算速度。同时，Spark 的目标是用一个技术栈解决大数据领域中的各种任务，因此 Spark 软件栈包括了用于批处理、流处理、迭代计算的多种组件。这也使得 Spark 适用于各种之前需要多种不同分布式平台才能完成的场景。

（1）Spark 起源

2009 年，Spark 诞生于加州大学伯克利分校的 AMP 实验室，最初属于加州伯克利大学的研究性项目。2010 年，Spark 正式开源，2013 年成为了 Apache 基金会的项目。

Spark 自开源以来，经过了许多版本的不断改进。2010 年 10 月，Spark 0.6.0 版本发布。之后经过不断的完善修改，Spark 1.0 版本于 2014 年 5 月发布。Spark 此时已经具备了 Spark SQL、MLlib、GraphX 和 Spark Streaming 组件，Spark 核心引擎也具备了对安全 YARN 集群的支持。Spark 2.0.0 版本也于 2016 年 7 月发布，Spark 2.4.5 版本于 2020 年 2 月发布。

（2）Spark 的构成

如图 1-2 所示，Spark 生态圈即伯克利数据分析栈（BDAS）包含了多种组件，用于批处理、交互分析、流处理、机器学习和图计算，使得可以使用单一的框架创建了一个包含不同类型任务的数据处理流水线，从而不需要为了多个不同类型的数据处理任务而学习不同的处理框架。

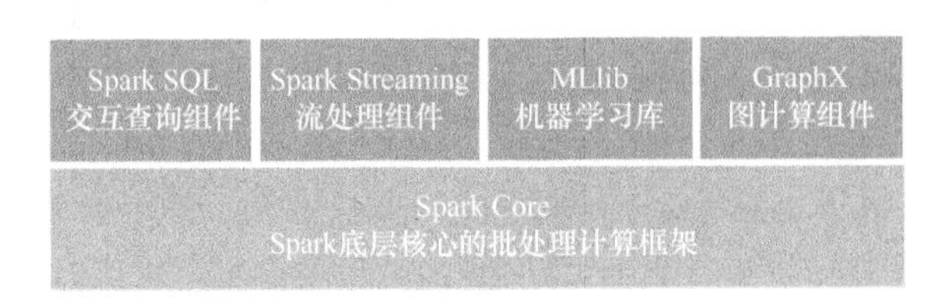

图 1-2　Spark 生态圈

- **Spark Core**：Spark Core 是 Spark 的核心，是一个类似 MapReduce 的批处理框架。通常，人们说应用 Spark 进行数据处理时，一般指的是 Spark Core。
- **Spark SQL**：Spark SQL 是 Spark 中支持用户基于 Spark 进行 SQL 结构化数据分析处理的组件。
- **Spark Streaming**：Spark Streaming 是 Spark 中对实时数据进行流式计算的组件。
- **MLlib**：MLlib 是 Spark 中提供的常见机器学习算法的程序库。它提供了包括分类、回归、聚类、协同过滤等在内的一系列机器学习算法。
- **GraphX**：GraphX 是 Spark 中提供对图计算和图挖掘的一个分布式计算组件。

1.5.3　Storm

Storm 是 Apache 基金会开源的实时流计算框架。它被业界称为实时版 Hadoop。它与 Hadoop、Spark 并称为 Aache 基金会三大顶级的开源项目，是当前流计算技术中的佼佼者，是流式计算中使用范围最广的计算框架。

Storm 最早是由 Nathan Marz 和他的团队于 2010 年在数据分析公司 BackType 开发的。2011 年，BackType 公司被 Twitter 收购，接着 Twitter 开源 Storm，并在 2014 年成为 Apache 顶级项目。它将数据流中的数据以元组的形式不断地发送给集群中的不同节点进行分布式处理，能够实现高频数据和大规模数据的真正实时处理，并具有处理速度快、可扩展、容灾与高可用的特点。

1.6　本章小结

本章主要针对大数据以及大数据批处理和流处理的主要框架进行了介绍。大数据产生的背景是人们广泛使用计算机技术进行数据的传输和处理所带来的数字化和网络化。从严格意义说，大数据不仅要规模大，还要具备数据构成多样化、产生和处理的时效性高以及价值密度低的特征。大数据的价值密度低并不是说大数据价值低。相反，大数据具有巨大的价值，并且这种价值与传统的小数据中蕴含的价值是不同的。大数据的价值是数据在积累的过程中由量变到质变的涌现。大数据在带来价值的同时，也带来数据处理与道德法律等方面的挑战。而针对大数据的分析处理，人们已经提出了 Hadoop、Spark 和 Storm 等开源的处理框架。

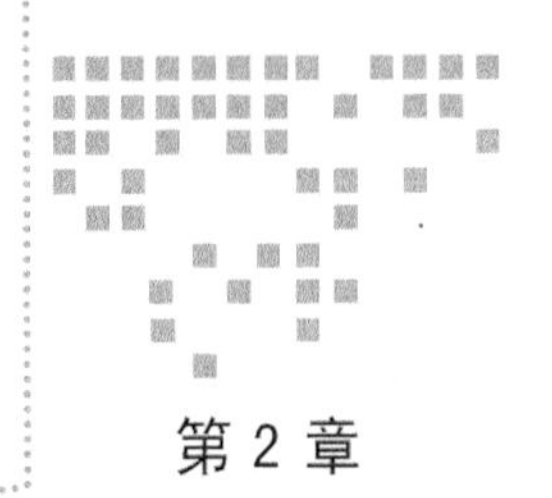

Chapter 2 第 2 章

运行与开发环境搭建

本章导读

Hadoop、Spark 和 Storm 的运行以及应用程序的开发需要安装一系列的软件来提供相应的环境。这对初学者来说也是一个重要挑战。特别是 Hadoop、Spark 以及 Storm 都属于 Apache基金会下属的开源项目，一般都运行于开源操作系统 Linux，而不是大多数人日常办公和娱乐所使用的 Windows 操作系统。这也使得不熟悉 Linux 操作系统的初学者在部署这些大数据处理框架的运行与开发环境时面临许多困难。为此，本章将说明搭建 Hadoop、Spark 以及 Storm 的运行与开发环境的一般过程，介绍需要使用到的 Linux 环境下的一些软件组件。

由于一般的初学者都习惯了 Windows 操作系统，并且没有多台机器来搭建一个真实的集群环境，因此建议通过在 Windows 操作系统中安装虚拟机来部署一个伪分布式的运行与开发环境。这样既可以充分利用 Windows 操作系统中的已有各种资源，也避免了重新在 Linux 环境中安装各种软件，减少了学习的障碍。

2.1 虚拟机的创建

为了在 Windows 操作系统中开辟一个 Linux 环境，需要安装 VMware 等虚拟化软件，然后利用这些软件来创建一个虚拟机。

2.1.1 虚拟化软件的安装

虚拟化软件可以在一台计算机上建立与执行一个至多个虚拟化的、完整的计算机系统。人们可以将操作系统软件安装于这些虚拟出来的计算机系统上。这些虚拟出来的计算机系统往往也称为虚拟机。用户在使用过程中不会感觉到与使用真正实体计算机有任何差异。虚拟化技术目前广泛应用于云计算等领域，使得大量的用户可以共享一个集群中的各种计算资源。

这里所使用的虚拟化软件为 VMware，可以从互联网上搜索 VMware 的各种安装版本以及安装过程的说明。在 Windows 环境下安装完 VMware 之后，进入该软件系统就可以看到图 2-1所示的软件界面。在该界面中可以创建虚拟机。

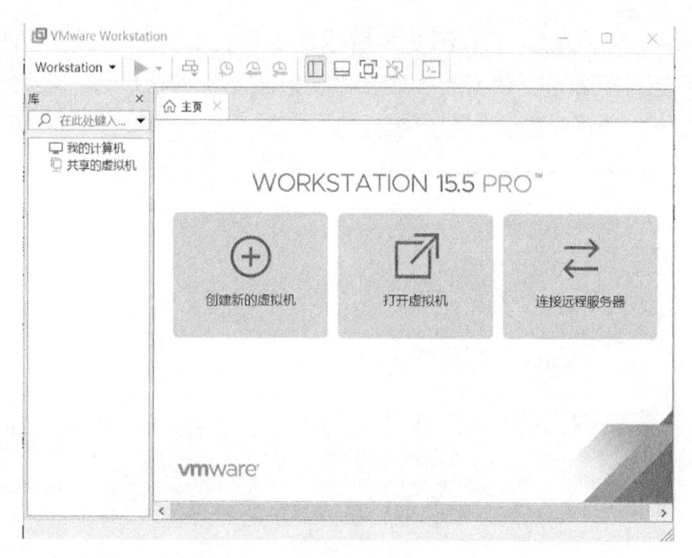

图 2-1　VMware 虚拟化软件界面

2.1.2　虚拟机的创建

在利用 VMware 创建虚拟机时还需要下载和安装 Linux 操作系统。常用的 Linux 操作系统有 Ubuntu、CentOS 等系列。本书所使用的是 Ubuntu 操作系统。Ubuntu 系统的下载链接为 http：//www. ubuntu. com。也可以从互联网上的其他地方找到 Ubuntu 的安装版本。本书使用的是 ubuntu-18. 04. 4-desktop-amd64 版本。用户需要根据自己所使用的计算机来决定下载 32 位版本还是 64 位版本。

在 Windows 环境中下载完 Ubuntu 操作系统之后，进入图 2-1 所示的 VMware 界面，单击“创建新的虚拟机”选项，即开始创建虚拟机。VMware 向导会弹出图 2-2 所示的向导，选择“自定义（高级）”单选按钮即可。

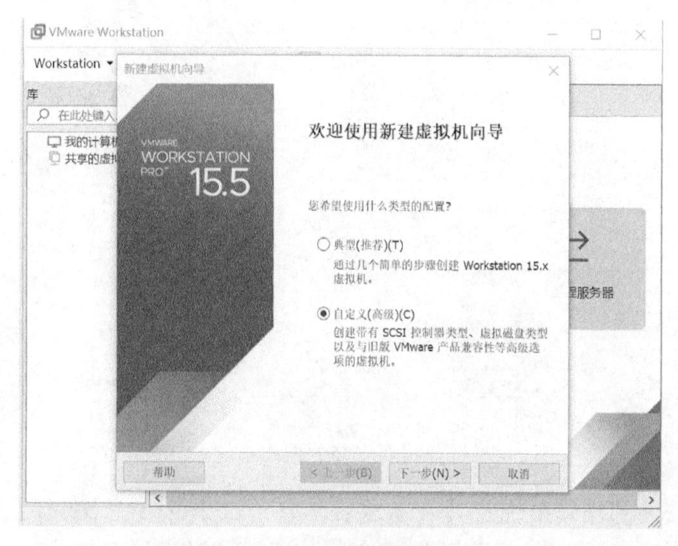

图 2-2　VMware 创建虚拟机向导

然后单击“下一步”按钮，进入图 2-3 所示的界面，选择第三项“稍后安装操作系统”单选按钮。这里不要选择第二项“安装程序光盘映像文件”单选按钮。之后，进入图 2-4 所示的界面。在该界面中选择将要安装的客户端操作系统为 Linux，并且版本为 64 位的 Ubuntu。

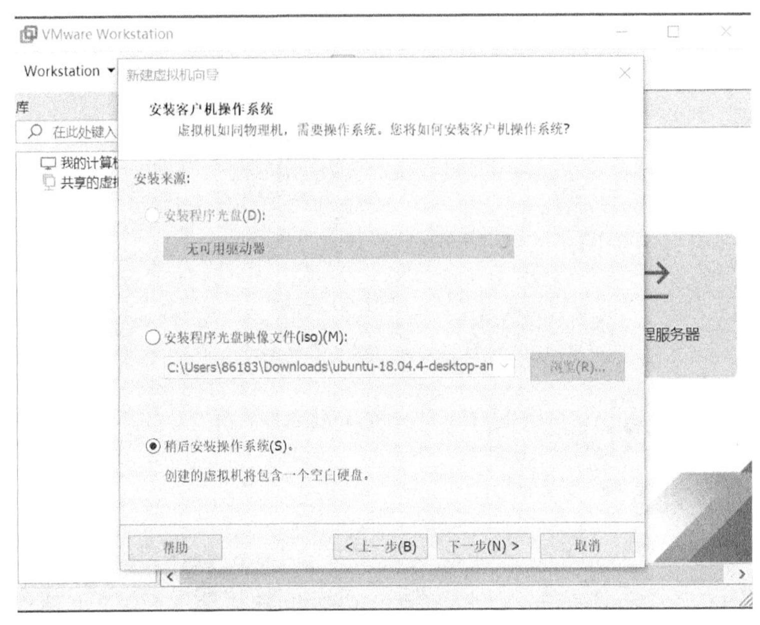

图 2-3　选择“稍后安装操作系统”单选按钮

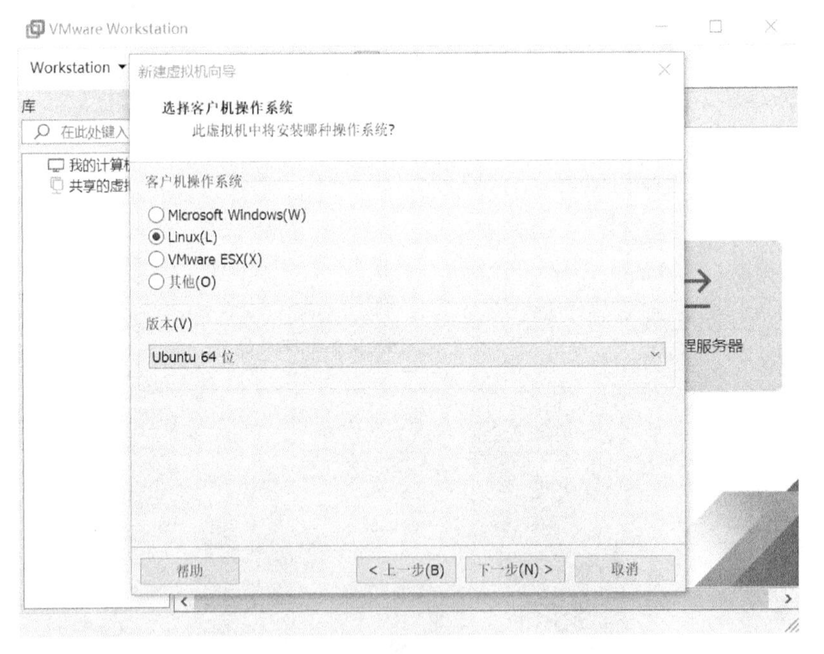

图 2-4　选择将要安装的操作系统及其版本

在选择将要安装的操作系统及其版本之后，单击“下一步”按钮就会进入图 2-5 所示的界面，设置虚拟机和 Ubuntu 操作系统的安装位置。这里建议选择 Windows 操作系统中空间比较大且比较空闲的磁盘分区。

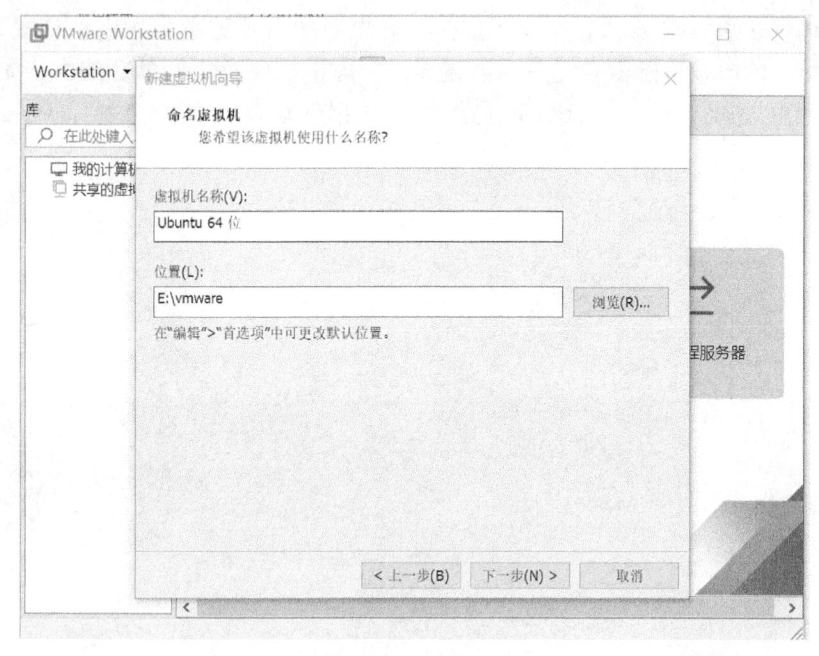

图 2-5　选择虚拟机的安装位置

在上述操作之后，VMware 安装向导会要求设置虚拟机处理器的数量，默认是 1，选择默认选项即可。然后，VMware 安装向导会进一步要求设置 Ubuntu 操作系统的用户名和密码。之后会进入图 2-6 所示的界面设置虚拟机的内存空间大小，默认是 2GB。如果计算机的内存大小为 8GB，则建议设置虚拟机的大小为 4GB。这样既可以保证虚拟机的顺畅使用，也不会影响 Windows 系统的使用。

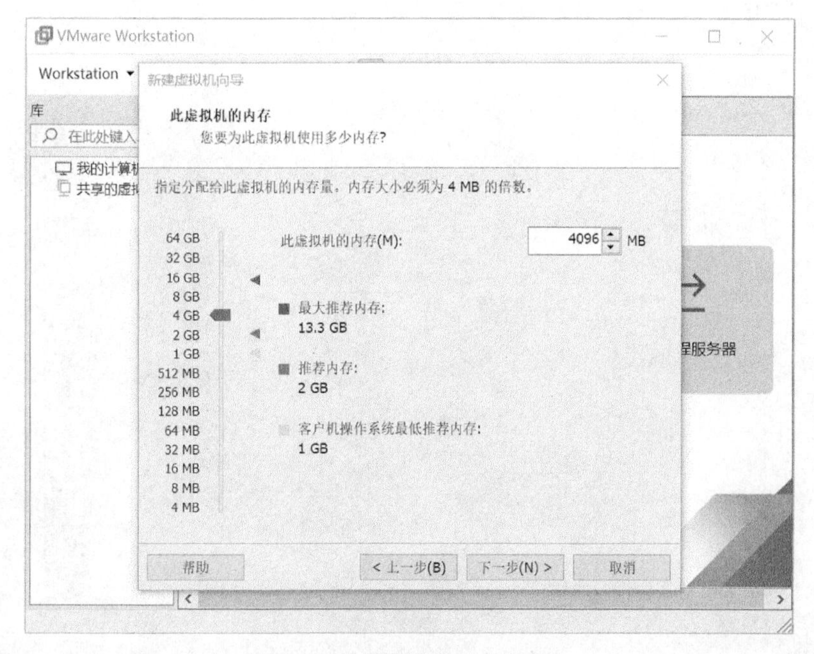

图 2-6　设置虚拟机的内存大小

设置完内存之后，单击“下一步”按钮，对出现的设置选项采用默认配置即可。然后进入图2-7所示的虚拟机磁盘空间大小设置界面。虚拟机磁盘空间默认的大小是20GB。建议设置为一个更大的空间，比如50GB或者80GB，以保证虚拟机对存储空间的需求。

图2-7 设置虚拟机磁盘空间的大小

在设置完磁盘空间大小之后，不断单击“下一步”按钮直至进入图2-8所示的界面。该界面显示了对虚拟机进行配置的信息。在该界面中，单击“自定义硬件”按钮，进入图2-9所示的界面。

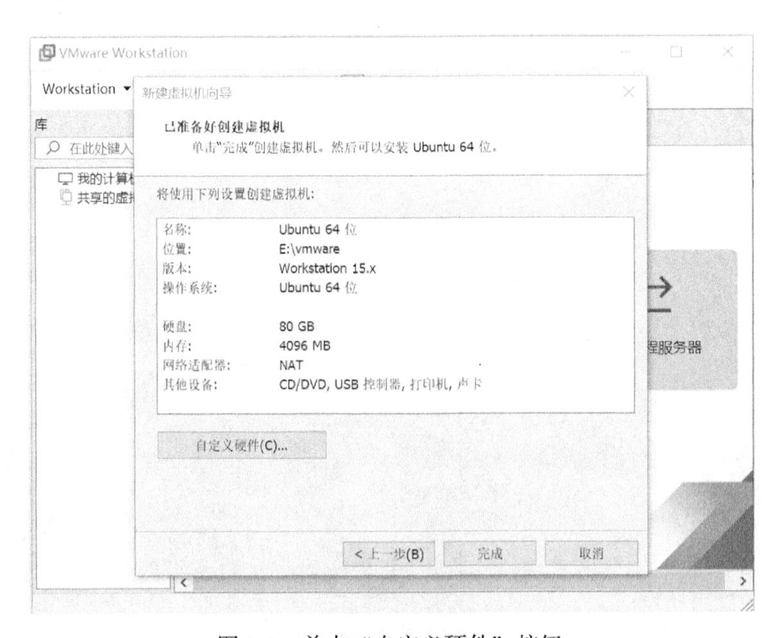

图2-8 单击“自定义硬件”按钮

在图2-9所示的界面中，双击左侧设备列表中的“新CD/DVD（SATA）”选项，然后在右侧区域的“连接”选项组中选择第二个选项“使用ISO映像文件”，并通过单击“浏览”按钮选择下载的Ubuntu映像文件在Windows中的位置。同时，单击图2-9中左侧设备列表中的“显示器”选项，取消选择“3D图形”选项组中的“加速3D图形”复选框，以加快虚拟机的启动，如图2-10所示。

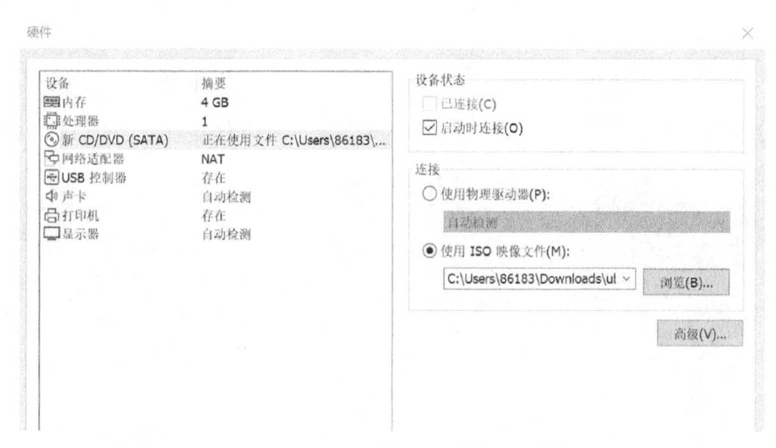

图2-9　设置CD/DVD的连接方式

图2-10　取消选择“加速3D图形”复选框

在上述配置完成之后，单击图2-8中的“完成”按钮即可完成虚拟机的创建。此时的VMware界面如图2-11所示。到此为止虽然虚拟机已经创建成功，但是虚拟机中的Ubuntu操作系统并未安装。单击图2-11中的“开启此虚拟机”按钮，将开启虚拟机中Ubuntu操作系统的安装。首先弹出的界面如图2-12所示。在该界面中，选择安装Ubuntu操作系统的语言，然后单击“安装Ubuntu”按钮，之后就像在真实的计算机上安装Ubuntu一样开启安装过程。

在Ubuntu安装完成之后，为了避免虚拟机启动过程中的黑屏现象，还需要以管理员身份运行 Windows 的 PowerShell，输入如下命令以重置 Windows 的 winsock 网络规范，然后重启 Windows 系统。

```
//重置 windows 的 winsock 规范
netsh winsock reset
```

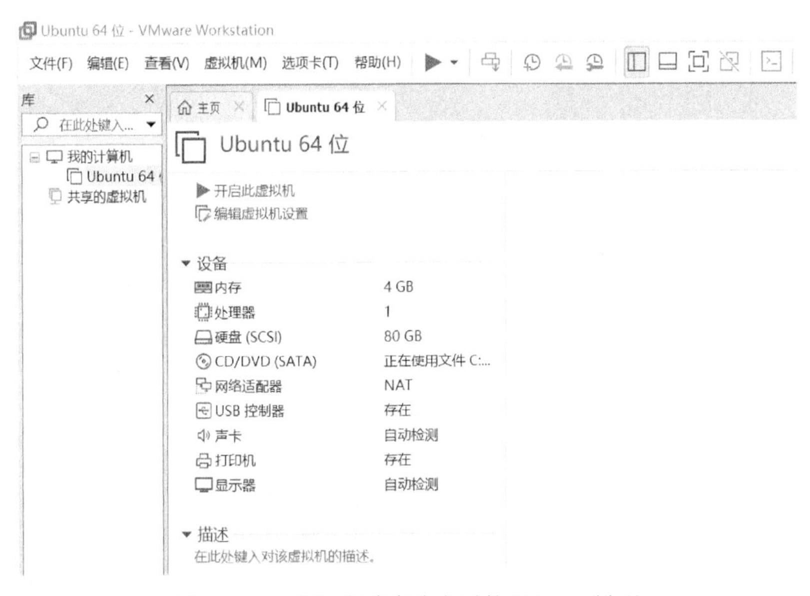

图 2-11　虚拟机创建完成之后的 VMware 界面

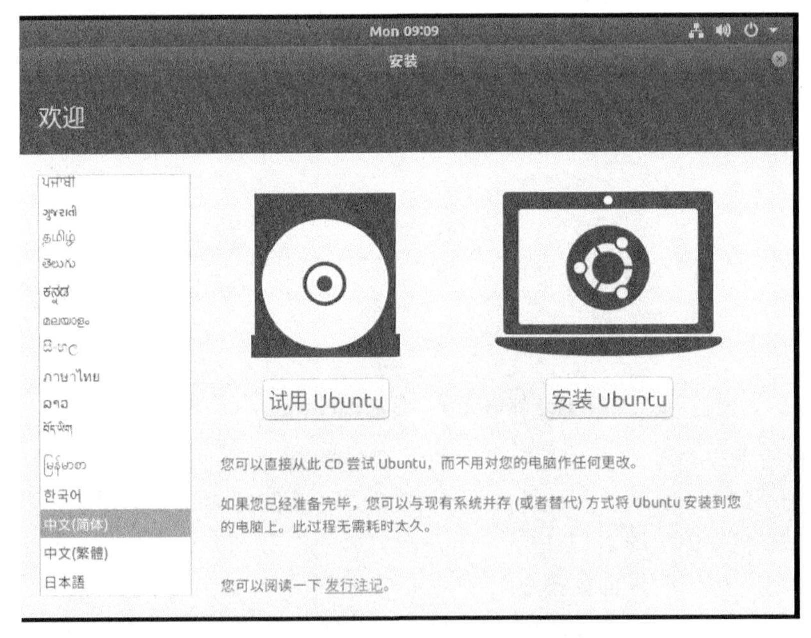

图 2-12　虚拟机中 Ubuntu 开始安装界面

2.1.3　VMware Tools 的安装

在虚拟机创建成功之后，为了方便，可以将 Windows 环境下的一些文件（如下载的安装文件）通过拖动方式拖到虚拟机中，为此还需要安装 VMware Tools 工具。

启动所建立的虚拟机，并选择 VMware 软件中“虚拟机”→“安装 VMware Tools”命令，此时就会在所建立的虚拟机的桌面上显示 VMware Tools 的光盘图标。双击 VMware Tools 的光盘图标，打开 VMware Tools 的文件夹，并将里面的 VMware Tools 的压缩包拖到桌面上，如图 2-13 所示。

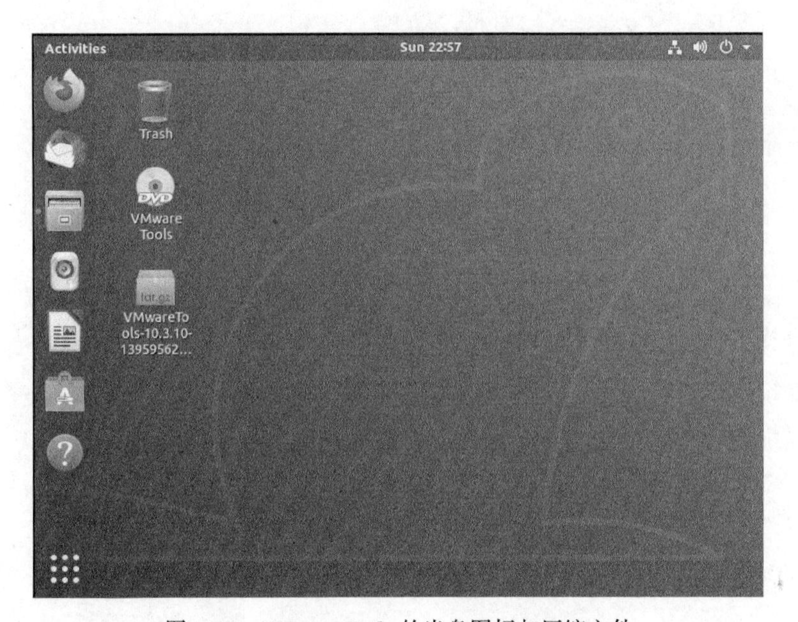

图 2-13　VMware Tools 的光盘图标与压缩文件

此时打开 Linux 终端，依次输入如下命令，解压 VMware Tools 的压缩文件。

```
//进入桌面目录
cd 桌面
//解压
tar-zxvf VMwareTools-10. 3. 10-13959562. tar. gz
```

上述命令会将压缩文件解压到桌面，并产生一个 vmware-tools-distrib 文件夹。在 Linux 终端依次使用如下命令安装 VMware Tools。

```
//从桌面进入 vmware-tools-distrib 文件夹并安装
cd vmware-tools-distrib
sudo ./vmware-install. pl
```

在执行上述命令后，在 VMware Tools 的安装过程中会不断要求用户确认，只需输入“yes”或者按 Enter 键即可。最后重启虚拟机，使 VMware Tools 的安装生效，并可以拖动一个文件到虚拟机来测试安装是否成功。

2.2 Linux 的常用命令

在虚拟机安装完成之后，在接下来的各种软件安装过程中可能需要频繁地使用一些 Linux 命令。这里先将常用的一些 Linux 命令以及使用方式列举如下。

1）进入文件夹命令 cd。

```
cd /home/hadoop //进入路径为/home/hadoop 的文件夹
```

2）列举命令 ls。

```
ls /home/hadoop //列举/home/hadoop 目录中的所有文件
```

3）复制命令 cp。

```
cp /home/example. txt /home/data //将/home/目录下 example. txt 文件复制到/home/data 目录
```

4）移动文件命令 mv。

```
mv /home/example. txt /home/data //将/home 目录下 example. txt 文件移到/home/data 目录
```

5）重命名命令 mv。

```
mv example. txt example2. txt //将当前目录下的 example. txt 文件重命名为 example2. txt
```

6）解压命令 tar。

```
sudo tar-zxvf file. tar. gz -C /home/data //将当前目录下的 file. tar. gz 文件解压到/home/data 目录下
```

7）编辑文件命令 vim。

```
vim example. txt //使用 vim 打开当前目录下的 example. txt 文件,并进行编辑
```

8）删除文件和目录命令 rm。

```
//rm -r /home/data //删除/home/data 目录以及其下的所有文件
```

9）建立目录命令 mkdir。

```
mkdir /home/data //在 home 目录下建立 data 目录
```

10）安装软件命令 apt-get install。

```
apt-get install vim //安装软件 vim
```

2.3 JDK 的安装

由于 Hadoop、Spark 以及 Storm 处理框架的开发及运行都必须在 Java 虚拟机之上，所以所搭建的运行与开发环境中 Java 环境是不可或缺的，为此需要安装 JDK。由于 Hadoop、

Spark 以及 Storm 的不同版本对 Java 的版本会有不同的要求，因此如果已经下载了 Hadoop 或者 Spark 的安装文件，就需要在下载并安装 JDK 之前确定它们所依赖的 JDK 版本，然后去下载并安装相应的版本。这里使用的是 JDK8，也就是 JDK 1.8 版本。下载 JDK 的链接如下：

http://www.oracle.com/technetwork/java/javase/downloads/index.html

在下载 JDK 时，可以先在 Windows 环境中进行下载，然后将安装文件拖到虚拟机即可。当将安装文件拖到了虚拟机的桌面之后，此时在虚拟机桌面上单击鼠标右键，通过快捷菜单打开 Linux 终端，然后依次使用如下命令即可完成 JDK 的安装。

```
//安装 JDK 到/usr/local 目录下
cd 桌面 //进入桌面目录下
//将安装文件解压到/usr/local 目录下
sudo tar -zxvf jdk-8u161-linux-x64.tar.gz -C /usr/local
```

在上述解压完成之后，还需要配置 JDK 在虚拟机的环境变量。首先通过如下命令来打开虚拟机的环境变量配置文件。

```
//打开环境变量配置文件
vim ~/.bashrc
```

在上述命令中，vim 是 Linux 下的编辑软件。如果输入 vim 命令提示无法识别，则说明该软件没有安装，则可以使用如下命令进行安装。

```
sudo apt-get install vim
```

另外，上述命令中的符号“~”表示的是当前虚拟机用户的根目录。比如，当前用户是 hadoop，那么 hadoop 用户的根目录的路径是“/home/hadoop”，所以如下两条命令是等价的。

```
vim ~/.bashrc
vim /home/hadoop/.bashrc
```

.bashrc 文件是当前用户的配置文件。该文件位于当前用户的根目录下。在打开的 .bashrc 文件的尾部，添加如下的信息来配置 JDK 的环境变量。

```
export JAVA_HOME=/usr/local/jdk1.8.0_161 //JDK 解压之后产生 jdk1.8.0_161 文件夹
export JRE_HOME=${JAVA_HOME}/jre
export CLASSPATH=.:${JAVA_HOME}/lib:${JRE_HOME}/lib
export PATH=${JAVA_HOME}/bin:$PATH
```

export 是定义环境变量的关键字。定义和添加环境变量的意义是，当在 Shell 命令中执行某个 bin 目录下的命令时，不需要书写完整的路径。系统会自动地在配置文件中寻找路径。不同于 Windows 系统中环境变量中的不同路径以分号分隔，在 Linux 下的环境变量字符串中以冒号分隔不同的路径。

当环境变量配置之后，还需要通过以下命令来使配置文件的修改生效。

```
source ~/.bashrc
```

当 JDK 的安装和环境变量配置完成之后，可以通过如下命令来查看安装是否成功。如果安装成功，则会显示所安装 JDK 的版本号。

```
java -version
```

2.4 IDEA + Maven 的安装

常用的 Hadoop 与 Spark 应用程序开发工具包括 IDEA、Eclipse 等。这里主要介绍如何使用 IDEA 进行开发。在使用 IDEA 进行开发的同时，为了更好地管理对各种 jar 包的依赖，选择使用 Maven 工具。

2.4.1 IDEA 的安装

IDEA 可以通过如下路径进行下载。

https://www.jetbrains.com/idea/download/#section=linux

IDEA 的下载版本包括了专业版和社区版。专业版需要收费，而社区版是免费的。这里只需要下载社区版即可。本书下载和使用的 IDEA 安装文件为 ideaIC-2016.2.5.tar.gz。

当 IDEA 的安装包在 Windows 环境下下载完成之后，可以将其拖动到 Linux 的桌面中。然后打开 Linux 终端，进入下载的安装包所在的 Linux 桌面文件，使用如下命令解压到/usr/local 目录下，并进行重命名。

```
sudo tar -zxvf ideaIC-2016.2.5.tar.gz -C /usr/local
cd /usr/local
sudo mv idea-IC-162.2228.15 idea2016// idea-IC-162.2228.15 为 IDEA 安装包解压后产生的文件夹
```

进入 IDEA 的安装目录，并通过如下命令启动 IDEA 来查看安装是否成功。

```
cd /usr/local/idea2016
./bin/idea.sh //"."表示当前目录
```

在安装完成之后，可以将 IDEA 的安装路径添加到系统的环境变量配置文件中。通过如下命令打开环境变量配置文件。

```
vim ~/.bashrc
```

然后在该文件的尾部添加如下信息，并通过 source 命令来配置生效。

```
IDEA_HOME=/usr/local/idea2016
PATH=${IDEA_HOME}/bin:$PATH
```

在添加完上述环境变量之后，就可以在任意路径下通过 Linux 终端输入如下的命令来启动 IDEA。

```
idea. sh
```

2.4.2 Maven 的安装

Maven 是一个项目构建工具。通过 Maven，人们可以按照一个统一的方式来构建一个项目，清楚地定义一个项目由哪些组成部分构成。比如，每个 Maven 项目都通过 pom. xml 文件来说明它所依赖的 jar 包，而 Java 的 class 文件都会位于 main 目录下的 java 目录下，单元测试的 class 都会位于 test 目录下。它使得人们可以更好地理解不同的项目，也使得更容易地在不同的项目之间分享 jar 包。在现实中，通过 Maven 工具，人们还可以自动地从 Maven 中央仓库或者各镜像库中下载所需的 jar 包，省去在项目中下载和配置各种 jar 包。

Maven 工具的安装文件可以从官网上进行下载，下载的链接为

https：//maven. apache. org/download. cgi

本书下载和使用的 Maven 安装文件为 apache-maven-3. 5. 0-bin. tar. gz。当在 Windows 环境下下载好 Maven 的安装文件之后，将其拖入 Linux 的桌面，然后进入桌面所在的文件目录，并在 Linux 终端通过如下命令解压和安装 Maven。

```
sudo tar -zxvf apache-maven-3. 5. 0-bin. tar. gz -C /usr/local //解压到/usr/local 目录
cd /usr/local
sudo mv apache-maven-3. 5. 0 maven //重命名
```

在安装完成之后，将 Maven 的安装路径添加到系统的环境变量之中。通过如下命令打开环境变量的配置文件。

```
vim ~/. bashrc
```

然后在该文件的尾部添加如下信息，并通过 source 命令来配置生效。

```
MAVEN_HOME = /usr/local/maven
PATH = $ {MAVEN_HOME}/bin: $ PATH
```

在添加完上述环境变量之后，就可以在任意路径下通过 Linux 终端输入如下的命令来查看 Maven 是否安装成功。

```
mvn -version //查看 Maven 的版本
```

在通过 Maven 自动地从中央仓库中下载依赖的 jar 包时，下载的 jar 在本地存放的位置为本地仓库。人们可以通过配置 settings. xml 文件来修改本地仓库的路径。比如，将/home/hadoop 目录下的 maven_ localRepository 文件夹设置为本地仓库，则可以通过在 Maven 安装文件 conf 目录下的 settings. xml 文件中添加如下一行信息来实现。

```
<localRepository>/home/hadoop/maven_localRepository</localRepository>
```

Maven 中央仓库往往都在国外，因此下载依赖的 jar 包时速度往往很慢。在这种情况下，

可以改为从国内的 Maven 中央仓库的镜像（如阿里云的 Maven 镜像）去下载依赖包。这里需要在 conf 目录下的 settings. xml 文件中添加如下的镜像信息（请注意找到 settings. xml 文件中的 mirrors 标签，把下面的内容复制过去）。

```
<mirrors>
    <mirror>
      <id>alimaven</id>
      <name>aliyun maven</name>
      <url>https://maven.aliyun.com/repository/central</url>
      <mirrorOf>central</mirrorOf>
    </mirror>
</mirrors>
```

2.4.3 在 IDEA 项目中配置 JDK 和 Maven

当第一次启动 IDEA 进入欢迎页面之后，可以通过选择“Create Project”命令来创建一个项目。当选择“Create Project”命令之后，会进入图 2-14 所示的界面。在该界面中，我们选择左侧列表中的 Maven 选项，创建 Maven 项目，然后单击右侧顶部的 Project SDK 下拉按钮，便可在下拉列表中选择所安装的 JDK 的位置。选择完成之后，单击“OK”按钮即可完成项目中 JDK 的配置。

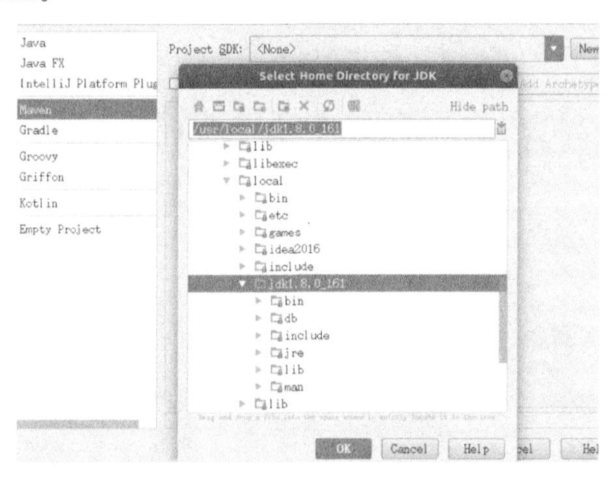

图 2-14　在 IDEA 中配置 JDK

在配置完 JDK 之后，单击“Next”按钮，在弹出的界面中会要求填写 GroupId、ArtifactId 和 Version 信息，如图 2-15 所示。GroupId 是创建这个项目的组织的标识。ArtifactId 是这个项目产出的标识，一般是项目产生的 jar 包的名称。Version 是 Artifact 的版本号。当输入完这些信息之后，进一步输入项目的名称以及项目的保存位置，即完成了项目的创建。项目默认的保存位置为当前用户的根目录。

在创建完项目之后，选择 IDEA 的“File”→“Settings”菜单命令，即可进入图 2-16 所示的 Maven 配置窗口。在该窗口的左侧输入栏中输入 maven，窗口的右侧即会显示当前项目的 Maven 的设置信息。在这些信息中，我们需要修改窗口下部的 Maven home directory、User

图2-15 Maven 项目的 GroupId、ArtifactId、Version 信息

settings file 和 Local repository 这3个信息，将 Maven home directory 修改为所安装的 Maven 的路径，将 User settings file 修改为 Maven 安装文件 conf 目录中的 settings. xml 文件，将 Local repository 修改为所设置的本地仓库的路径。当修改完上述信息之后，单击“OK”按钮即完成项目中 Maven 的配置。在上述配置完成之后，在 IDEA 中进行的应用程序编写就是修改 pom. xml 文件以及在 main 目录下建立新的 class 文件。如果要进行单元测试，还需要在 test 目录下建立单元测试的 class 文件。

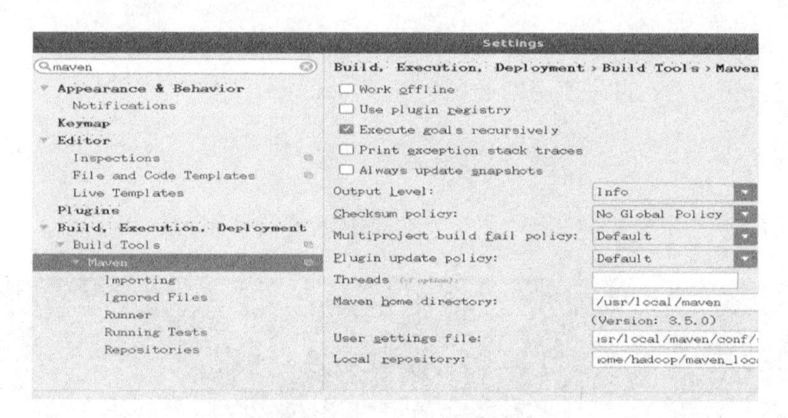

图2-16 项目的 Maven 配置窗口

2.5 Hadoop 运行环境部署

这一节将主要介绍 Hadoop 的安装过程。

2.5.1 SSH 的安装

在安装 Hadoop 之前，首先需要安装 SSH。SSH 是一种可靠的、专为远程登录会话和其他网络服务提供安全性的协议。基于公私密钥的安全验证，SSH 可以提供在集群的主从节点之间进行可靠的通信，实现免密登录。

打开 Linux 终端，依次输入如下命令。

```
sudo apt-get install openssh-server //安装 SSH Server
ssh localhost //登录 localhost,第一次登录输入“yes”,并且登录时会发现是需要密码的
exit //注销,退出登录
cd ~/. ssh/ //进入用户根目录下的 . ssh 目录
ssh-keygen -t rsa//生成密钥
```

在上述生成密钥的过程中，需要输入保存密钥的位置等信息，直接按〈Enter〉键采用默认的设置即可。执行上述命令后，生成的密码图案如图 2-17 所示。

```
+---[RSA 2048]----+
|     +.   o.     |
|    oooo+..      |
|     .BB++      .|
|     .oO= +     oo|
|      o S* *   +.o|
|       .B O +....|
|        o* =.=   |
|       E  . .oo  |
|            .o   |
+----[SHA256]-----+
```

图 2-17　密码图案

在此之后，还需要将生成的密钥中的公钥追加到用户根目录“. ssh”子目录下的 authorized_keys 文件中。添加密钥的命令如下。

```
cat ./id_rsa.pub >> ./authorized_keys
```

在追加完公钥之后，再次使用如下命令登录 localhost。

```
ssh localhost
```

输入上述命令之后发现不需要密码了，并且显示的信息如图 2-18 所示。

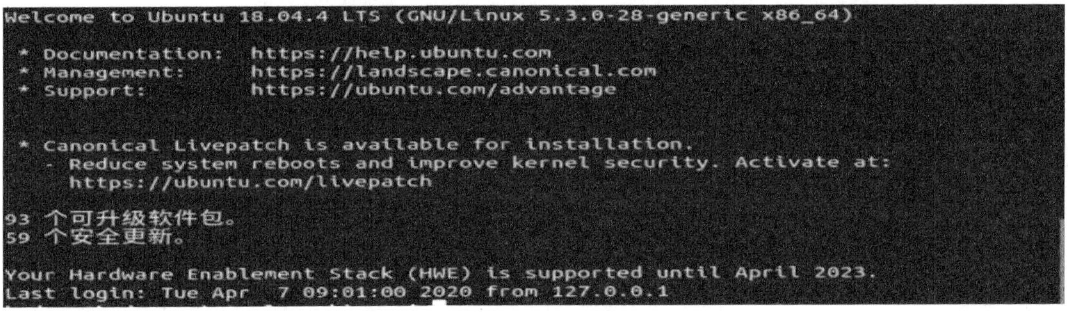

```
Welcome to Ubuntu 18.04.4 LTS (GNU/Linux 5.3.0-28-generic x86_64)

 * Documentation:  https://help.ubuntu.com
 * Management:     https://landscape.canonical.com
 * Support:        https://ubuntu.com/advantage


 * Canonical Livepatch is available for installation.
   - Reduce system reboots and improve kernel security. Activate at:
     https://ubuntu.com/livepatch

93 个可升级软件包。
59 个安全更新。

Your Hardware Enablement Stack (HWE) is supported until April 2023.
Last login: Tue Apr  7 09:01:00 2020 from 127.0.0.1
```

图 2-18　显示的信息

2. 5. 2　Hadoop 的安装

目前 Hadoop 已经发展到 3. x 版本，比较稳定的仍然是 2. x 版本。本书所使用的版本为 2. 10. 0，安装包的全称为 hadoop-2. 10. 0. tar. gz。Hadoop 的官方下载链接如下：

http：//mirrors. hust. edu. cn/apache/hadoop/common/

在 Windows 环境下下载完成 Hadoop 的安装包之后，拖入 Linux 桌面，然后进入 Linux 桌面所在的目录下，执行如下命令进行解压安装和重命名。

```
sudo tar -zxvf hadoop-2.10.0.tar.gz -C /usr/local
cd /usr/local
sudo mv hadoop-2.10.0 hadoop          //将安装文件重命名
sudo chown -R hadoop ./Hadoop         //赋予 hadoop 用户使用当前目录下 Hadoop 目录的权限
```

因为 Hadoop 在启动和使用过程中需要在安装目录下创建目录和写入 log 等操作，因此为了使当前用户获得上述权限，需要使用 sudo chown-R 命令。上述解压完成之后，还要进一步配置 Hadoop 的环境变量。使用如下命令打开当前用户根目录下的配置文件。

```
vim ~/.bashrc
```

然后在该文件的尾部添加如下信息，并通过 source 命令来使配置生效。

```
export HADOOP_HOME=/usr/local/hadoop
export PATH=$PATH:${HADOOP_HOME}/bin:${HADOOP_HOME}/sbin
```

在添加完上述环境变量之后，就可以在任意路径下通过 Linux 终端输入如下的命令来查看 Hadoop 的版本，并验证 Hadoop 是否安装成功。

```
hadoop version
```

2.5.3 伪分布式环境配置

本书建议搭建伪分布式的环境来运行 Hadoop 和 Spark 等程序。伪分布式环境是利用不同的 Java 进程来模拟集群各个节点上的不同进程。为了搭建 Hadoop 伪分布式环境，需要修改 hadoop-env. sh、core-site. xml 和 hdfs-site. xml 这 3 个文件。这 3 个文件均位于 Hadoop 安装文件中的/etc/hadoop 目录下。

（1）修改 hadoop-env. sh 文件

Hadoop 的运行依赖 Java 环境，因此需要在 Hadoop 运行所需的上下文配置文件中添加 JDK 的安装路径。通过 vim 命令打开 hadoop-env. sh 文件，然后找到 export JAVA_HOME 这一行，最后修改该环境变量的值为 JDK 的安装路径。这里，该环境变量修改之后的值如下。

```
export JAVA_HOME=/usr/local/jdk1.8.0_161
```

（2）修改 core-site. xml 文件

通过 vim 命令打开 core-site. xml 文件，然后在该文件的 <configuration> 标签内添加如下信息。

```
<property>
    <name>hadoop.tmp.dir</name>
    <value>file:/usr/local/hadoop/tmp</value>
    <description>Abase for other temporary directories.</description>
</property>
<property>
    <name>fs.defaultFS</name>
    <value>hdfs://localhost:9000</value>
</property>
```

在上述配置信息中，hadoop. tmp. dir 目录保存了 Hadoop 文件系统依赖的各种配置。为了防止断电等意外导致这些配置信息的丢失，所以最好将该临时目录持久化到本地文件系统中。这里设置的 hadoop. tmp. dir 标签值即是本地存放该目录信息的路径。而 fs. defaultFS 标签设置的是默认的 HDFS 文件系统路径。

（3）修改 hdfs-site. xml 文件

通过 vim 命令打开 hdfs-site. xml 文件，然后在该文件的 <configuration> 标签内添加如下信息。

```
<property>
    <name>dfs.replication</name>
    <value>1</value>
</property>
<property>
    <name>dfs.namenode.name.dir</name>
    <value>file:/usr/local/hadoop/tmp/dfs/name</value>
</property>
<property>
    <name>dfs.datanode.data.dir</name>
    <value>file:/usr/local/hadoop/tmp/dfs/data</value>
</property>
```

在上述配置信息中，dfs. replication 标签设置的是 HDFS 数据块的复制系数。dfs. namenode. name. dir 设置的是 HDFS 文件系统的元信息的存储路径，dfs. datanode. data. dir 设置的是 HDFS 文件系统的数据的存储路径。

修改完上述文件之后，还需要使用如下命令对 NameNode 进行格式化。

```
hdfs namenode -format
```

关于 HDFS、HDFS 的数据块以及 NameNode，会在下一章进行介绍。

在格式化完成之后，可以在 Linux 终端输入 start-dfs. sh 命令来启动 HDFS，并可以通过 jps 命令来查看是否启动。如果启动成功，则会显示如图 2-19 所示的信息。

```
hadoop@hadoop-virtual-machine:/usr/local/hadoop/etc/hadoop$ jps
6563 DataNode
6771 SecondaryNameNode
8200 Jps
7790 NameNode
```

图 2-19　启动 HDFS 成功后显示的信息

Hadoop 的安装包中只有 Hadoop 核心的 HDFS、MapReduce 以及 YARN 等组件，并不包括 Hadoop 生态系统中的所有组件。人们也可以通过在 Linux 终端使用 start-all. sh 命令来启动所有 Hadoop 自带的包括 HDFS 和 YARN 等的所有组件。此时通过 jps 命令查看，显示的信息如图 2-20 所示。

此时可以看到，除了 HDFS 启动了之外，YARN 也启动了。ResourceManager 和 NodeManager 进程属于 YARN 组件。关于 YARN 组件，也会在后续章节中进行介绍。

```
hadoop@hadoop-virtual-machine:/usr/local/hadoop/etc/hadoop$ jps
6563 DataNode
8915 NodeManager
6771 SecondaryNameNode
9226 Jps
8762 ResourceManager
7790 NameNode
```

图 2-20　通过 jps 查看组件

2.6　本章小结

Hadoop、Spark、Storm 的运行以及应用程序的开发需要在 Linux 中安装一系列的软件来提供相应的环境。这对初学者来说是一个重要挑战。本章简要介绍了在 Windows 环境中通过建立虚拟机来搭建大数据处理框架的运行和开发环境的具体过程，以及 Hadoop 的安装过程。对于 Spark 以及 Storm 等组件的安装过程，将在后续的章节中进行介绍。

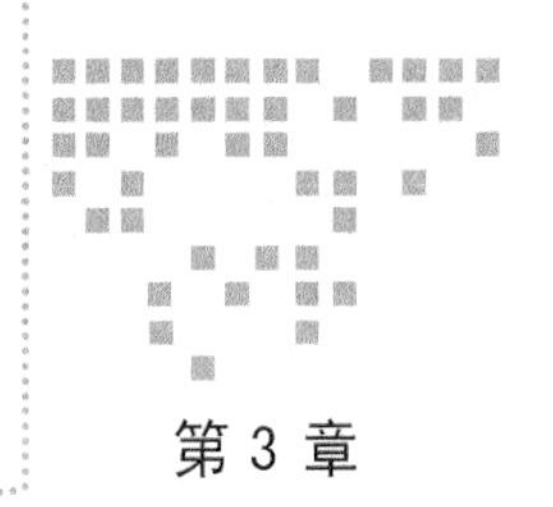

Chapter 3 第3章

Hadoop文件系统（HDFS）

本章导读

2003年，Google发表了第一篇关于谷歌云计算技术中谷歌文件系统（GFS）的论文。随后Hadoop的创建者Doug Cutting将其思想应用到了Nutch开源项目中，并建立了GFS的开源实现NDFS。当Hadoop开源项目成立后，NDFS就作为Hadoop的核心组件。作为Hadoop的分布式文件系统，HDFS被设计成可以运行于廉价的机器上、能够实现高容错的文件系统。它能够为大数据处理提供较高的吞吐量。

本章将通过对HDFS的设计目标、原理与结构、读写流程以及Shell和Java API接口的介绍等来说明HDFS的原理以及实际中如何应用HDFS。

3.1 文件系统

文件系统是操作系统的重要组成部分。它是一个软件程序。这个程序的重要任务就是在用户和计算机的存储设备之间建立起桥梁，简化人们对硬盘、闪存等存储设备的使用，使得用户避免直接与物理设备直接打交道。

首先，文件系统建立了硬盘等存储设备中存储内容的目录结构。这个目录结构一般采用树形结构，表示存储内容的不同层次。目录中的每个组成项称为一个文件，目录的树形结构也存储了文件之间的关系。目录结构中的每一项信息都包括了文件名称、大小、位置等，这些信息有助于建立目录的逻辑结构或者用户所看到的文件结构与真实的物理存储之间的映射关系。

其次，文件系统可管理物理存储设备，除了维护存储内容的目录结构外，还提供了相应的命令和接口来便于用户对存储设备的读写操作。用户利用这些命令或者接口，就可以通过文件系统来将数据存储到设备中或者读取设备中的数据。并且，由于具有对数据读写的各种容错和保护机制，文件系统也很好地保障了数据的安全性。

3.2 HDFS分布式文件系统

当前，个人计算机的硬盘存储容量在不断地增加。但是，在大数据时代，单台计算机的存储容量在信息爆炸时代面前都是渺小的。而单纯地通过增加硬盘个数来扩展计算机文件系统的存储容量，也存在容量增长速度慢、数据的可靠性无法保障、可扩展性差等问题。在这种情况下，分布式文件系统为人们提供了一种解决大数据存储的方案。

分布式文件系统在单台计算节点文件系统之上，利用网络将大量的计算节点互联，向下将各个节点中的存储容量进行集中管理，向上为用户提供透明化服务，使得人们在使用分布式文件系统时就像使用本地文件系统一样，无须关心数据是存储在哪个节点上或者是从哪个节点上获取的。而 HDFS 就是 Hadoop 分布式文件系统，是 Hadoop 中的一个重要组件。

3.2.1　HDFS 的设计目标

作为一个分布式文件系统，HDFS 与其他分布式文件系统既有相似之处，也有不同之处。HDFS 被设计成可以运行于廉价的机器上、能够实现高容错的文件系统。它能够为大数据处理提供较高的吞吐量。参考官方文档 https://hadoop.apache.org/docs/stable/hadoop-project-dist/hadoop-hdfs/HdfsDesign.html，HDFS 的设计目标包括如下内容。

（1）硬件故障容错

HDFS 被设计成可运行于由成千上万台廉价的普通 PC 或者商用服务器组成的集群上。集群的每个组成部分都可能在运行时发生故障。因此 HDFS 的设计者认为硬件发生故障是常态，而不仅仅是异常。在这种情况下，为了保证数据的安全性和系统的可靠性，故障的检测和自动快速恢复是 HDFS 的一个核心设计目标。数据在 HDFS 中会自动保存多个副本。在因机器故障而导致某一个副本丢失以后，HDFS 副本冗余机制会自动复制其他机器上的副本，保障数据的可靠性。

（2）流式数据访问

由于面向大数据处理，HDFS 采用的数据访问模式是一次写入、多次读取。它更多地关注数据访问的吞吐量，而不是数据访问过程中的时间延迟。因此，HDFS 被设计成适合批量处理而不适合于与用户交互的应用。为了提高数据访问的吞吐量，HDFS 去掉了一些 POSIX 的硬性要求。

（3）面向大数据集

运行于 HDFS 之上的应用一般具有大数据集，典型的 HDFS 文件大小达到 TB 量级。因此，HDFS 被设计为支持大文件处理。HDFS 不适合于小文件的处理，大量的小文件将占用 HDFS 中的 NameNode 节点来存储文件系统的文件目录等信息。

（4）简化的一致性模型

HDFS 采取的是一次写入、多次读取的数据访问模式。因此，一个文件一旦被创建并写入数据，便不能修改。因为存储在 HDFS 中的文件都是超大文件，当上传完这个文件到 Hadoop 集群后，会进行文件切块、分发和复制等操作，如果文件被修改则会导致重新触发这个过程。所以一次写入、多次读写的模式简化了对数据一致性问题的处理，从而能够保证数据访问的吞吐量。

（5）移动计算程序比移动数据更经济

在对大数据进行处理时，在靠近数据所存储的位置进行计算是最经济的做法，因为这样避免了大量数据的传输，消除了网络的拥堵。为此，HDFS 提供了接口来让计算程序代码移动到靠近数据存储的位置。

（6）跨异构软硬件平台的可移植性

基于 Java 语言进行开发，HDFS 被设计为易于从一个平台移植到另一个平台，这使得 HDFS 能够得到更广泛的使用。

3.2.2 HDFS 的原理与结构

HDFS 是如何将 PB 级的大文件存储到一个集群中并保证数据的可靠性的呢？这涉及 HDFS 中的数据块、HDFS 的架构以及 HDFS 块的备份存储等内容。

（1）HDFS 的数据块

HDFS 将大文件按照固定大小拆分成一个个数据块，然后将数据块发送到集群的不同节点进行存储。在初期，HDFS 的数据块默认大小为 64MB；在 Hadoop 2.0 之后，数据块默认大小为 128MB。数据块的大小可以根据需要进行修改。由于数据块是 HDFS 基本的存储单元，如果一个大文件被分割，其中最后一块的内容可能少于 128MB，该部分内容也将作为一个数据块存储。同时，如果一个文件本身就小于 128MB，那么其也将被作为一个数据块存储。并且，HDFS 在将大文件分成各个数据块的时候，并不关心文件里边的内容，而是根据内容在文件的偏移量（相对于文件头的偏移）来进行分割。因此，可能会产生逻辑上完整的内容，比如一个非常大的文本文件中的一行内容，在分割之后被分别存储于不同的数据块中。对于文本文件而言，为了保证在处理时数据的完整性，HDFS 在读取到一个数据块之后，判断如果当前的一个数据块不是文件起始的数据块，则会将当前块的第一行内容丢弃，但会多读取一行，以保证块末尾被分割内容的完整性。

HDFS 将数据块大小设置为 64MB 或者 128MB 是权衡之后折中的一个结果。如果将数据块的大小设置为一个较小的数值，将导致一个大文件被分割为大量的数据块，那么在读取文件时将消耗更多的时间去查找数据块、定位数据块和传输数据块中的数据。因此，HDFS 将块的大小设置为一个较大的值是为了减少查找的时间，减少定位文件与传输文件所用的时间。但是，如果将数据块的大小设置得过大，就会影响后续基于 HDFS 的 MapReduce 分布式计算。按照代码向数据迁移的原则，在 MapReduce 任务中，数据块的个数对应负责分布式计算的计算节点的个数。因此，较少的数据块但每个数据块的大小比较大，将会使得计算任务运行效率降低。

（2）HDFS 的架构

如果将大文件分割为一个个数据块后分散到不同的节点进行存储，那么 HDFS 如何管理这些数据块以保证文件的完整性呢？如图 3-1 所示，HDFS 采用主从架构设计。具体来说，HDFS 所管理的集群有两类计算节点：NameNode 节点（圆角矩形框）和 DataNode 节点（矩形方框）。NameNode 和 DataNode 可以由同一个计算节点来承担，但是这样会限制 HDFS 的性能，所以实际中一般会由一个单独的节点来作为 NameNode。

一个集群中包含一个 NameNode 节点、一个 Secondary NameNode 节点。Secondary NameNode 为主 NameNode 节点提供备份。NameNode 节点运行 NameNode 进程，是 HDFS 的管理节点，负责维护整个文件系统的文件目录树、文件/目录的元信息、每个文件对应的数据块列表以及数据块存储于哪个 DataNode 等信息。所存储的这些信息都会在 NameNode 启动之后存到内存之中。

DataNode 节点运行 DataNode 进程，是 HDFS 的数据存储节点，并且要负责用户对数据

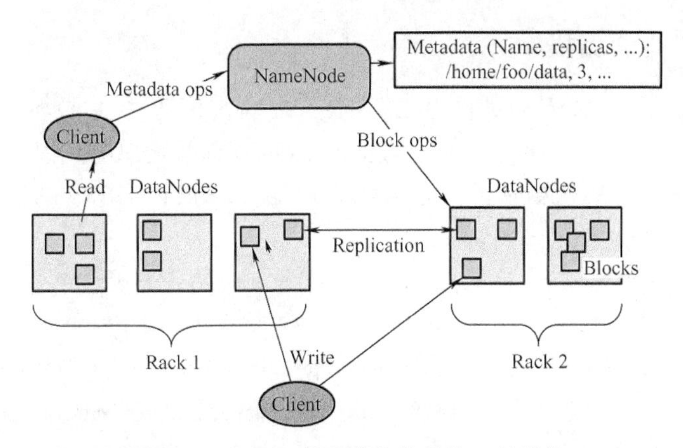

图 3-1 HDFS（分布式文件系统）的结构

的读取请求，一个集群会有多个 DataNode 节点。大文件的一个数据块在 DataNode 节点上会以一个独立的文件形式存放。并且在 DataNode 的本地文件系统中，不同数据块的文件不会放置于同一个目录之下，DataNode 会在适当的时候创建子目录，因为 DataNode 的本地文件系统可能无法高效地在单个目录中支持大量的文件。

当一个 DataNode 启动时，它首先将自身的一些信息（如 hostname、version 等）发送给 NameNode，向 NameNode 节点进行注册。它也会定期地将本地文件对应的数据块信息发送给 NameNode，帮助 NameNode 建立各个数据块到 DataNode 的映射关系。除此之外，它还不断地向 NameNode 发送心跳以报告自己的状态（是否存活）、剩余可利用的存储空间等信息。而且 NameNode 也会随着 DataNode 的心跳返回一些指令给 DataNode，如删除某个数据块。

（3）数据块的多副本存储策略

实际中，由于 HDFS 集群中的计算节点有可能会出现宕机等情况，影响存储在其上的数据的可靠性。为此，HDFS 在设计时提供了数据块的多副本存储策略，也就是 HDFS 为每个数据块在集群中提供多个备份。而对于备份机器的选择，HDFS 也经过充分的设计和优化。由于 HDFS 运行在由大量包含一定数量机器的机架所组成的集群之上，两个不同机架上的节点是通过交换机实现通信的，一般来说，相同机架上机器间的传输速度优于不同机架上的机器，因此在考虑数据存储可靠性和减少对网络带宽的占用，以及提高数据在复制过程中的传输速度的情况下，HDFS 采取的是同节点和同机架并行、三副本存储的默认模式。也就是说，在默认情况下，每个数据块在集群中有 3 个副本，第一个副本存储在用户所使用的机器节点上，第二个副本存放在集群中与第一个副本不同机架的机器节点上，第三个副本存放在与第二个副本同一个机架的不同机器节点上。

HDFS 根据机器所处的机架来选择存储节点，其也被称为具有机架感知功能。同时，副本的数量在实际中是可以自定义的。如果数据量很大但并不十分重要，如访问日志数据，那么可以减少副本的数量或者关闭副本复制功能。

3.3 HDFS 的操作流程

HDFS 的操作主要是 HDFS 文件的读写。

3.3.1 HDFS 文件读流程

HDFS 中读数据的操作流程如图 3-2 所示。该操作流程中主要涉及 NameNode 节点、DataNode节点和 Client Node 节点。其中，Client Node 节点就是 HDFS 集群中用户使用 HDFS 客户端（HDFS 的 Shell 客户端或者 Java API 客户端）来操作 HDFS 的节点。基于客户端，用户读取 HDFS 中一个文件的流程如下。

首先，客户端使用 FileSystem 的 open( )操作打开一个指定路径的文件。FileSystem 是一个通用文件系统的抽象类，Hadoop 为 FileSystem 提供了多种具体的实现。在 HDFS 中，该 FileSystem 的实现是 DistributedFileSystem。FileSystem 的 open( )操作返回一个 FSDataInputStream 输入流对象。在 HDFS 中，该 FSDataInputStream 输入流对象就是 FSDataInputStream 输入流在 HDFS 中的具体实现 DFSDataInputStream。DFSDataInputStream 对象在创建时，会通过 getBlockLocations( )方法远程调用 NameNode 节点，获取文件起始数据块的位置信息，并对存储该数据块的所有节点根据距离客户端的远近进行排序，然后将排序结果返回给客户端。

在获得输入流对象 DFSDataInputStream 之后，客户端调用该对象的 read( )操作来读取数据。输入流对象将选择离客户端最近的节点建立连接并读取数据。如果客户端所处的节点本身是 DataNode，那么将直接从本地获取数据。在读取数据的过程中，每读取完一个块就会进行验证，如果读取时出现错误，客户端就会通知 NameNode，并从下一个拥有该块的 DataNode 继续读取，失败的数据节点将被记录，以后不再连接。

当一个数据块读取完毕时，DFSDataInputStream 对象关闭与数据块所在节点的连接，然后再次通过 getBlockLocations( )方法获取下一个数据块的位置，并连接该数据块所在的离客户端最近的 DataNode 节点来读取数据……依此进行。

最后，当客户端读取完所有数据时，会调用 DFSDataInputStream 的 close( )方法来关闭输入流。

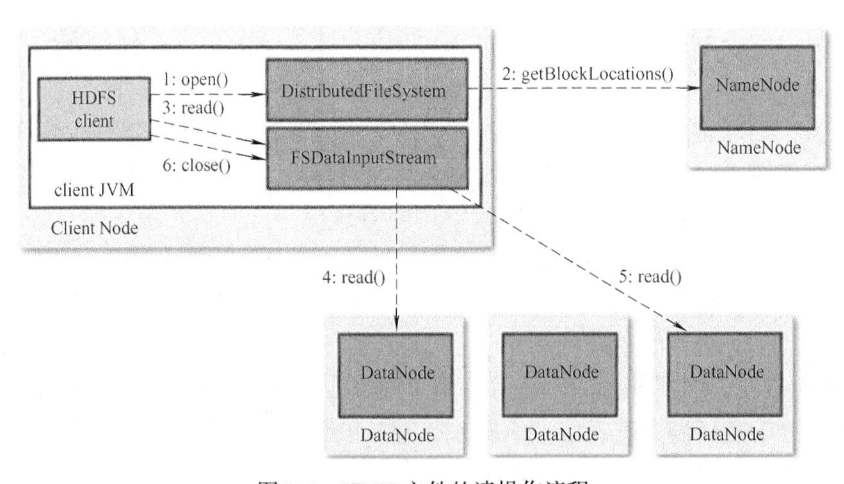

图 3-2 HDFS 文件的读操作流程

3.3.2 HDFS 文件写流程

客户端向 HDFS 写入数据的一般操作流程如图 3-3 所示。首先，客户端会通过 FileSystem

在HDFS中的具体实现DistributedFileSystem的create()操作来创建文件。该操作将返回一个FSDataOutputStream输出流对象。在HDFS中，该FSDataOutputStream输出流对象就是FSDataOutputStream输出流在HDFS中的具体实现DFSDataOutputStream。客户端使用该输出流来写入数据。

DFSDataOutputStream输出流对象在创建时会通过远程调用请求NameNode在HDFS的命名空间中创建一个文件。NameNode会在收到请求之后检查文件是否已经存在、客户端是否有权限创建文件，如果通过了检查，NameNode将创建新文件。

在获得FSDataOutputStream对象之后，客户端将会通过该对象的write()操作向HDFS写入数据。该对象将需要写入的数据进行分块，然后写入对象的内部队列。FSDataOutputStream对象向NameNode节点申请保存该文件及其副本的DataNode节点，分配的DataNode节点将放在一个数据流管道pipeline里。FSDataOutputStream对象将数据块写入pipeline中的第一个数据节点，然后第一个DataNode（第一副本）节点将数据块发送给第二个DataNode（第二副本）节点，第二个DataNode（第二副本）节点将数据发送给第三个DataNode（第三副本）节点，此过程即完成数据块多副本的复制。由于数据是在网络中的不同节点之间传送的，为了保证数据传输的可靠性，接收到数据并成功写入的DataNode节点要向发送者发送确认包ack packet，且该确认包会沿着数据流管道pipeline依次回传。在FSDataOutputStream对象收到确认包后，它将对应的分块从内部队列中移除，然后继续发送其他数据块。

在数据写入过程中，如果某个DataNode节点在写入的过程中失败，则该节点将从pipeline中移除。FSDataOutputStream对象会将该失败节点通知给NameNode节点，并告知NameNode当前数据块复制块数不足。NameNode节点会将失败的DataNode节点中已经写入的数据块赋予一个新的标识，待该失败的DataNode节点重启后将已经写入的数据块删除。缺少的副本数据块也会在后来再次创建。

当数据写完之后，客户端调用FSDataOutputStream对象的close()操作结束写入数据，关闭输出流。close()操作会在确认收到了内部队列中的所有数据块的确认包之后，通知NameNode关闭文件，完成一次写文件的过程。

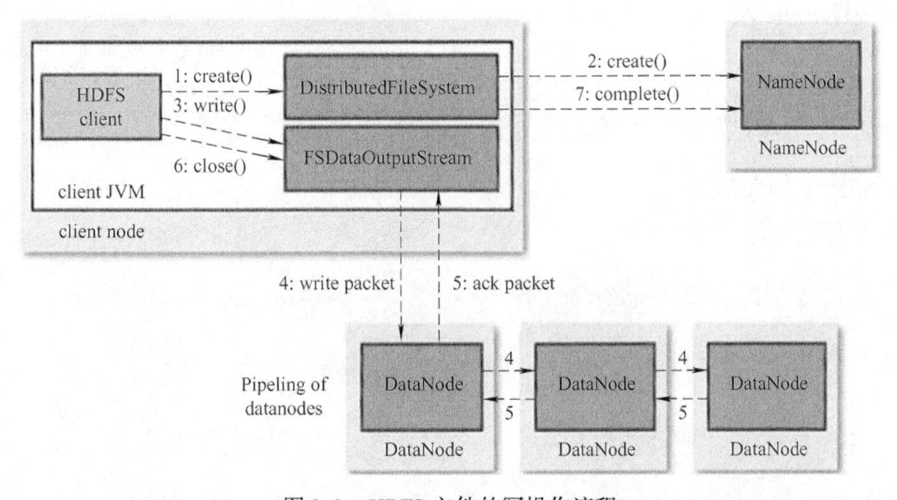

图3-3 HDFS文件的写操作流程

3.4 HDFS 的接口

HDFS 提供了 Shell、Java API 以及 Web 等方式来进行访问。下面将对这 3 种方式进行介绍，并给出部分实例来说明如何利用 HDFS 提供的接口来对 HDFS 的数据进行操作。

3.4.1 Shell 命令

HDFS 所提供的 Shell 称为 FS Shell。FS Shell 提供了许多与 Linux Shell 类似的命令来操作 HDFS，以便让已经熟悉 Linux 的用户减少学习的时间。在 Linux 终端，用户通过这些命令可以完成数据的上传、下载、复制、查看、创建文件等操作。FS Shell 命令的基本格式如下。

```
hadoop fs -cmd < args >
```

其中，cmd 就是具体的命令，并且 cmd 前面的“ - ”不能省略，args 是命令的具体参数。下面将列举一些常见的 FS Shell 命令及其用法。更多的 FS Shell 命令可以参见 HDFS 官网：http://hadoop.apache.org/docs/current/hadoop-project-dist/hadoop-common/FileSystemShell.html。

（1）列举一个目录的所有文件

命令格式如下。

```
hadoop fs -ls 目录的路径
```

示例：如果要查看 HDFS 根目录下的所有文件情况，可以使用如下命令。

```
hadoop fs -ls /
```

使用上述命令的输出如下。对于刚搭建好的 hadoop，上述命令返回的信息显示根目录下只有一个文件 user。

```
Found 1 items
-rw-r--r-- 1 hadoop supergroup          15 2020-03-12 17:44 /user
```

（2）创建文件夹

命令格式如下。

```
hadoop fs -mkdir 文件夹的路径和名称
```

示例：在 HDFS 的根目录下创建名为 dataset 的文件夹。

```
hadoop fs -mkdir /dataset
```

使用上述命令之后，通过 hadoop fs-ls/命令查看，此时在 HDFS 的根目录下就可以看到两项内容：一个文件夹和一个文件。

```
Found 2 items
drwxr-xr-x -hadoop supergroup            0 2020-03-12 17:46/dataset
-rw-r--r-- 1 hadoop supergroup          15 2020-03-12 17:44/user
```

需要注意的是，上述命令的dataset文件夹名称前面需要有“/”。如果缺少“/”，则会在HDFS的/user/hadoop/目录下新建dataset目录。这里的hadoop为当前Linux的用户名。

（3）将本地文件上传至HDFS

命令格式如下。

```
hadoop fs -put 本地文件路径　目标路径
```

示例：将本地/home/hadoop/下的example. txt文件上传至HDFS根目录/dataset文件夹下。首先进入本地的/home/hadoop文件夹下，通过vim example. txt命令输入任意一串文本。

```
hadoop fs -put /home/hadoop/example. txt /dataset
```

使用上述命令之后，通过hadoop fs-ls/dataset命令可以查看上传文件的结果，输出的信息如下。

```
Found 1 items
-rw-r--r-- 1 hadoop supergroup       14 2020-03-12 20:52/dataset/example. txt
```

如果通过cd命令进入本地/home/hadoop路径下，上述命令可以直接写成hadoop fs -put example. txt /dataset。

（4）将文件从HDFS下载到本地文件系统

命令格式如下。

```
hadoop fs -get HDFS文件路径　本地存放路径
```

示例：将刚刚上传的example. txt文件下载到本地/home/hadoop/data目录下。

```
hadoop fs -get /dataset/example. txt /home/hadoop/data
```

在使用上述命令之后，进入/home/hadoop/data路径下，通过ls命令查看data文件夹，会看到data文件夹下多了example. txt文件。

（5）查看文件的内容

命令格式如下。

```
hadoop fs -text(cat)　HDFS文件的路径
```

示例：查看前面上传的/dataset文件夹下的example. txt的内容。

```
hadoop fs -text /dataset/example. txt
```

在使用上述命令之后，就可以在Linux终端看到example. txt的内容。

(6) 删除文件或者文件夹

命令格式如下。

```
hadoop fs -rm(rmr)  HDFS 中文件或者文件夹的路径
```

示例：删除前面上传至 HDFS 中/dataset 文件夹下的 example. txt 文件。

```
hadoop fs -rm /dataset/example.txt
```

HDFS 中删除文件和文件夹的命令是不同的。删除文件和空目录用 rm 命令，而删除文件夹则用 rmr 命令，该命令将删除文件夹下的所有子文件夹和文件。

3.4.2 Web 客户端

Hadoop 也提供了 Web 方式来查看 HDFS 的情况。在浏览器的地址栏中输入链接 http://[NameNodeIP]：50070，便会弹出图 3-4 所示的页面。该页面显示了当前集群中 HDFS 使用的大小、活跃的节点、数据块的个数等信息。Overview 中的“localhost：9000”显示的是 HDFS 的路径。该路径在后面通过 Java API 来访问 HDFS 时会用到。如果是单机伪分布式安装，那么 NameNodeIP 就是 localhost。

图 3-4 所示的内容即为在伪分布式安装环境下输入 http://localhost：50070 所显示的结果。通过输入该链接来查看 HDFS 的情况也常用来检验 Hadoop 集群是否安装和启动成功。

3.4.3 Java API

在实际的 Hadoop 应用过程中，最常用的是通过 Java API 的方式来访问和操作 HDFS。Hadoop 主要是通过 Java 语言编写的，因此上述访问 HDFS 的 FS Shell 本质上也是通过 Java API 来实现的。

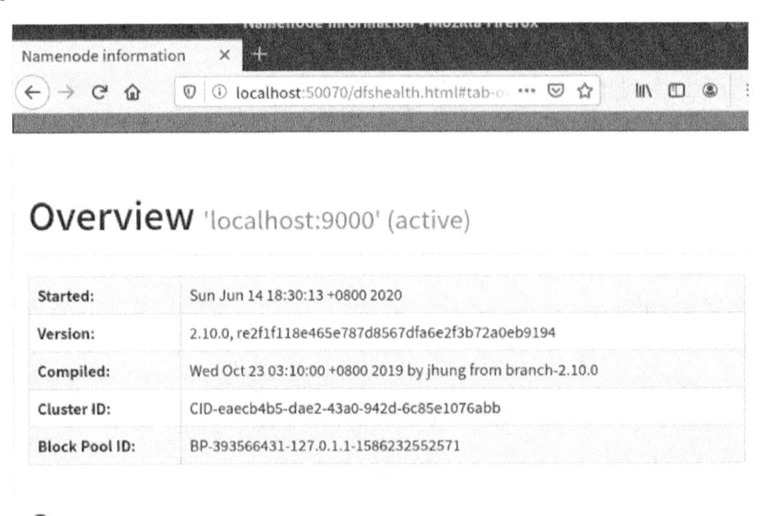

图 3-4 通过 Web 方式来查看 HDFS 的情况

通过 Java API 来访问 HDFS 主要涉及 org. apache. hadoop. fs. FileSystem、org. apache. hadoop. fs. FSDataInputStream、org. apache. hadoop. fs. FSDataOutputStream、org. apache. hadoop. conf. Configuration、org. apache. hadoop. fs. Path 等 Java 类。其中，org. apache. hadoop. fs. FileSystem、org. apache. hadoop. fs. FSDataInputStream、org. apache. hadoop. fs. FSDataOutputStream 在前面已经介绍过。org. apache. hadoop. conf. Configuration 类主要用来访问 Hadoop 中默认的文件系统位置等配置信息，而 org. apache. hadoop. fs. Path 类则用于生成一个文件或者一个目录的路径。

下面给出基于 Java API 访问 HDFS 的示例代码，以说明如何通过 Java API 来实现建立目录、上传及下载文件、删除文件等主要操作。该示例代码主要通过 Maven 来实现，使用和依赖的 jar 包显示在 Maven 的 pom. xml 文件的 dependencies 项中。完整的 pom. xml 文件显示如下。

```
<?xml version="1.0" encoding="UTF-8"?>
<project xmlns="http://maven.apache.org/POM/4.0.0"
    xmlns:xsi="http://www.w3.org/2001/XMLSchema-instance"
    xsi:schemaLocation="http://maven.apache.org/POM/4.0.0 http://maven.apache.org/xsd/
maven-4.0.0.xsd">
    <modelVersion>4.0.0</modelVersion>

    <!-- 如下的 groupId、artifactId、version 标签都是建立 Maven 项目时所要填写的信息。这些
信息需要针对自己所建立的 Maven 项目进行修改 -->
    <groupId>com.liu</groupId>
    <artifactId>HDFSapp</artifactId>
    <version>1.0-SNAPSHOT</version>

    <!--示例所依赖的 jar 包都通过如下的标签给出-->
    <dependencies>
        <dependency>
            <groupId>org.apache.hadoop</groupId>
            <artifactId>hadoop-common</artifactId>
            <version>2.10.0</version>
        </dependency>
        <dependency>
            <groupId>org.apache.hadoop</groupId>
            <artifactId>hadoop-hdfs</artifactId>
            <version>2.10.0</version>
        </dependency>
    </dependencies>
</project>
```

在 pom. xml 文件中配置好 jar 包依赖信息之后，还需要在 Hadoop 安装文件“/etc/hadoop”路径下的 hdfs-site. xml 文件添加如下的配置信息，然后重启 HDFS。

```
<property>
    <name>dfs.permissions</name>
    <value>false</value>
</property>
```

在 Maven 项目中建立一个名为 HDFSapp 的 Java 类，如下的简单示例代码展示了如何通过 Java API 来实现针对 HDFS 的目录创建、文件创建、上传及下载文件、删除文件操作。

```
import org.apache.hadoop.conf.Configuration;
import org.apache.hadoop.fs.*;
import java.net.URI;

public class HDFSapp {
    //指定默认的 HDFS 路径
    String hdfsURL = "hdfs://localhost:9000";

    FileSystem fs = null;
    Configuration configuration = null;

    //构造函数
    public HDFSapp() {
        try{
            configuration = new Configuration();
            fs = FileSystem.get(URI.create(hdfsURL),configuration);
        }catch(Exception e){
            System.out.println("a exception");
        }
    }
    //main 函数
    public static void main(String[] args) {
        HDFSapp hdfsclient = new HDFSapp();
        hdfsclient.mkdir();
        hdfsclient.create();
        hdfsclient.put();
        hdfsclient.get();
        hdfsclient.detele();
    }

    //在 HDFS 根目录下的 dataset 目录下创建一个 test 子目录
    public void mkdir() {
        try {
            boolean maked = fs.mkdirs(new Path("/dataset/test"));
            System.out.println("a dir is created!");
```

```
        } catch (Exception e) {
                System. out. println( " a exception" ) ;
        }
}

//在 HDFS 根目录下的 dataset 目录下的 test 子目录中创建一个文件
public void create() {
        try {
            FSDataOutputStream output = fs. create( new Path( "/dataset/test/example. txt" ) ) ;
            output. write( " nihao" . getBytes( ) ) ;
            output. flush( ) ;
            output. close( ) ;
            System. out. println( " a file is created!" ) ;
          } catch( Exception e) {
                System. out. println( " a exception" ) ;
        }
}

//将本地"/home/hadoop/"路径下的文件 example. txt 上传到 HDFS 的"/dataset/test"路径下
public void put( ) {
        try {
            fs. copyFromLocalFile( new Path( "/home/hadoop/example. txt" ) ,
                                    new Path( "/dataset/test/" ) ) ;
            System. out. println( " a file is put to HDFS!" ) ;
            } catch (Exception e) {
                System. out. println( " a exception" ) ;
        }
}

//将 HDFS"/dataset/test"路径下的 example. txt 文件下载到本地"/home/hadoop/"路径下
public void get( ) {
        try {
            fs. copyToLocalFile( new Path( "/dataset/test/example. txt" ) ,
                                    new Path( "/home/hadoop/" ) ) ;
            System. out. println( " a file is got from HDFS!" ) ;
            } catch (Exception e) {
                System. out. println( " a exception" ) ;
        }
}

//将 HDFS"/dataset/test"路径下的 example. txt 文件删除
public void detele( ) {
```

```
        try {
            boolean delete = fs.delete(new Path("/dataset/test/example.txt"),true);
            System.out.println("a file is deleted!");
            }catch (Exception e){
                System.out.println("a exception");
        }
    }
}
```

3.5 本章小结

本章主要从 HDFS 的设计目标与原理、HDFS 的操作流程以及 HDFS 的应用接口等方面对 Hadoop 的核心存储组件 HDFS 进行了介绍。HDFS 是在计算机底层文件系统之上进一步封装而形成的分布式文件系统。Hadoop 的目标是能够运行于由大量普通的计算机构成的集群上。由于普通计算机的不可靠性，HDFS 在设计时就考虑到可能存在的物理故障。为了在集群上可靠地存储海量的数据，HDFS 将一个大文件分割为大小相等的数据块进行存储，并且每个数据块在集群中默认有 3 个副本。因此，在结构上，HDFS 存在 NameNode、DataNode 和 Secondary NameNode 这 3 种类型的节点。NameNode 节点运行 NameNode 进程，主要维护 HDFS 的元数据信息，包括每个文件的数据块存储于集群的哪些节点、DataNode 的状态等信息。而 DataNode 节点运行 DataNode 进程，主要负责存储数据以及响应用户对数据的读写请求。

由于 Hadoop 采用 Java 语言编写，因此在实际中可以通过 HDFS 的 Java API 接口来操作 HDFS。

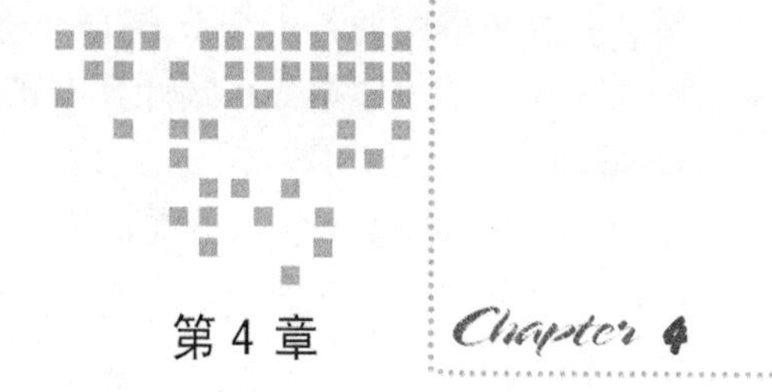

第4章

Hadoop分布式计算框架MapReduce

本章导读

MapReduce 最早是由 Google 研究提出的一种面向大规模数据处理的并行计算框架。2004 年，Google 在国际会议上发表了关于 MapReduce 的论文，阐述了 MapReduce 的基本原理。此后 Hadoop 的创始人 Doug Cutting 根据 Google MapReduce，基于 Java 设计开发了一个开源 MapReduce 并行计算框架和系统。自此，MapReduce 框架随着 Hadoop 很快得到了全球学术界和工业界的普遍关注，并得到推广和普及应用。Hadoop 的核心组件 HDFS 实现了分布式存储，而 MapReduce 实现了分布式计算，二者支撑起 Hadoop 对大数据的处理。

本章主要对 MapReduce 的计算过程、MapReduce 程序的结构、Hadoop 的数据类型、输入/输出格式以及多 MapReduce 任务的串联等进行介绍。

4.1 MapReduce 计算框架概述

对于大数据处理来说，当数据量远远超出一台计算机的存储能力而需存储于分布式文件系统时，一种合理的处理方式是并行地通过大量的计算机同时进行处理，然后汇总结果。MapReduce 的设计目标就是方便编程人员在不熟悉分布式并行编程的情况下，能够编写程序对分布式环境下的大数据进行处理。

为此，MapReduce 借鉴了函数式编程的思想。不同于计算机领域的命令式编程，函数式编程是面向数学的，关注的是数据集合之间的映射关系。其中，函数式编程中的函数就是数学中自变量的映射，并且函数可以作为另一个函数的输入或者输出。基于函数式编程思想，MapReduce 计算框架将运行于大规模集群上的并行计算过程抽象为两个函数：map 和reduce。map 函数主要是将输入的数据映射为 <key,value>的键值对形式，而 reduce 函数则是对 map 函数的输出进行进一步处理和汇总以产生最终的结果。在编写程序对大数据进行处理时，用户主要负责编写 map 函数和 reduce 函数，而 MapReduce 框架则会负责任务的分配调度、负载均衡、容错处理、网络通信等一系列问题。MapReduce 框架会按照“计算向数据迁移”的原则，在分布式文件系统（HDFS）中不同数据块所在的节点或者附近节点启动 map 计算，并在集群中的若干个节点上启动 reduce 进程来负责 reduce 计算。所以，MapReduce 既是一个定义了大数据分布式计算方式的框架，也是一个软件系统。并且作为一个系统，MapReduce 运行于 HDFS 之上，其输入/输出需要借助于 HDFS。

MapReduce 框架采用分而治之的策略，首先将大数据进行分块，然后交由不同节点的 map 任务进行并行处理，这样大大提高了数据处理的效率。但是，这也使得 MapReduce 只适合于如下场景的大数据处理：待处理的大数据集可以分成不同的数据块，而且每个数据块可以独立的、并行的进行处理。

4.2 MapReduce 计算过程

对于分布式环境下的大数据处理任务来说，MapReduce 的计算过程如图 4-1 所示。该过程主要包含了 3 个阶段：map 阶段、shuffle 阶段和 reduce 阶段。

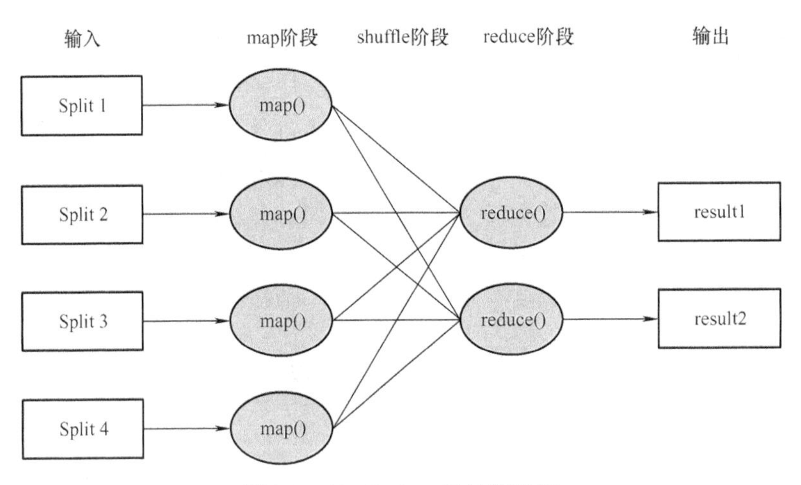

图 4-1　MapReduce 的计算过程

4.2.1 map 阶段

基于代码向数据迁移的原则，MapReduce 会在数据集的不同数据块所在的节点或者附近节点启动 map 处理过程。此时 map 处理过程的输入称为一个 Split，Split 是 MapReduce 中对 map 处理过程中需要处理的数据集合的抽象描述。它描述了需要一个 map 过程进行处理的数据大小、位置等信息。一般来说，一个 Split 中的数据对应于 map 所在节点上的数据块，也就是说，map 过程就是对相应节点数据块中的数据进行处理的过程。基于用户对 map 函数的定义，MapReduce 会在 map 阶段读取对应数据块中的数据，形成一个 <key,value> 的数据列表，然后根据用户定义的 map 函数对该列表中的每个键值对中的 value 数据进行处理，并输出新的 <key,value> 键值对列表。其中，输出键值对列表中的 key 与输入的键值对列表中的 key 可能不同。

这里以统计一个文档中每个单词词频的 WordCount 任务为例，假设当前文档存储于集群中的 3 个节点上，每个节点的数据块中存储的信息如图 4-2 所示，图中每个方块代表一个节点。此时，MapReduce 首先读取每个数据块中的数据。针对文本数据，MapReduce 默认在读取数据块的数据之后以当前行在文档中的偏移量（行序）为 key，以该行的文本数据作为 value，将文本数据转换成 <key,value> 的列表，Word Count 的 map 阶段的计算过程如图 4-2 所示。在每个节点中，以上述 <key,value> 形式的列表数据为输入，map 函数迭代处理列表中的每个键值对数据，将键值对中的 value 字符串取出，分割单词，然后以每个单词为 key，以 1 为 value，输出新的键值对列表。

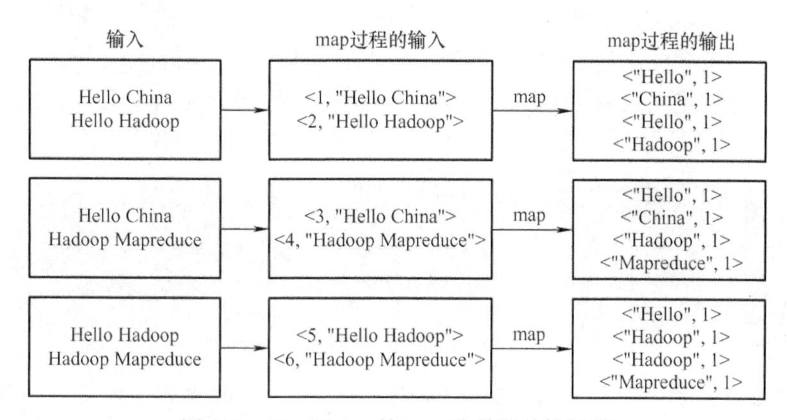

图 4-2　WordCount 的 map 阶段的计算过程

4.2.2　shuffle 阶段

MapReduce 的 shuffle 阶段衔接 map 阶段和 reduce 阶段，在 MapReduce 计算过程中起到重要作用。它将每个 map 函数的输出进行分区、排序、合并和归并等处理，形成 <key,value-list> 键值对形式的列表，并分发给每个 reduce 函数处理。这个过程也称为“洗牌”。图 4-3所示为 shuffle 过程的流程图。从中可以看出，shuffle 阶段的具体任务包括了 map 端的任务和 reduce 端的任务。

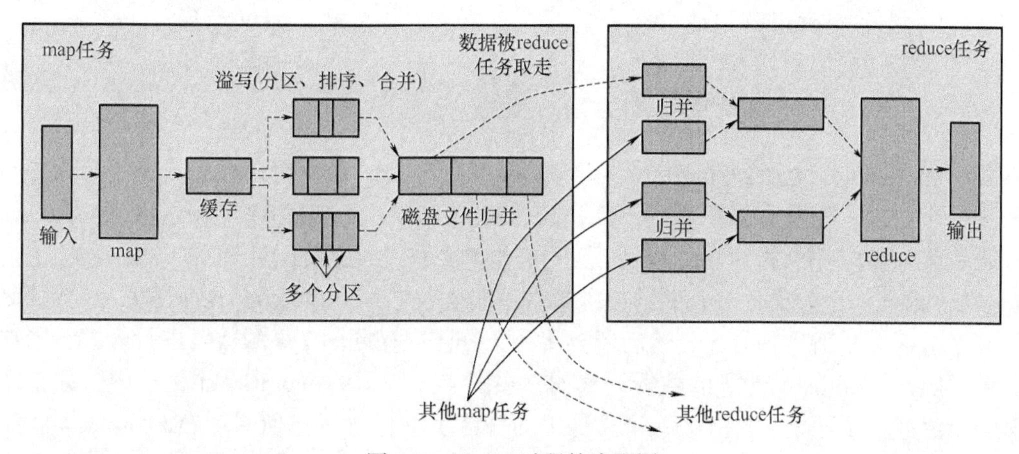

图 4-3　shuffle 过程的流程图

（1）map 端的 shuffle 过程

如图 4-3 所示，在 map 任务的执行过程中，map 函数的输出会不断地写入缓存。当缓存快要满时，MapReduce 会将缓存的数据写入 map 任务所处节点的磁盘，并清除缓存中的数据。在写入磁盘的过程中，MapReduce 首先会调用分区接口对缓存中的数据进行分区（Partition）。分区的目的是将 map 产生的不同 <key,value> 键值对分配给不同的 reduce。MapReduce 默认根据对 map 输出的 <key,value> 键值对中的 key 值进行 Hash 运算（hash（key）/num_ reduceTasks）的结果来将数据进行分区。实际中也可以通过重载分区接口来改写分区的方式。

以图 4-2 中的 WordCount 任务为例，假设当前有两个 reduce 进程，并且以单词首字母进行分区，将以字母 C 和 M 开头的数据分为一个区，将以 H 开头的单词分为另一个分区，那么图 4-2 中第一个节点 map 输出的 <key,value> 键值对将被分为两个分区，两个分区的内容如下。

```
第一个分区：<"China",1>
第二个分区：<"Hello",1>
            <"Hello",1>
            <"Hadoop",1>
```

分区完成之后，会进一步对每个分区的 <key,value> 数据根据 key 值进行排序。排序之后，还可以对每个分区的 <key,value> 键值对数据进行合并（Combine）。合并是将相同 key 的 value 进行合并运算处理，以减少需要在 map 和 reduce 之间传输的数据量。常见的合并运算包括求和、取最大、取最小。比如，对上述第一个节点的数据进行合并的过程如下所示。合并操作就是将两个 <"Hello",1> 键值对的 value 进行相加，形成一个新的键值对 <"Hello",2>。合并操作在实际中是可选的，它要求编程人员重载合并接口并进行明确的设置。

```
合并前：                              合并后：
  第一个分区：<"China",1>               第一个分区：<"China",1>
  第二个分区：<"Hello",1>               第二个分区：<"Hello",2>
              <"Hello",1>                           <"Hadoop",1>
              <"Hadoop",1>
```

排序和合并完成之后，MapReduce 将新的 <key,value> 数据写入磁盘。每次写入磁盘都会形成一个文件。随着 map 函数的不断执行，MapReduce 会多次将缓存中的数据写入磁盘，从而形成多个磁盘文件。在这种情况下，这些文件会在 map 过程结束之后通过归并（Merge），形成一个大文件。归并的过程是将不同文件中相同分区的 <key,value> 数据划分到同一个分区并重新进行排序，然后还要将一个分区内相同的 key 的数据进行合并，形成一个新的 <key,value-list> 形式的数据。比如，在图 4-2 所示的 WordCount 例子中，如果第一个节点最终产生了两个文件，第一个文件中的分区 1 中包含了键值对 <"China",1>，第二个文件的分区 1 中也包含了键值对 <"China",3>，那么在两个文件归并之后，分区 1 会形成一个新的键值对 <"China",<1，3>>。归并之后 map 端就会通知相应的 reduce 端，然后将大文件中不同分区的 <key,value-list> 形式的数据发送给对应的 reduce 端。

（2）reduce 端的 shuffle 过程

当得知某个 map 端的 shuffle 过程结束之后，reduce 端的 shuffle 就会从该 map 端将对应分区的数据读入 reduce 端的缓存。在不断地从多个 map 端读取对应分区的数据过程中，当 reduce 端的缓存快要满时，reduce 端的 shuffle 进程就会将缓存中的数据写入 reduce 端的磁盘，形成一个文件，并在所有 map 端对应分区的数据取回之后，将所有的磁盘数据文件进行归并处理。当然，如果从各个 map 端取回的数据量不大，那么归并过程就可以在缓存中完成，无须生成磁盘文件。在归并的过程中，还会对所有的数据按照键值进行排序，从而使得最终提供给 reduce 进行处理的数据是有序的。

4.2.3　reduce 阶段

MapReduce 在 reduce 阶段的任务比较简单，就是在归并完成之后，根据用户对 reduce 函数的定义，对每个新的 < key,value-list > 形式的键值对数据通过执行 reduce 函数进行处理，并将最终的结果输出到文件系统。

以图 4-2 中的 WordCount 任务为例，假设以单词首字母进行分区，将以字母 C 和 M 开头的数据分为一个区，将以 H 开头的单词分为另一个分区，并且没有定义 combine 合并操作，每个分区的数据交由一个 reduce 函数进行处理，那么 WordCount 的 reduce 阶段的计算过程如图 4-4 所示。

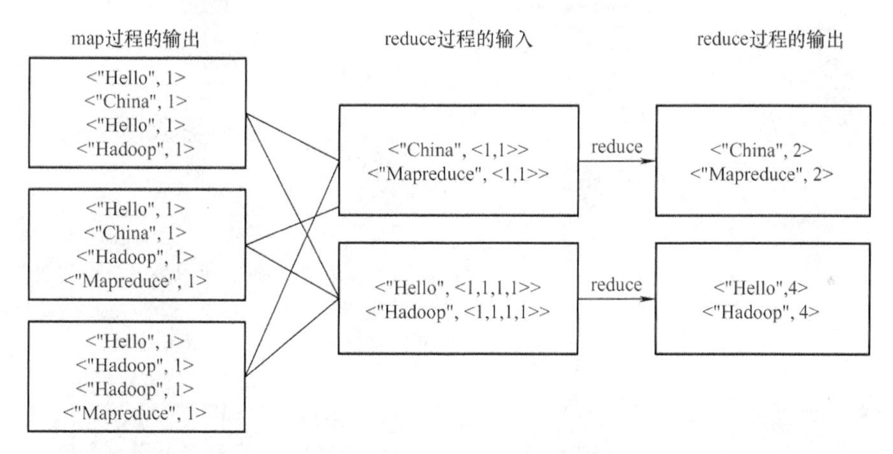

图 4-4　WordCount 的 reduce 阶段的计算过程

4.3　MapReduce 的架构与运行流程

上一小节通过对 MapReduce 计算过程的 3 个阶段以及 WordCount 例子的说明，介绍了 MapReduce 分布式计算的基本原理。但是，MapReduce 在实际中是如何在集群中完成这样的计算过程的呢？

在 Hadoop 2.0 之后，MapReduce 任务的执行与管理依赖 Hadoop 的重要资源管理组件 YARN。YARN 的全称为 Yet Another Resource Negotiator，它为集群提供通用的资源管理和调度服务。它不仅能够运行 MapReduce 任务，而且还能运行 Spark 等任务。如图 4-5 所示，在 YARN 组件的管理下，MapReduce 集群中将由 ResourceManager、NodeManager、ApplicationMaster 等进程来协调配合完成 MapReduce 计算任务。

- **Client**：Client 是集群与用户的交互接口，供用户提交自己的 MapReduce 任务到

YARN 上，同时用户也可以使用 Client 来查看一些任务的运行状态。

- **ResourceManager**：ResourceManager 控制整个集群的资源，并负责向具体的计算任务分配基础计算资源。
- **NodeManager**：NodeManager 管理集群中单个节点的计算资源，跟踪管理节点上的每个容器以及节点的健康状况。容器是 YARN 对 MapReduce 等计算任务所涉及的 CPU、内存等多维度的资源以及环境变量、启动命令等任务运行相关信息的封装。ResourceManager 在分配资源时，返回的就是容器。YARN 会为每个任务分配一个容器，且该任务只能使用该容器中描述的资源。
- **ApplicationMaster**：ApplicationMaster 管理在 YARN 集群中运行的一个具体计算任务，协调来自 ResourceManager 的资源，并监控任务的执行情况。

在上述不同角色进程的配合下，一个 MapReduce 计算任务在集群中的执行流程如图 4-5 所示。

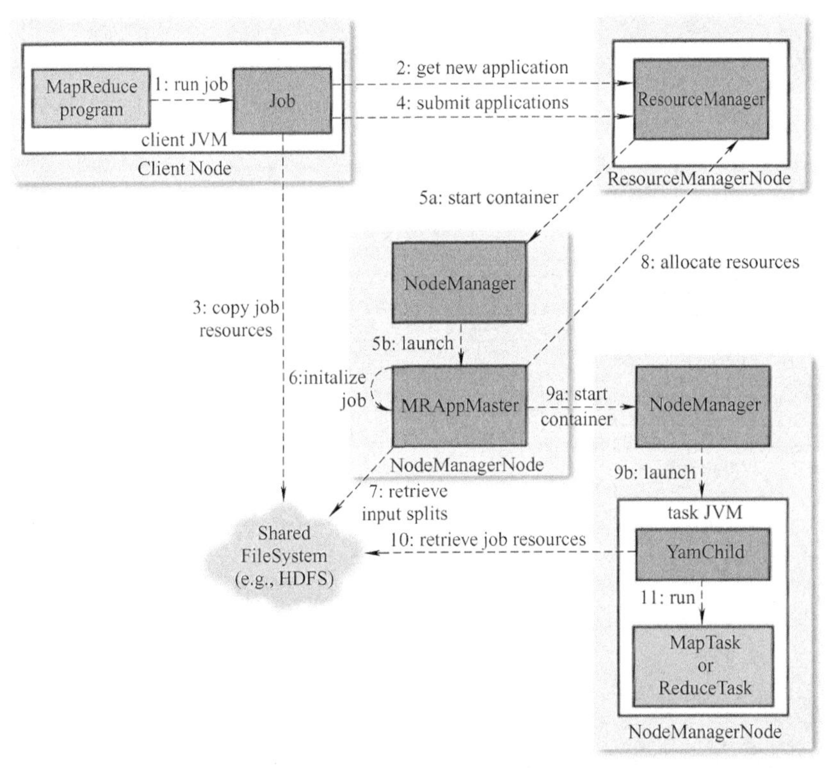

图 4-5 一个 MapReduce 计算任务在集群中的执行流程

（1）任务的提交与初始化

首先，客户端程序通过调用 job. waitForCompletion( ) 方法，向整个集群提交 MapReduce 计算任务。然后，job 对象向 ResourceManager 申请新任务的编号，并将任务输入的 Split、jar 包和配置文件等信息打包复制到 HDFS 中，最后调用资源管理器的 submitApplication( ) 方法来提交任务。

当 ResourceManager 收到 submitApplication( ) 请求时，给该请求分配计算所需的容器，并通知容器所在的 NodeManager 启动该容器，并在该容器内启动 ApplicationMaster

进程。ApplicationMaster 在容器内完成任务的初始化，并通过 HDFS 得到由客户端计算好的输入 Split，然后为每个输入 Split 创建一个 map 任务对象，以及相应的 reduce 任务对象。

（2）任务的分配与执行

如果计算任务很小，ApplicationMaster 将在其自己的容器中运行任务。否则，ApplicationMaster 将向 ResourceManager 请求分配不同的容器来运行所有的 map 和 reduce 任务。ApplicationMaster会在请求时将每个 map 任务输入 Split 的节点机器名和机架等信息发送给 ResourceManager。ResourceManager 利用这些信息，尽量将任务分配给输入 Split 所在的节点或者相同机架的节点。

当收到 ResourceManager 为每个 map 任务和 reduce 任务分配的容器之后，ApplicationMaster 通过联系相应节点上的 NodeManager 来启动容器。在容器中，具体的计算任务由一个 YarnChild 的 Java 应用执行。它在从 HDFS 中取回任务的相关资源并协调好本地的资源之后，运行 map 或 reduce 任务。ApplicationMaster 会监控 map 或 reduce 任务的执行进度和状况。map 和 reduce 任务通过 ApplicationMaster 来进行协调沟通，比如当 map 任务完成后，ApplicationMaster 会通知 reduce 来取回相应分区的数据。

（3）任务完成

客户端每隔一段时间就会通过调用 waitForCompletion( )方法来检查任务是否完成。当任务完成之后，ApplicationMaster 会通知 ResourceManager 注销分配的容器。

4.4　WordCount 的 MapReduce 程序

在了解了 MapReduce 的基本原理与运行流程之后，该如何编写 MapReduce 程序进行大数据处理呢？本节通过 WordCount 示例的代码来了解 MapReduce 程序的基本构成。

下面的 WordCount 示例代码通过 Maven 构建。代码主要包括了两部分：一部分是 pom.xml 文件，配置了 WordCount 程序所依赖的 jar 包；另一部分是 Java 程序文件。为了方便对代码的理解，对代码的解释主要放到代码中，以注释的形式给出。

4.4.1　WordCount 程序的 pom.xml 文件

```
<?xml version="1.0" encoding="UTF-8"?>
<project xmlns="http://maven.apache.org/POM/4.0.0"
    xmlns:xsi="http://www.w3.org/2001/XMLSchema-instance"
    xsi:schemaLocation="http://maven.apache.org/POM/4.0.0 http://maven.apache.org/xsd/
maven-4.0.0.xsd">
    <modelVersion>4.0.0</modelVersion>

    <!--如下的 groupId、artifactId、version 标签都是建立 Maven 项目时所要填写的信息。这些
信息需要针对自己所建立的 Maven 项目进行修改-->
```

```
    <groupId>com.liu</groupId>
    <artifactId>WrodCount</artifactId>
    <version>1.0-SNAPSHOT</version>

    <!--示例所依赖的jar包都通过如下的标签给出-->
    <dependencies>
        <dependency>
            <groupId>org.apache.hadoop</groupId>
            <artifactId>hadoop-common</artifactId>
            <version>2.10.0</version>
        </dependency>
        <dependency>
            <groupId>org.apache.hadoop</groupId>
            <artifactId>hadoop-hdfs</artifactId>
            <version>2.10.0</version>
        </dependency>
        <dependency>
            <groupId>org.apache.hadoop</groupId>
            <artifactId>hadoop-mapreduce-client-core</artifactId>
            <version>2.10.0</version>
        </dependency>
        <dependency>
            <groupId>org.apache.hadoop</groupId>
            <artifactId>hadoop-mapreduce-client-jobclient</artifactId>
            <version>2.10.0</version>
        </dependency>
        <dependency>
            <groupId>org.apache.hadoop</groupId>
            <artifactId>hadoop-mapreduce-client-common</artifactId>
            <version>2.10.0</version>
        </dependency>
    </dependencies>
</project>
```

4.4.2 WordCount 程序的 Java 文件

```
import org.apache.hadoop.conf.Configuration;
import org.apache.hadoop.fs.*;
import org.apache.hadoop.io.IntWritable;
import org.apache.hadoop.io.Text;
import org.apache.hadoop.mapreduce.Job;
```

```
import org.apache.hadoop.mapreduce.Mapper;
import org.apache.hadoop.mapreduce.Reducer;
import org.apache.hadoop.mapreduce.lib.input.FileInputFormat;
import org.apache.hadoop.mapreduce.lib.output.FileOutputFormat;
import java.io.IOException;
import java.util.StringTokenizer;

public class WordCount {
    /*
    1. 自定义 Map 类,主要是在类中重载 map 函数
    2. 在 Mapper 接口的<Object,Text,Text,IntWritable>内,<Object,Text>定义了 map 函数输入的键值对数据的类型,<Text,IntWritable>定义了 map 函数输出的键值对的数据类型
    */
    public static class MyMapper extends Mapper<Object,Text,Text,IntWritable> {
        //此处定义了数值为 1 的变量,用来在每分割出一个单词之后构造一个<单词,1>的键值对
        private final static IntWritable one = new IntWritable(1);
        private Text word = new Text();
        //map 函数的具体定义,从下面可看出处理的是 Text 类型的 value,key 值被忽略了
        public void map(Object key,Text value,Context context)
                throws IOException,InterruptedException {
            //此处的 value 是文档中的一行文本数据,将其转成字符串类型之后,利用
            //字符串分割的方法将一行中的每个单词分割
            StringTokenizer itr = new StringTokenizer(value.toString());
            while (itr.hasMoreTokens()) {
                word.set(itr.nextToken());
                //将结果写入 context
                context.write(word,one);
            }
        }
    }
    /*
    1. 自定义 Reduce 类,主要是在类中重载 reduce 函数
    2. 在 Reducer 接口的<Text,IntWritable,Text,IntWritable>内,第一个<Text,IntWritable>定义了 reduce 函数输入的键值对数据的类型,该类型必须要与 map 函数的输出键值对类型一致,括号内的第二个<Text,IntWritable>定义了 reduce 函数输出的键值对的数据类型
    */
    public static class MyReducer
            extends Reducer<Text,IntWritable,Text,IntWritable> {
        private IntWritable result = new IntWritable();
        //从这可以看出 reduce 处理的输入数据是<key,value-list>类型的键值对
        public void reduce(Text key,Iterable<IntWritable> values,Context context)
                throws IOException,InterruptedException {
```

```
                int sum =0;
                //reduce 函数就是对列表 values 中的数值进行相加
                for (IntWritable val : values) {
                    sum + = val. get();
                }
                result. set(sum);
                //将结果写入 context
                context. write(key,result);
            }
        }
        /*
        1. WordCount 的 main 函数
        2. main 函数主要创建一个 job 对象,然后对 WordCount 任务所需的 map 函数、reduce 函数、输
    入文件路径、输出文件路径等信息进行配置
        */
        public static void main(String[] args) throws Exception {
            Configuration conf = new Configuration();
            Job job = Job. getInstance(conf,"word count");           //获取一个任务实例
            job. setJarByClass(WordCount. class);                    //设置工作类
            job. setMapperClass(MyMapper. class);                    //设置 Mapper 类
            job. setReducerClass(MyReducer. class);                  //设置 Reducer 类
            job. setOutputKeyClass(Text. class);                     //设置输出键值对中 key 的类型
            job. setOutputValueClass(IntWritable. class);            //设置输出键值对中 value 的类型
            FileInputFormat. addInputPath(job,new Path(args[0]));    //设置输入文件的路径
            FileOutputFormat. setOutputPath(job,new Path(args[1])); //设置输出文件的路径
            FileSystem fs = FileSystem. get(conf);                   //获取 HDFS 文件系统
            fs. delete(new Path(args[1]),true);                      //删除输出路径下可能已经存在的文件
            boolean result = job. waitForCompletion(true);           //提交运行任务
            System. exit(result? 0: 1);                              //如果 result 为 false,则等待任务结束
        }
    }
```

4.4.3 WordCount 代码说明

1）从上述的 WordCount 的 Java 代码可以看出，MapReduce 程序中主要的代码是重新定义 Mapper 类和 Reducer 类。重新定义这两个类并根据具体任务编写 map 函数和 reduce函数。

2）从代码可以看出，map 函数的输出和 reduce 函数的输出都是通过调用 Context 对象的 write()方法来完成的。Context 对象广泛出现于 Hadoop 的各种任务中。它通过封装数据的读写等操作，为 map 和 reduce 等计算提供了重要的上下文环境。

3）WordCount 代码的 main 函数中的 job 对象提供了对 MapReduce 程序运行所需的各种资源的配置，包括输入文件路径、输出文件路径、输入格式、输出格式等。job 对象的作用

就是对一个 MapReduce 任务进行细节上的设置。这是因为任何一个 MapReduce 任务都是通过使用 job 类进行驱动的，通过 job 对象来封装任务运行所需要的各种资源，并最终打包成一个 jar 包提交到 Hadoop 集群中去运行的。为了方便用户对 MapReduce 任务的设置，job 对象提供了一系列方法，常见的方法如表 4-1 所示。这些方法有些已经在上述代码中用到，有些会在后面的内容中进一步说明。

4）可以直接在 IDEA 中执行上述代码。在伪分布式环境下部署 Hadoop时，上述代码默认的输入/输出是本地文件系统。为了让上述程序在 IDEA 中能够默认读取 HDFS 中的文件并输出到 HDFS，需要将 Hadoop 安装目录“etc/hadoop”路径下的 core-site. xml 和 hdfs-site. xml 两个文件复制到项目的 resources 文件夹下，具体如图 4-6 所示。然后在图 4-7 所示界面的项目的 Configuration 的“Program arguments”选项中填写输入文件和输出文件在 HDFS 中的目录或者文件路径。

表 4-1　job 类定义的主要方法

方　法	说　明
setNumReduceTasks( )	设置执行的 reduce 任务个数
setInputFormatClass( )	设置输入格式类型
setOutputFormatClass( )	设置输出格式类型
setJarByClass( )	设置运行的 jar 包
setMapClass( )	设置 map 处理类
setReduceClass( )	设置 reduce 处理类
setCombinerClass( )	设置 Combine 操作类
setPartitionerClass( )	设置 Partition 操作类
setOutputKeyClass( )	设置输出 key 的类型
setOutputValueClass( )	设置输出 value 的类型
killTask( )	结束任务
submit( )	提交任务
waitforCompletion( )	提交并等待任务结束

由于 MapReduce 任务默认的是每次创建一个新的输出文件，因此当输出文件已经存在时就会报错。这种情况在编辑调试过程中多次运行项目代码时会经常碰到。为此，可以在程序中使用文件系统的 delete 命令，在提交任务运行之前将输出路径下的文件删除。

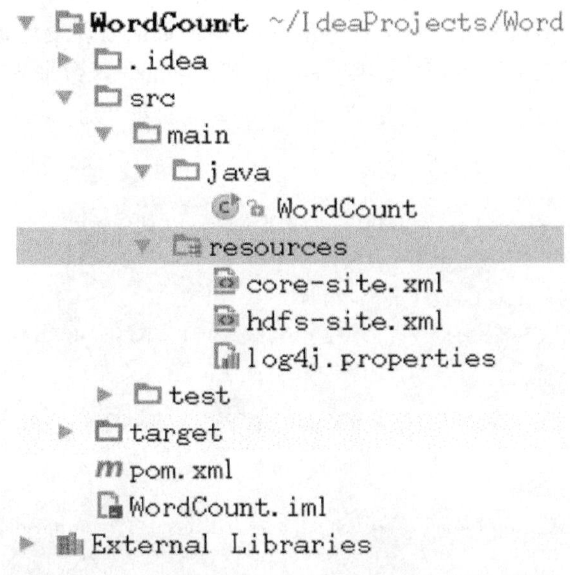

图 4-6　添加 core-site. xml 和 hdfs-site. xml 文件到项目中的 resources 文件夹下

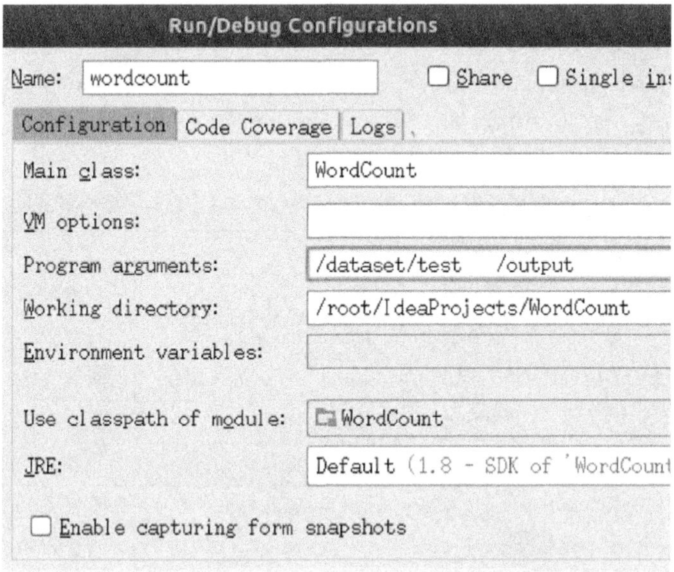

图 4-7 “Run/Debug Configurations”界面

5）当任务运行完成之后，MapReduce 会将结果写入 HDFS 中指定的目录路径下。每个 reduce 任务都会产生一个输出文件。在伪分布式环境下，因为只有一个 reduce 任务，所以只会产生一个文件名为“part-r-00000”的文件。可以在 Linux 终端，通过运行 HDFS 的 Shell 命令“hadoop fs -text /output/part-r-00000”来查看输出文件的内容。

4.5 Mapper/Reducer 类源码解析

所定义的 map 函数和 reduce 函数每次只处理一个输入的 <key, value> 键值对。也就是说，对于输入的一个键值对列表，map 函数和 reduce 函数需要反复地被调用来对每一个输入的键值对进行处理。那么由谁来反复调用 map 函数和 reduce 函数来进行键值对处理呢？

在前面 WordCount 的实现中，在定义 MyMapper 类时继承了 Mapper 类。下面是 Mapper 类的主要代码。

```
public class Mapper <KEYIN, VALUEIN, KEYOUT, VALUEOUT> {
    //一个内部定义的抽象 Context 类
    public abstract class Context implements
            MapContext <KEYIN, VALUEIN, KEYOUT, VALUEOUT> {
    ...
    }

    //setup()方法
    protected void setup (Context context) throws IOException, InterruptedException {}
```

```
        //map()方法
        @SuppressWarnings("unchecked")
        protected void map(KEYIN key,valueIN value,Context context)
                throws IOException,InterruptedException {
            context.write((KEYOUT) key,(VALUEOUT) value);
        }
        // cleanup()方向
        protected void cleanup(Context context) throws IOException,InterruptedException {}

        //run()方向
        public void run(Context context) throws IOException,InterruptedException {
            setup(context);
            try {
                while (context.nextKeyValue()) {
                    map(context.getCurrentKey(),context.getCurrentValue(),context);
                }
            } finally {
                cleanup(context);
            }
    }
```

从上述代码可以看出，Mapper 类的定义内容很简单。除了定义了一个继承自 MapContext 的 Context 类之外，还定义了 4 个方法：setup()、cleanup()、map()和 run()。4 个方法中，setup()和 cleanup()方法用于在 map()处理之前和之后做一些准备和收尾工作，对此 Mapper 类并没有提供具体的实现。而 map()方法也只是将输入的 key 和 value 输出到上下文 Context 对象中，也缺乏具体的实现。但是，对于 run()方法需要仔细了解下。run()方法是 Mapper 类的驱动方法。它调用所有上述 3 个方法，首先调用 setup()做执行前的准备，然后通过上下文 Context 对象迭代地取出输入键值对列表中的每个键值对，调用 map()进行处理。当处理完所有的输入键值对之后，调用 cleanup()方法收尾。所以，当在通过继承 Mapper 类来自定义一个新的 Mapper 类时，也继承了 run()方法。调用所定义的 map 函数对输入的每个键值对进行处理正是通过继承的 run()方法实现的。

与所定义的 MyMapper 类类似，所定义的 MyReducer 类也继承自 Reducer 类。通过如下的 Reducer 类的代码可知，Reducer 类也有一个 run()方法，并且 run()方法也是 Reducer 类的驱动方法。它针对输入的键值对列表中的每个键值对调用 reduce 函数进行处理。当在通过继承 Reducer 类来自定义一个新的 Reducer 类时，也继承了 run()方法。因此，自定义的 Reducer 类所继承的 run()方法在迭代地调用人们所定义的 reduce 函数来对输入的每个键值对进行处理。

```
public class Reducer < KEYIN, VALUEIN, KEYOUT, VALUEOUT > {

    //一个内部定义的 Context 类
    public abstract class Context implements
            ReduceContext < KEYIN, VALUEIN, KEYOUT, VALUEOUT > {
        ...
    }

    //setup()方法
    protected void setup(Context context) throws IOException, InterruptedException {}

    //reduce()方法
    @ SuppressWarnings("unchecked")
    protected void reduce(KEYIN key, Iterable < VALUEIN > values, Context context) throws IOException,
    InterruptedException {
        for(VALUEIN value: values) {
            context. write((KEYOUT) key, (VALUEOUT) value);
        }
    }

    // cleanup()方法
    protected void cleanup(Context context) throws IOException, InterruptedException {}

    //run()方法
    public void run(Context context) throws IOException, InterruptedException {
        setup(context);
        try {
            while (context. nextKey()) {
                reduce(context. getCurrentKey(), context. getValues(), context);
            }
        } finally {
            cleanup(context);
        }
    }
}
```

当然，从上述代码中可以看出，在自定义 Mapper 类和 Reducer 类时，除了自定义 map()方法和 reduce()方法外，还可以进一步定义 setup()和 cleanup()方法，将需要在 map 或者 reduce 处理之前做的准备工作放到 setup()方法中，而将 map 或者 reduce 处理之后需要做的收尾工作放到 cleanup()方法中。

4.6　Hadoop 的数据类型

在 Mapper 或者 Reducer 的声明中会看到 Text 和 IntWritable，也在代码中说明了它们是 map 函数和 reduce 函数的输入/输出键值对中 key 或者 value 的数据类型。那么这些是什么样的数据类型？Hadoop 是采用 Java 语言编写的，那么这些数据类型与 Java 数据类型又有什么不同？为什么 Hadoop 不直接采用 Java 的数据类型呢？在编写 MapReduce 程序的过程中，是否也可以自定义新的数据类型呢？针对上述问题，下面对 Hadoop 的数据类型以及如何自定义数据类型进行说明。

4.6.1　Hadoop 基本数据类型

Hadoop 中提供了 Text、IntWritable、BooleanWritable、ByteWritable 等一系列基本数据类型，并且这些数据类型是在 Java 数据类型的基础上进行了进一步封装之后的结果。Hadoop 提供的数据类型与 Java 数据类型的对应关系见表 4-2。

表 4-2　Hadoop 基本数据类型与 Java 基本数据类型之间的对应关系

Java 基本类型	Hadoop 基本类型	Java 基本类型	Hadoop 基本类型
String	Text	long	LongWritable
int	IntWritable	double	DoubleWritable
float	FloatWritable	byte	ByteWritable
boolean	BooleanWritable	object	ObjectWritable

那么为什么 Hadoop 不直接使用 Java 基本的数据类型，而选择进一步封装呢？这背后的原因是 Hadoop 在数据的存储和传输过程中将数据进行了序列化，序列化时将数据以字节流的形式进行存储和传输。Hadoop 中的计算涉及集群中的各个节点，大量的数据需要在集群中传输，序列化的目的就是使得不同的数据类型以统一的格式在集群中进行存储和传输，从而便于对数据传输的管理和控制。在计算过程中，当一个节点收到序列化之后的字节流数据时，根据数据原始的类型进行反序列化操作，便可得到原始格式的数据。

为了进一步说明 Hadoop 为了序列化而对 Java 基本数据类型进行了封装，这里以 Hadoop 的 Text 数据类型为例来说明具体的封装过程。

```
public class Text extends BinaryComparable
                implements WritableComparable<BinaryComparable> {
    private static final byte[] EMPTY_BYTES = new byte[0];//空的字节数组
    private byte[] bytes;//私有的字节数组
    private int length;
    //使用 Java String 字符串构造 Text
    public Text(String string) {
        set(string);
    }
```

```
    //set()方法,从这里可以看出 Hadoop 将 String 转换成了字节数组
    Public void set(String string){
        Try {
            ByteBuffer bb = encode(string,true);//将字符串转换为可变字节
            bytes = bb.array();//对 Text 私有的字节数组赋值
            length = bb.limit();//长度
        } catch(CharacterCodingException e){
            ...
        }
    }
    //反序列化
    public void readFields(DataInput in) throws IOException {//传递一个输入流
        int newLength = WritableUtils.readVInt(in);//获得要读取的字节长度
        setCapacity(newLength,false);//设置容量
        in.readFully(bytes,0,newLength);//在输入流读取字节数组
        length = newLength;//对 Text 的长度进行赋值
    }

    //序列化
    public void write(DataOutput out) throws IOException {//传递一个输出流
        WritableUtils.writeVInt(out,length);//创建写出字节数组的长度
        out.write(bytes,0,length);//将字节数组写出
    }

    ...
}
```

从上述代码可以看出，Hadoop 通过对 Java 基本 String 类型的封装将 String 转换成字节数组，然后以流的形式进行读写。Hadoop 对其他类型的封装也类似。通过对 Java 基本类型的封装，Hadoop 实现了对各种类型的数据统一地按照字节流进行读写，简化并方便了对各种数据类型的传输和存储。当然，在封装之后，Hadoop 基本数据类型某些操作方法可能就与 Java 数据类型的对应操作方法不同。

在实际中编写 MapReduce 程序时，人们可能更熟练使用 Java 数据类型进行数据处理。为此，Hadoop 在对绝大部分 Java 数据类型的封装过程中，都提供了 set()和 get()方法，以方便 Hadoop 数据类型与 Java 数据类型之间的互转。

4.6.2 自定义 Hadoop 数据类型

从表 4-2 可以看出，除了 Text 外，Hadoop 的基本数据类型都以 Writable 结尾。这是因为 Hadoop 在对数据类型进行封装的过程中继承了 Writable 接口。

```
public interface Writable {
    void write(DataOutput out) throws IOException;
    void readFields(DataInput in) throws IOException;
}
```

该接口定义了两个操作：一个是序列化操作 write()方法，将数据写入指定的流中；另一个是反序列化操作 readFields()方法，将数据从指定的流中读取。一个已有的数据类型要支持序列化，只需要实现上述接口，实现序列化和反序列化方法即可。下面定义一个包含两个 IntWritable 类型数据的新的数据类型。比如，在 WordCount 的例子中，人们不仅希望统计每个单词的频率，还希望计算每个单词的长度。这时就需要应用这种数据类型。其中一个 IntWritable 记录单词的频率，另一个 IntWritable 记录单词包含的字符数，所以把这种新的数据类型称为 WordCountAndLen。

```
public class WordCountAndLen implements Writable < > {
    private IntWritable count;
    private IntWritable length;

    //构造方法
    public WordCountAndLen () {
        set(new IntWritable(),new IntWritable());
    }

    //构造方法
    public WordCountAndLen (IntWritable count,IntWritable length) {
        set(count,length);
    }

    //接收 int 型数据进行构造
    public WordCountAndLen (int count,int length) {
        set(new IntWritable(count),new IntWritable(length));
    }

    //set()方法
    public void set(IntWritable count,IntWritable length) {
        this. count = count;
        this. length = length;
    }

    //get Count()方法
    public IntWritable getCount() {
        return count;
    }
```

```
    //get Length()方法
    public IntWritable getLength(){
        return length;
    }

    //重载序列化方法
    @Override
    public void write(DataOutput out) throws IOException{
        count.write(out);
        length.write(out);
    }

    //重载反序列化方法
    @Override
    public void readFields(DataInput in) throws IOException{
        count.readFields(in);
        length.readFields(in);
    }
}
```

从上述代码可以看出，对于组合两个 IntWritable 数据的新数据类型来说，其序列化和反序列化的具体实现均使用了 IntWritable 的序列化和反序列化方法。

在 Java 中，int 和 float 等数据类型的数据都可以进行比较。为此，Hadoop 也提供了 WritableComparable 和 RawComparator 接口。基于这些接口，人们在重载序列化和反序列化方法的同时，还需要重载 compare()方法来定义新数据类型的数据之间如何进行比较。

4.7 数据输入格式 InputFormat

前面通过 WordCount 的例子总结到，MapReduce 的程序主要编写的是 map 函数和 reduce 函数，并且 map 函数的输入是 <key,value> 的键值对形式。看到这些人们可能产生的疑问包括文件中的数据如何形成 map 函数输入的 <key,value> 形式，以及 WordCount 程序中 Mapper 类的声明 <LongWritable, Text, Text, IntWritable> 中前面的两个数据类型是否可以改变。这些问题都涉及 MapReduce 程序的输入格式。

4.7.1 默认的 TextInputFormat

将数据从文件中读取并形成 <key,value> 键值对形式依赖于一个类型为 InputFormat 的对象。在默认的情况下，MapReduce 默认的 InputFormat 类型为 TextInputFormat，就是按行将文件中的文本数据读取出来形成 <key,value> 键值对形式。其中 key 为行在文件中的偏移量，类型为 LongWritable；value 就是一行数据，类型为 Text。如果需要按照其他的格式读取文件中的数据，则需要通过 job 对象的 setInputFormatClass()方法进行明确的设置。如果没有明确设置，那 MapReduce 默认就是按照 TextInputFormat 对数据进行读取。在这种情况下，Mapper 的接口 <LongWritable, Text, Text, IntWritable> 中前面的两个数据类型（即 LongWritable 和 Text）是不能改变的。

为了进一步了解数据如何从文件中被读取出来并形成 <key, value> 的形式供 map 函数进行处理，可以进一步查看 TextInputFormat 类的源代码。

```
public class TextInputFormat extends FileInputFormat<LongWritable, Text> {

    //返回一个行记录读取器
    @Override
    public RecordReader<LongWritable, Text> createRecordReader(InputSplit split,
            TaskAttemptContext context) {
        return new LineRecordReader();
    }

    //是否分片
    @Override
    protected boolean isSplitable(JobContext context, Path file) {
        CompressionCodec codec =
            new CompressionCodecFactory(context.getConfiguration()).getCodec(file);
        if (null == codec) {
            return true;
        }
        return codec instanceof SplittableCompressionCodec;
    }
}
```

从上述代码可以看出，TextInputFormat 代码只有两个函数，非常简单。但是，显然 TextInputFormat 不可能这么简单。由于 TextInputFormat 继承于 FileInputFormat，因此可以进一步查看 FileInputFormat 的代码。FileInputFormat 的声明如下。

```
public abstract class FileInputFormat<K,V> extends InputFormat<K, V> {
    …
}
```

从 FileInputFormat 的声明中可以看出，FileInputFormat 继承自 InputFormat。InputFormat 类的源代码如下。

```
public abstract class InputFormat<K, V> {
    //获得文件的分片列表
    public abstract List<InputSplit> getSplits(JobContext context)
        throws IOException, InterruptedException;
```

```
    //创建记录读取器
    public abstract RecordReader <K,V> createRecordReader(InputSplit split,
        TaskAttemptContext context) throws IOException, InterruptedException;
}
```

从上述代码的追溯关系可以看出，TextInputFormat 继承自 FileInputFormat，而 FileInputFormat 继承自 InputFormat。InputFormat 只是一个抽象类。这个抽象类定义了两个操作：getSplites( )和 createRecordReader( )。实际上所有的输入格式类都必须继承自 InputFormat 类。InputFormat 类定义的两个抽象方法也明确了输入格式对象的主要任务：一个是通过 getSplits( )来获取当前任务的数据分片列表，另一个是通过 createRecordReader( )来创建一个记录读取器，以读取每个分片中的所有记录，并形成 <key, value> 的形式。

显然，从 TextInputFormat 的代码可以看出，它已经通过重载自定义了一个记录读取器创建方法，返回了一个行记录读取器 LineRecordReader。而它必须实现的 getSplites( )方法则继承自 FileInputFormat 类。下面将通过对 FileInputFormat 类的 getSplites( )方法和 TextInputFormat 类的 createRecordReader( )方法所返回的 LineRecordReader 的代码进行分析来进一步说明 MapReduce 程序中数据的输入过程。

4.7.2 getSplits( )操作

FileInputFormat 类的 getSplits( )方法的源代码如下。

```
public List<InputSplit> getSplits(JobContext job) throws IOException{

    //分片的最大值和最小值,这两个值将会用来计算分片的大小
    long minSize = Math.max(getFormatMinSplitSize(), getMinSplitSize(job));
    long maxSize = getMaxSplitSize(job);

    //splits 链表用来存储计算得到的输入分片结果
    List<InputSplit> splits = new ArrayList<InputSplit>();

    //获取的输入文件列表
    List<FileStatus> files = listStatus(job);

    //循环对每个文件进行分片
    for(FileStatus file:files){
        Path path = file.getPath();
        FileSystem fs = path.getFileSystem(job.getConfiguration());
        long length = file.getLen();

        //获取该文件的所有数据块信息,包括位置、在文件中的偏移量、大小等
        BlockLocation[] blkLocations = fs.getFileBlockLocations(file, 0, length);
```

```
        //判断文件是否可分割,可以通过重载 FileInputFormat 的 isSplitable()来控制是否可以分割
        if ((length ! = 0) && isSplitable(job, path)) {
            long blockSize = file.getBlockSize();
            //根据 minSize、maxSize 与 blockSize 之间的关系决定分片的大小
            long splitSize = computeSplitSize(blockSize, minSize, maxSize);
            long bytesRemaining = length;//剩余的文件长度,初始值为文件长度
            //循环分片,根据剩余文件大小与分片大小的比值来决定是否继续分片
            //SPLIT_SLOP 是一个常值,一般取 1.1
            while (((double) bytesRemaining) / splitSize > SPLIT_SLOP) {
                int blkIndex = getBlockIndex(blkLocations, length-bytesRemaining);
                splits.add(new FileSplit(path, length-bytesRemaining,
                            splitSize, blkLocations[blkIndex].getHosts()));
                bytesRemaining- = splitSize;
            }

            // 处理上述分片过程剩下的数据
            if (bytesRemaining ! = 0) {
                  splits.add(new FileSplit(path, length-bytesRemaining, bytesRemaining,
                            blkLocations[blkLocations.length-1].getHosts()));
            }
        } else if (length ! = 0) {
            //不可分片则整块返回
            splits.add(new FileSplit(path, 0, length, blkLocations[0].getHosts()));
        } else {
            //对于长度为 0 的文件,创建空 Hosts 列表
            splits.add(new FileSplit(path, 0, length, new String[0]));
        }
    }
    //设置输入文件数量
    job.getConfiguration().setLong(NUM_INPUT_FILES, files.size());
    return splits;
}
```

对于上述 getSplits()的进一步说明如下。

1）代码开始部分的 minSize 和 maxSize 两个数值主要用来与文件在 HDFS 中的数据块大小 blockSize 进行比较，来确定分片的大小 splitSize。其中，getFormatMinSplitSize()返回一个固定值 1，getMinSplitSize()读取配置文件 mapred-site.xml 中 “mapred.min.split.size” 属性的值，其默认值是 0，而 getMaxSplitSize()读取 “mapred.max.split.size” 属性的值，其默认值是 Long.MAX_VALUE，即 long 类型的最大值。上述属性可能在 mapred-site.xml 中并没有进行配置，人们也可以不用去配置。

而在通过 computeSplitSize（blockSize，minSize，maxSize）方法计算 splitSize 时，主要执行的操作就是 Math.max（minSize，Math.min（maxSize，blockSize））。也就是说，如果 block-

Size 处于 minSize 和 maxSize 之间，则 splitSize = blockSize，否则 splitSize = maxSize，从这里也可以看出 MapReduce 程序中的 Split 和 HDFS 中的 block 之间的关系。如果不主动在配置文件 mapred-site. xml 中设置 maxSize 大小的话，那么一个 Split 一般就对应着一个 block。特别是从上述程序中的分片过程可以看出，最好让 Split 的大小对应 HDFS 中 block 的大小，否则一个 Split 会对应多于一个 block 的数据，一个 map 任务在对一个 Split 进行处理时还需要从多个节点上取数据，增加了通信开销。

2）从 splits. add（new FileSplit（path，length-bytesRemaining，splitSize，blkLocations[blkIndex]. getHosts（)））这条语句可以看出，每个分片 Split 所在的文件的路径、分片在整个文件中的偏移量（length-bytesRemaining）、分片的大小、所在节点等信息都包含在了一个分片中。这也说明，不同于 HDFS 中的数据块，MapReduce 中的分片 Split 是一个逻辑的概念，是对需要 map 函数处理的一个数据子集的描述。因此也可以认为 getSplites( )方法返回的只是对需要处理的文件的一个分片方案，并未对文件进行物理上的划分。

3）上述代码在对文件进行分片的过程中，当一个剩余的未分片文件的大小仍然大于 splitSize 时，继续进行分片，否则停止。这就导致最后剩余部分的大小可能是小于 splitSize 的。而对于剩余的这一部分，则将其独立作为一个分片。这也说明了一个文件的所有分片大小可能是不相等的。

4.7.3 LineRecordReader

通过对 getSplites( )方法的分析可知，getSplites( )返回的是对需要处理的数据集的一个分片方案。数据仍然存储在 HDFS 中。那么 MapReduce 如何将每个分片的数据读取并转换成 <key，value>形式的数据呢？针对这一点，继续通过对 TextInputFormat 所使用的 LineRecordReader 对象进行分析来进一步了解。

LineRecordReader 的源代码很长，这里先给出 LineRecordReader 的类声明。

```
public class LineRecordReader extends RecordReader<LongWritable, Text> {
    ...
}
```

从 LineRecordReader 类的声明中可以看出，LineRecordReader 继承自 RecordReader。RecordReader 的代码如下。

```
public abstract class RecordReader<Key, Value> implements Closeable {
    public abstract void initialize(InputSplit split, TaskAttemptContext context);
    public abstract boolean nextKeyValue() throws IOException, InterruptedException;
    public abstract Key getCurrentKey() throws IOException, InterruptedException;
    public abstract Value getCurrentValue() throws IOException, InterruptedException;
    public abstract float getProgress() throws IOException, InterruptedException;
    public abstract close() throws IOException;
}
```

从 RecordReader 的代码可以看出，RecordReader 是一个抽象类。它定义了 6 个抽象方法。显然这 6 个抽象方法描述了一个 RecordReader 对象应该具有的行为。其中，initialize( )方法根据输入的 Split 信息完成初始化，nextKeyValue( )则是读取并返回下一个 <key,value>，getCurrentKey( )返回当前记录的 key，getCurrentValue( )返回当前记录的 value，getProgress( )返回当前读取记录的进度，而 close( )则来自于 java. io 的 Closeable 接口，用于清理 RecordReader。从这里也可以看出，一个 RecordReader 从 Split 中读取数据并返回 <key,value> 的工作主要通过 nextKeyValue( )操作实现。

下面为 LineRecordReader 的初始化以及 nextKeyValue( )操作的源代码。

```
public class LineRecordReader extends RecordReader < LongWritable, Text > {
    private CompressionCodecFactory compressionCodecs = null;
    private long start;
    private long pos;
    private long end;
    private LineReader in;
    private int maxLineLength;
    private LongWritable key = null;//用于记录当前读取的一行数据的 key 值
    private Text value = null; //用于记录当前读取一行数据的 value 值
    private Seekable filePosition;
    private CompressionCodec codec;
    private Decompressor decompressor;

    …
    //初始化方法主要利用 Split 的信息来做一些变量的初始化工作
    public void initialize(InputSplit genericSplit,TaskAttemptContext context)
                                    throws IOException {
        FileSplit split = (FileSplit) genericSplit; //获取当前 Split 的信息
        Configuration job = context. getConfiguration( );
        this. maxLineLength = job. getInt( "mapred. linerecordreader. maxlength",
                                Integer. MAX_VALUE);
        start = split. getStart( );//start 记录 Split 在文件中的偏移量或者起始位置
        end = start + split. getLength( );//end 记录 Split 的结尾在文件中的偏移量或者位置
        final Path file = split. getPath( );//获取当前文件路径
        compressionCodecs = new CompressionCodecFactory(job);
        codec = compressionCodecs. getCodec(file);
        FileSystem fs = file. getFileSystem(job);//获取当前文件所在的文件系统
        //根据当前文件路径建立读文件的输入流
        FSDataInputStream fileIn = fs. open(split. getPath( ));
        if (isCompressedInput( )) {
            …
        } else {
            fileIn. seek(start);
            in = new LineReader(fileIn, job);
```

```
            filePosition = fileIn;
        }
        //如果不是文件的第一个分片,则将第一行丢弃。
        //相对应地则会多读取一行,主要避免一行数据被分割到两个 Split 的情况
        if (start != 0) {
            //将 start 的位置下移一行
            start += in.readLine(new Text(), 0, maxBytesToConsume(start));
        }
        this.pos = start;//pos 用于记录当前读取到 Split 的哪个位置
    }

    //读取每一行数据的时候,都会执行 nextKeyValue()方法
    //返回为 true 的时候,就会再调用 getCurrentKey()和 getCurrentValue()方法来获取 key 和 value 值
    public boolean nextKeyValue() throws IOException {
        if (key == null) {
            key = new LongWritable();
        }
        key.set(pos);//这里将当前行在文件中的偏移量赋值给 key 值
        if (value == null) {
            value = new Text();
        }
        int newSize = 0;
        //这里通过 getFilePosition() <= end(而不是 getFilePosition() <= end-1)可以看出,
        //nextKeyValue()方法总是会多读取一行数据,并且这一行数据并不在当前分片中
        while (getFilePosition() <= end) {
            //根据回车符\r、换行符\n 等读取一行到 value 中,newSize 为读取数据长度
            newSize = in.readLine(value, maxLineLength,
                Math.max(maxBytesToConsume(pos), maxLineLength));
            if (newSize == 0) {//读到的是空行,则退出
                break;
            }
            pos += newSize;

            //要么当前行太长,已经通过 while 循环将当前行中前面几个 maxLineLength
            //长度的数据读取到 value 中,目前读取的是剩余的小于 maxLineLength
            //的部分,要么当前行的长度小于 maxLineLength,在这两种情况下都跳
            //出当前 while 循环
            if (newSize < maxLineLength) {
                break;
            }
        }
```

```
            if (newSize == 0) {
                key = null;
                value = null;
                return false;
            } else {
                return true;
            }
        }
        ...
    }
```

从上述代码我们可以得到如下信息。

1）nextKeyValue通过LineReader的readLine()方法从当前Split中读取一行数据。而readLine()方法根据换行符或者回车符来从文件中读取一行数据。nextKeyValue()方法在读取的过程中把当前读取的一行数据在文件中的位置（相当于文件头的偏移位置）赋值为key，把读取的一行数据赋值给value。所以，MapReduce在使用TextInputFormat作为输入格式类型时，map函数输入的<key,value>中的key值为当前value数据在文件中的偏移量。

2）从初始化函数中通过对Split的起始位置start是否为0的处理可以看出，nextKeyValue()在读取数据时，如果当前Split不是文件的起始Split（起始Split的start=0），那么则将该Split的第一行丢弃。而通过nextKeyValue()的while循环的条件可以看出，nextKeyValue()最后会相对于当前Split多读取一行数据。丢弃第一行数据和多读一行数据的原因是HDFS在对数据进行分块时采取物理的划分方式，而不考虑数据中数据之间的关系。这就有可能导致文件中的一行数据被分到了不同数据块中，进而被分到不同的Split中。因此LineRecordReader这种读取一行数据的方式解决了HDFS在数据分块时所可能带来的问题。

4.7.4 自定义输入格式

通过对TextInputFormat输入格式的分析，基本清楚了分布存储于HDFS中的数据是如何从文件中读取出来并转换为<key，value>形式的。除了TextInputFormat之外，Hadoop还提供一些其他的输入格式类型，具体如下。

- **KeyValueTextInputFormat**：KeyValueTextInputFormat继承自FileInputFormat，按行从文本文件中读取<key，value>。它根据输入的分隔符来划分key和value。一行文本中，分隔符之前的文本为key，分隔符之后的文本为value。
- **NLineInputFormat**：NLineInputFormat也继承自FileInputFormat。不同的是，在该方式下每个map进程处理的InputSplit不再按块去划分，而是按NLineInputFormat指定的自定义行数N来划分。读取的<key，value>数据中key和value的取值方式与TextInputFormat一样，key为行在文件的偏移量，value一行的内容。
- **SequenceFileInputFormat<K，V>**：键和值都由用户定义，根据写入时的key、value确定。

当前，人们也可以按照自己的需求自定义输入格式类型。按照对于 TextInputFormat 的分析，当自定义输入格式类型时，需要继承自 InputFormat 抽象类，实现 getSplits( )和 createRecordReader( )方法。最好的方式是通过继承 FileInputFormat 类来自定义输入格式类型，这样可以使用 FileInputFormat 所定义的 getSplits( )方法。而当人们去实现 createRecordReader( )操作时，就需要自定义一个 RecordReader 类，并且这个类需要继承自 RecordReader 抽象类，实现 RecordReader 抽象类所规定的包括 initialize( )、nextKeyValue( )、getCurrentKey( )、getProgress( )、getCurrentValue ( ) 和 close ( ) 六个抽象接口。其中最主要的工作在于重载 initialize( )和 nextKeyValue( )方法。在具体的实现过程中，也可以借鉴 LineRecordReader 的实现来编写自己的代码。在自定义完输入格式类型之后，可以通过 job 对象的 setInputFormat Class( )方法来修改当前 MapReduce 程序的输入格式为自定义格式。

4.8 数据的输出格式 OutputFormat

4.8.1 默认的输出格式 TextOutputFormat

4.7 节主要说明了 MapReduce 程序数据输入格式的问题。当然，有输入肯定有输出，如果输入格式解决的是定义数据如何从 HDFS 的文件中读取并转换为 map 函数能够处理的 <key,value>形式，那么输出格式则主要解决的是如何将 reduce 函数的输出写到 HDFS 文件中。并且与输入格式相似，MapReduce 的输出格式默认的是 TextOutputFormat。并且，TextOutputFormat 继承自 FileOutputFormat，而 FileOutputFormat 继承自 OutputFormat。

OutputFormat 的代码如下。

```
public abstract class OutputFormat < K, V > {
    public abstract RecordWriter < K, V > getRecordWriter( TaskAttemptContext context)
        throws IOException, InterruptedException;
    public abstract void checkOutputSpecs( JobContext context)
        throws IOException, InterruptedException;
    public abstract OutputCommitter getOutputCommitter( TaskAttemptContext context)
        throws IOException, InterruptedException;
}
```

同 InputFormat 类似，OutputFormat 是一个抽象类，定义了任何一个输出格式类型需要实现的 3 个抽象方法：getRecordWriter( )、checkOutputSpecs( )和 getOutputCommitter( )。其中，getRecordWriter( )方法可返回一个写记录的 writer 对象，checkOutputSpecs( )可在提交任务之后来检查输出的相关设置是否合法，getOutputCommitter( ) 方法将返回一个 OutputCommitter 对象，该对象的任务比较特殊。在 MapReduce 程序进行计算的过程中，如果集群中某个节点的计算任务进度缓慢，MapReduce 会在其他节点上同时启动一个相同的计算任务，最先完成计算任务的节点输出将作为最终结果。在这种情况下，为了防止两个计算任务同时对一个文件进行写入操作时产生冲突，结果会先写入一个临时文件，等整个计算完成之后再将它们移动到最终输出目录中。而实际中对这些文件的相关操作，比如创建、删除、移动等，均由

OutputCommitter 对象完成。OutputCommitter 也是一个抽象类，Hadoop 提供了默认实现 FileOutputCommitter。

对于 OutputFormat 抽象类，FileOutputFormat 继承于它。虽然 FileOutputFormat 本身也是个抽象类，但是它却提供了部分实现。FileOutputFormat 类实现的关键代码如下。

```
public abstract class FileOutputFormat<K, V> implements OutputFormat<K, V> {
    ...
    //检查输出目录
    public void checkOutputSpecs(FileSystem ignored, JobConf job)
            throws FileAlreadyExistsException, InvalidJobConfException, IOException {
        //检查输出目录是否被设置
        Path outDir = getOutputPath(job);
        if (outDir == null && job.getNumReduceTasks() != 0) {
            throw new InvalidJobConfException("Output directory not set in JobConf.");
        }

        //当输出目录已经设置时,则检查输出目录是否已经存在
        if (outDir != null) {
            FileSystem fs = outDir.getFileSystem(job);
            outDir = fs.makeQualified(outDir);
            setOutputPath(job, outDir);
            TokenCache.obtainTokensForNamenodes(job.getCredentials(),
                new Path[] {outDir}, job);
            //检查是否存在,否则抛出异常
            if (fs.exists(outDir)) {
                throw new FileAlreadyExistsException("Output directory " +
                        outDir + " already exists");
            }
        }
    }
    ...
}
```

从上述代码可以看出，FileOutputFormat 类实现了 OutputFormat 类 checkOutputSpecs()抽象接口，而 FileOutputFormat 对 getOutputCommitter()的实现是通过 FileOutputCommitter 类完成的。通过上述分析可知，当 TextOutputFormat 继承于 FileOutputFormat 时，最主要的操作就是实现 getRecordWriter()方法。TextOutputFormat 类的主要代码如下。

```
public class TextOutputFormat<K, V> extends FileOutputFormat<K, V> {

    //定义了一个内部类 LineRecordWriter
    protected static class LineRecordWriter<K, V> extends RecordWriter<K, V> {
```

```
        ...
    }

    //以下内容为 TextOutputFormat 类的内容
    public RecordWriter<K, V> getRecordWriter(TaskAttemptContext job)
        throws IOException, InterruptedException {
        Configuration conf = job.getConfiguration();
        boolean isCompressed = getCompressOutput(job);
        ...
        //获取输出文件路径,在 job 对象中设置
        Path file = getDefaultWorkFile(job, extension);
        FileSystem fs = file.getFileSystem(conf);
        if (! isCompressed) {
            //创建一个写入文件的输出流,并传递给创建的 LineRecordWriter
            //LineRecordWriter 将利用这个输出流来输出数据到文件中
            FSDataOutputStream fileOut = fs.create(file, false);
            return new LineRecordWriter<K, V>(fileOut, keyValueSeparator);
        } else {
            FSDataOutputStream fileOut = fs.create(file, false);
            return new LineRecordWriter<K, V>(new DataOutputStream
                                              (codec.createOutputStream(fileOut)),
                                              keyValueSeparator);

        }
    }
}
```

从 TextOutputFormat 的实现可看出，TextOutputFormat 主要提供了 getRecordWriter( )操作的实现，而该操作返回一个 LineRecordWriter 类实例，并且在创建这个实例时将对输出文件的写入流作为参数传递给了它。而对于 LineRecordWriter，TextOutputFormat 类通过在内部定义一个内部类对其提供实现。LineRecordWriter 利用传递进来的输出流来将 reduce 函数的输出写入文件中。但是，它是如何将 <key, value>形式的键值对写入文件中的呢？对此可以进一步通过 LineRecordWriter 的代码进行了解。

4.8.2 LineRecordWriter

同 LineRecordReader 类似，从如下 LineRecordWriter 类的声明中可以看出其继承自 RecordWriter 类。因此，在了解 LineRecordWriter 之前，需要先了解 RecordWriter 类。

```
protected static class LineRecordWriter<K, V> extends RecordWriter<K, V> {
    ...
}
```

RecordWriter 类是一个抽象类，其源代码如下。

```
protected abstract class RecordWriter < K, V > {
    public abstract void write( K key, V value) throws IOException, InterruptedException;
    public abstract void close( TaskAttemptContext context)
        throws IOException, InterruptedException;
}
```

从 RecordWriter 类的定义可以看出，RecordWriter 抽象类定义了两个抽象方法：一个写 < key, value > 数据的方法 write( ) 和一个关闭方法 close( )。显然这两个抽象方法也约定了任何写数据的 RecordWriter 实例都必须实现它，而其中最主要的工作就是定义写数据的 write( ) 方法。

如下为在 TextOutputFormat 内部所定义的 LineRecordWriter 的代码。

```
protected static class LineRecordWriter < K, V > extends RecordWriter < K, V > {
    private static final String utf8 = "UTF-8";
    private static final byte[ ] newline;//行结束符
    static {
        try {
            newline = "\n". getBytes( utf8 );
            } catch ( UnsupportedEncodingException uee) {
                throw new IllegalArgumentException( "cant find" + utf8 + " encoding" );
        }
    }

    protected DataOutputStream out;
    private final byte[ ] keyValueSeparator;

    //根据输入的输出流及分隔符构造 LineRecordWriter 对象
    public LineRecordWriter( DataOutputStream out, String keyValueSeparator) {
        this. out = out;//接收输入的输出流
        try {
            this. keyValueSeparator = keyValueSeparator. getBytes( utf8 );
            } catch ( UnsupportedEncodingException uee) {
                throw new IllegalArgumentException( "cant find" + utf8 + "encoding" );
        }
    }
    //默认的分隔符为“\t”时的构造函数,还是需要传递进来一个输出流对象的
    public LineRecordWriter( DataOutputStream out) {
        this( out, "\t" );
    }
```

```
    //具体写入数据的方法,从这里可以看出在写数据时区分了 Text 和非 Text 类型
    private void writeObject(Object o) throws IOException {
        if (o instanceof Text) {//如果 o 是 Text 的实例
            Text to = (Text) o;
            out.write(to.getBytes(), 0, to.getLength());//写出
        } else {
            out.write(o.toString().getBytes(utf8));//转换成字符串并写出
        }
    }

    //write()方法,由于写是互斥的,所以加了关键字 synchronized
    //从下面的代码可以看出 LineRecordWriter 主要通过输出流将具体的 key 和 value 写入文件中
    public synchronized void write(K key, V value) throws IOException {
        //下面的代码用于判断 key 和 value 是否为空值
        boolean nullKey = key == null || key instanceof NullWritable;
        boolean nullValue = value == null || value instanceof NullWritable;
        if (nullKey && nullValue) {
            return;
        }
        if (! nullKey) {
            writeObject(key);//写入 key
        }
        if (! (nullKey || nullValue)) {
            out.write(keyValueSeparator);//写入 value 与 key 之间的分隔符
        }
        if (! nullValue) {
            writeObject(value);//写入 value
        }
        out.write(newline);//写入分行符
    }
    //close()方法,主要用于关闭输出流
    public synchronized void close(TaskAttemptContext context) throws IOException {
        out.close();
    }
}
```

从上述代码可以得到如下信息。

1）MapReduce 默认的输出格式类型 TextOutputFormat 主要实现了 getRecordWriter()方法，而 getRecordWriter()方法通过获取输出文件的路径创建写入数据到文件的输出流，然后根据输出流创建一个 LineRecordWriter。在创建 LineRecordWriter 时，将输出流作为参数传递给了 LineRecordWriter。

2）LineRecordWriter 的主要任务是写入一个 <key,value> 记录。LineRecordWriter 继承

自抽象类RecordWriter，主要实现了写入数据的write()方法和关闭输出流的close()方法。

3）LineRecordWriter的write()方法在写入数据的过程中，就是利用了传递进来的输出流来将key、value、key与value之间的分隔符以及每行之间的分行符按序写入输出流中。

4）LineRecordWriter在写入数据到输出流的过程中，还区分了写入数据是Text类型的还是非Text类型的。如果是Text类型的数据，则直接调用它自身的getBytes()方法来获取它的字节数组；如果是非Text类型的数据，则通过调用其toString()方法来转换成字符串，然后调用Java字符串的getBytes()方法来获取字节数组。从这里也可以看出，当在采用TextOutputFormat作为输出格式类型或者未明确修改输出格式类型时，且在reduce的输出中用到了一个自定义的数据类型，那么就需要在自定义的数据类型中提供一个toString()方法来定义该数据类型的输出格式。

4.8.3　自定义输出格式类型

除了默认的也是最常用的TextOutputFormat输出格式外，Hadoop还提供了SequenceFileOutputformat和NullOutputFormat等输出格式。SequenceFileOutputformat是将数据输出成二进制形式而不再是文本文件，并将结果进行压缩；NullOutputFormat则忽略收到的数据，不做任何输出。

当然，也可以在具体的应用中自定义输出格式类型，然后在MapReduce程序的main函数中通过job对象的setOutputFormatClass()方法来进行设置。通过上述对默认的TextOutputFormat实现方式的分析，对于自定义输出格式，总结如下两点。

1）自定义的输出格式类型需要实现抽象类OutputFormat所定义的包括getRecordWriter()、checkOutputSpecs()和getOutputCommitter()在内的3个抽象方法。对此，可以继承于抽象类FileOutputFormat来复用它所提供的对checkOutputSpecs()和getOutputCommitter()方法的具体实现，然后重载getRecordWriter()方法。

2）getRecordWriter()方法的主要职责是创建一个RecordWriter()对象，并根据输出文件的路径创建一个写入数据的输出流，并把该输出流传递给所创建的RecordWriter对象。因此，通过重载getRecordWriter()方法来自定义一个新的输出格式的主要工作在于自定义一个新的RecordWriter。RecordWriter的主要职责是将reduce函数产生的每个<key,value>键值对写入所传入的输出流中。自定义的RecordWriter类型需要继承于抽象的RecordWriter类。该抽象类定义了两个抽象方法：一个写<key,value>数据的write()方法和一个关闭输出流的close()方法。因此，自定义RecordWriter类型的工作就在于实现这两个方法。关于如何在实践中根据具体业务的要求来实现这两个方法，可以参考LineRecordWriter的实现代码。

4.8.4　Hadoop的SequenceFile

4.8.3小节提到了Hadoop提供了SequenceFileOutputformat格式的输出形式。这里对Hadoop的SequenceFile进行简要的介绍。

SequenceFile文件是Hadoop用来将<key,value>形式的数据进行序列化，然后以二进制形式进行存储的一种文件类型。Hadoop以appendonly的方式将<key,value>键值对数据写入SequenceFile文件中。每个<key,value>键值对被看作一个Record，存储于SequenceFile中。而在存储结构上，一个SequenceFile主要由一个Header后跟多条Record组成，Header

主要包含了 key 的类型、value 的类型、存储压缩算法等信息。每条 Record 则主要包含了 Record 的长度、key 的长度、key 值和 value 值，并且 value 值的结构取决于该记录是否被压缩。针对 SequenceFile，Hadoop 提供了相应的读写方法。

由于 MapReduce 主要用来处理大文件，因此实际中人们常利用 SequenceFile 来将大量的小文件以文件名为 key 以及以文件内容为 value 的形式合并成一个大文件来进行处理。比如，在利用 Hadoop 的 MapReduce 对大量的小图片进行处理时，可以利用 SequenceFile 将图片合并成一个大文件，然后利用 MapReduce 进行分布式处理。

4.9 自定义 Combiner 类

在介绍 MapReduce 的计算过程时，曾提到在 map 端的 shufflte 过程中有一个可选的 combine 过程。该过程就是对 map 所执行的结果，通过对 key 相同的 <key, value> 键值对中的 value 求和、取最大值或者最小值来合并 map 的输出，减少 map 与 reduce 之间数据的传输。该合并操作需要定义具体的 Combiner 类，并明确在 MapReduce 程序的 main 函数中通过 job 对象的 setCombinerClass()方法进行设置。

```
//设置 Combiner 类
job.setCombinerClass(MyCombiner.class);
```

在 GB 级或者更大级数据量的 WordCount 例子中，每个 map 函数都可能产生大量的 <word, count> 类型的键值对。其中有很多键值对都具有相同的 word，此时可以通过将它们的 count 相加进行求和来合并，并且合并之后将大大减少传递给 reduce 函数的数据量。在这种情况下，就需要定义和使用 Combiner。

下面为针对 WordCount 例子自定义的 Combiner 类。

```
public static class MyCombiner extends Reducer<Text, IntWritable, Text, IntWritable> {
    protected void reduce(Text key, Iterable<IntWritable> values,Context context)
            throws java.io.IOException, InterruptedException {
        int sum = 0;
        for (IntWritable value : values) {
            sum += value.get();
        }
        context.write(key, new IntWritable (sum));
    };
}
```

从以上自定义的 Combiner 代码可以看出，Hadoop 中 Combiner 的实现需要继承于 Reducer 类，并重载其中的 reduce()方法。为什么要求 Combiner 继承于 Reducer 呢？其实 Combiner 所做的工作本质上就是一次本地的 reduce()操作。如果仔细观察就会发现，这里自定义的 Combiner 类中的 reduce()方法与 4.4.2 小节中 WordCount 程序的 reduce 函数是一样的。在实际中，当 reduce 函数的工作是对 map 函数输出的 <key,value> 键值对中的 value 进行求和、取最大值或者最小值等操作时，Combiner 的工作与 Reducer 的工作是一样的。此时，Combiner 就可以直接使用所定义的 Reducer 类，无须重新定义，只需对 job 对象进行如下设置。

```
//设置 Combiner 类,直接使用 Reducer 类
job.setCombinerClass(MyReducer.class);
```

但是，Combiner 不能应用于所有的 MapReduce 计算任务。比如，对于从一个巨大的数字集合中求中值的计算任务，就不能在 map 之后进行 combine 操作。combine 操作只适合于“小数据集的计算结果可以加快在大数据集之上同样的计算”这样的任务类型，比如典型的求和、取最大值和最小值的计算任务。

所以，虽然 Hadoop 中的 Combiner 继承于 Reducer 类，但 Combiner 与 Reducer 还是有区别的。Combiner 只适合于在对 map 函数的输出进行合并之后，并不会影响最终结果的任务，比如求和、取最大值和最小值，并且在进行 combine 操作之后 value 的类型并不会发生变化。但 Reducer 却可以做得更多，一般情况下都需要 Reducer。Reducer 可以产生新类型的 <key,value>。只有当 Reducer 的工作也是求和、取最大值和最小值等 Combiner 能做的事情时，Combiner 与 Reducer 的定义才是一样的，人们也就可以直接使用 Reducer 的类来设置 Combiner。

4.10　自定义 Partioner 类

在 4.2 节介绍 MapReduce 的 shuffle 过程时，曾说明 MapReduce 默认根据 Hash 方法来将 map 函数的输出分成多个分区，每个分区对应一个 reduce 任务。在此过程中，MapReduce 会用到如下的 HashPartitioner 实现。

```
public class HashPartitioner<K, V> extends Partitioner<K, V> {
    public int getPartition(K key, V value, int numReduceTasks) {
        return (key.hashCode() & Integer.MAX_VALUE) % numReduceTasks;
}
```

从 HashPartitioner 的代码可以看出，HashPartitioner 继承自 Partitioner 类，只有一个方法 getPartition()。该方法输入 <key,value> 键值对，对键值对中 key 的哈希值与当前 reduce 任务个数取余，来计算该键值对所属的 reduce 任务。这里的 reduce 任务个数是在 MapReduce 程序的 main 函数中通过对 job 对象的配置来设定的。

```
//设置 reduce 任务个数
job.setNumReducerTasks(3);
```

对于 reduce 任务个数，Hadoop 默认的是集群中只有一个。但是，一个 reduce 任务通常效率不高。在这种情况下，就需要用户通过接口来明确地设定 reduce 任务的个数。在最终的输出结果中，每个 reduce 任务都会产生一个名为“part-r-xxxx”的输出文件。而在Hadoop 伪分布式部署环境下，reduce 任务个数只能为 1。

实际中，如果想根据自己计算任务的需要来将不同的内容交由不同的 reduce 任务进行

处理，那么就需要自定义 Partitioner，并通过明确的设置来取代 HashPartitioner。比如在针对 WordCount 的例子中，假设所有的单词都已经转换为小写格式，则可以要求将以单词首字母排在“k”前面的单词及其频率输出到一个文件，而将单词首字母排在“k”后面的单词及其频率输出到另一个文件中。在这种情况下，可以首先设置 reduce 任务的个数为 2，然后自定义一个 Partitioner，并明确地进行设置。

首先设置 reduce 任务个数。

```
//设置 reduce 任务个数
job.setNumReducerTasks(2);
```

其次定义一个新的 Partitioner 类。该类要继承自 Partitioner 类，并实现 getPartition( ) 方法。

```
public class MyPartitioner<K, V> extends Partitioner<K, V> {
    public int getPartition(K key, V value, int numReduceTasks) {
        return key.toString.charAt(0) < 'k'? 0:1;
}
```

最后明确地设置 Partitioner。

```
//设置 Partitioner
job.setPartitionerClass(MyPartitioner.class);
```

注意：有一点需要在自定义 Partitioner 类时注意：根据自定义的 Partitioner 所产生的分区个数要与设置的 reduce 任务个数一致。

4.11 多 MapReduce 任务的串联

通过对 MapReduce 程序结构的介绍可知，一个 MapReduce 任务主要的处理逻辑包括在 map 和 reduce 函数中。map 函数是将输入的每个 <key,value> 键值对映射为另一个键值对，而 reduce 函数则是对 map 函数输出的键值对集合中具有相同 key 值的键值对进行汇总处理。因此，MapReduce 的这种处理模型使得其在实际中并不能有效应对一些复杂的计算任务。在这种情况下，有时可能需要进行多次的 MapReduce 计算才能完成任务。对此，MapReduce 计算模型也支持将多个 MapReduce 计算过程串联来进行更为复杂的计算。

这里仍然以 WordCount 应用为例来说明 MapReduce 计算过程的串联。4.4 节的 WordCount 任务的要求是统计一个文本中每个单词出现的总次数。而现在的要求是统计一个文本中出现的单词总数，也就是一个文本中使用了多少单词。当这个文本的数据分布于集群的多个节点时，一个可行的分布式处理策略就是先在每个节点上对该节点中的文本块进行单词的去重，统计该文本块内使用了多少个单词，然后将不同节点的单词进行汇总，进一步对多节点之间的单词进行去重处理，最后才是对两步去重之后的处理结果进行累加求和，得出最终的单词总数。

基于对 MapReduce 计算模型的介绍可知，第一步的去重过程可以通过一个 MapReduce 计算过程的 map 函数来完成，第二步的去重则可以通过该 MapReduce 计算过程的 reduce 函数来完成。并且，该 MapReduce 计算过程中 map 和 reduce 函数的实现可以直接使用 4.4 节中介绍的过程。4.4 节中的 WordCount 代码在完成单词计数任务的同时也完成了上述两步的单词去重处理。这也说明一次 MapReduce 的计算过程无法完成上述的文本使用单词总数的统计任务，最后的累加汇总统计仍然需要进一步的处理。

对此，可以在上述 MapReduce 计算过程之后，串联另一个 MapReduce 计算过程。该计算过程的输入是前面一个 MapReduce 计算过程去重处理之后的结果。并且，该计算过程的 map()方法用于读取前面 MapReduce 计算过程输出的每个 <word，num>形式的键值对，并将它们转换成<"The num of words:"，1>形式的键值对，以使得每个输入的键值对转换之后都具有相同的 key 值，并且键值对中的 value 值都为 1，然后该计算过程的 reduce 方法与第一个 MapReduce 计算过程的 reduce 方法相同，就是对具有相同 key 值的键值对中的 value 值进行累加计算。由于 map 函数已经将每个单词对应的键值对转换成了具有相同 key 值且 value 值为 1 的键值对，因此经过 reduce 函数进行累加求和之后，就能够得到文本中使用的单词总数。

上述两个 MapReduce 任务串联的程序代码如下。基于 Maven，该程序的 pom.xml 文件的内容与 4.4 节中的 WordCount 代码完全一致，所以这里就不再给出 pom.xml 文件的内容，只给出 Java 的 .class 文件的内容。

```
import org.apache.hadoop.conf.Configuration;
import org.apache.hadoop.fs.*;
import org.apache.hadoop.io.IntWritable;
import org.apache.hadoop.io.Text;
import org.apache.hadoop.mapreduce.Job;
import org.apache.hadoop.mapreduce.Mapper;
import org.apache.hadoop.mapreduce.Reducer;
import org.apache.hadoop.mapreduce.lib.input.FileInputFormat;
import org.apache.hadoop.mapreduce.lib.output.FileOutputFormat;
import java.io.IOException;
import java.util.StringTokenizer;

public class WordCount {

    //第一个 MapReduce 过程的 Mapper 类
    public static class MyMapper extends Mapper<Object, Text, Text, IntWritable> {
        //此处定义了数值为 1 的变量,用来在每分割出一个单词之后构造一个<单词,1>的键值对
        private final static IntWritable one = new IntWritable(1);
        private Text word = new Text();
        //map 函数的具体定义,从下面的代码可看出处理的是 Text 类型的 value,key 被忽略了
        public void map(Object key, Text value, Context context)
```

```
                throws IOException, InterruptedException {
            //此处的 value 是文档中的一行文本数据,将其转换成字符串类型之后,利用
            //字符串分割的方法将一行中的每个单词分割出来
            StringTokenizer itr = new StringTokenizer(value.toString());
            while (itr.hasMoreTokens()) {
                word.set(itr.nextToken());
                //将结果写入 context
                context.write(word, one);
            }
        }
    }
    //第一个 MapReduce 过程的 Reducer 类
    public static class MyReducer
            extends Reducer<Text,IntWritable,Text,IntWritable> {
        private IntWritable result = new IntWritable();
        //从这里可以看出 reduce 处理的输入数据是<key, value-list>类型的键值对
        public void reduce(Text key, Iterable<IntWritable> values,Context context)
                throws IOException, InterruptedException {
            int sum = 0;
            //reduce 函数可对列表 values 中的数值进行相加
            for (IntWritable val: values) {
                sum += val.get();
            }
            result.set(sum);
            //将结果写入 context
            context.write(key, result);
        }
    }

    //第二个 MapReduce 过程的 Mapper 类
    public static class MyMapper2 extends Mapper<Object, Text, Text, IntWritable>{
        //此处定义一个 Text 类型的变量和一个值为 1 的 IntWritable 变量
        private final static IntWritable one = new IntWritable(1);
        private Text word = new Text("The num of words:");
        //map 函数的具体定义,从下面的代码可看出,该 map 函数就是将输入的键值对统一转
        //换成了<"The num of words:", 1>键值对
        public void map(Object key, Text value, Context context)
                throws IOException, InterruptedException {
            context.write(word, one);
        }
    }
```

```
    /*
    1. WordCount 的 main 函数
    2. 该 main 函数中配置了两个执行 MapReduce 计算过程的 job 对象
     */
    public static void main(String[] args) throws Exception {
        Configuration conf = new Configuration();
        //第一个 job 对象
        Job job1 = Job.getInstance(conf, "word count-1");//获取一个任务实例
        Job1.setJarByClass(WordCount.class);//设置工作类
        Job1.setMapperClass(MyMapper.class);//设置 Mapper 类
        Job1.setReducerClass(MyReducer.class);//设置 Reducer 类
        Job1.setOutputKeyClass(Text.class);//设置输出键值对中 key 的类型
        Job1.setOutputValueClass(IntWritable.class);//设置输出键值对中 value 的类型
        FileInputFormat.addInputPath(job1, new Path(args[0]));//设置输入文件的路径
        FileOutputFormat.setOutputPath(job1, new Path(args[1]));//设置输出文件的路径
        FileSystem fs = FileSystem.get(conf);//获取 HDFS 文件系统
        fs.delete(new Path(args[1]),true);//删除输出路径下可能已经存在的文件
        job1.waitForCompletion(true);//提交运行任务

        //第二个 job 对象
        Job job2 = Job.getInstance(conf, "word count-2");//获取一个任务实例
        Job2.setJarByClass(WordCount.class);//设置工作类
        Job2.setMapperClass(MyMapper2.class);//设置 Mapper 类
        Job2.setReducerClass(MyReducer.class);//设置 Reducer 类
        Job2.setOutputKeyClass(Text.class);//设置输出键值对中 key 的类型
        Job2.setOutputValueClass(IntWritable.class);//设置输出键值对中 value 的类型
        FileInputFormat.addInputPath(job2, new Path(args[1]));//设置输入文件的路径
        FileOutputFormat.setOutputPath(job2, new Path(args[2]));//设置输出文件的路径
        fs.delete(new Path(args[2]),true);//删除输出路径下可能已经存在的文件
        result = job2.waitForCompletion(true);//提交运行任务
        System.exit(result? 0: 1);//result 为 false 时等待任务结束
    }
}
```

从上述代码可以看出，相比于 4.4 节的 WordCount 应用，这里只是增加了一个新的 Mapper 类，两个 MapReduce 计算过程使用了相同的 Reducer 类，并且在 main 函数中增加了执行另一个 MapReduce 计算过程的 job 对象。

需要说明的是，此时的 WordCount 程序输入有 3 个参数：第一个参数表示输入文件所在文件夹的路径；第二个参数表示第一个 MapReduce 过程输出结果的存储文件夹路径，该路径也是第二个 MapReduce 计算过程输入文件的路径；第三个参数是第二个 MapReduce 计算过程的输出结果的存储路径。从这里也可以看出，在多个计算过程串联时，MapReduce 会将

每个计算过程的结果写入一个磁盘文件中，然后下一个计算过程也会从磁盘文件读取输入。这显然会影响多个计算过程串联时的执行效率。

在 IDEA 中执行上述 WordCount 程序的过程与 4.4 节中的一样，不同的是需要在项目的 Configuration 选项卡的“Program arguments”选项中填写输入文件、第一个 MapReduce 计算过程结果的暂存文件和第二个 MapReduce 计算过程结果的输出文件在 HDFS 中的目录或者文件夹路径。

4.12 本章小结

通过源代码分析与案例实践，本章对 MapReduce 计算过程的各个阶段、运行流程，以及从根据指定的输入格式读取文件、map 和 reduce 处理到根据设定的格式输出到文件的整个计算过程的原理进行了介绍和说明。MapReduce 既是一个程序框架，也是一个实现分布式计算的软件系统。它将分布式环境下的大数据处理过程抽象为 map 和 reduce 两个阶段，简化了大数据处理程序的设计。作为一个软件系统，它实现了分布式环境下计算资源的管理、任务的调度、容错处理等一系列功能，方便了用户对大数据的处理。

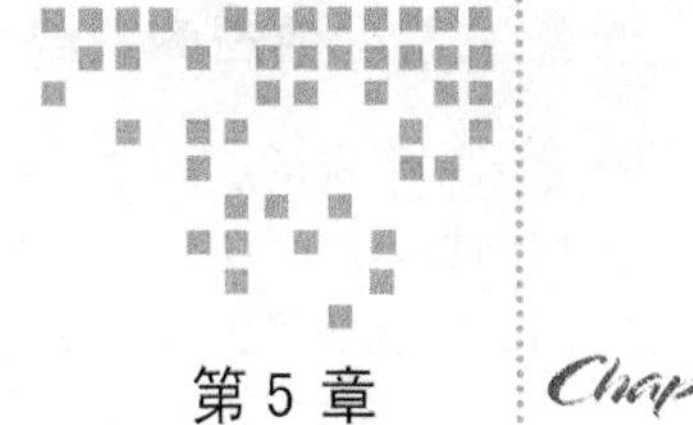

第 5 章 Chapter 5

Hadoop数据库系统HBase

本章导读

2006 年 12 月，Google 发布了其云计算技术的第三篇著名论文 *Bigtable: A Distributed Storage System for Structured Data*。作为 BigTable 的开源实现以及 Hadoop 项目的重要分支，HBase 第一个可用版本于 2007 年诞生。它是建立在 HDFS 之上的一个分布式、面向列的开源数据库系统，具有高可靠性、高性能、列存储、可伸缩、实时读写等重要特征。利用它可在廉价机器上搭建存储海量非结构化数据或半结构化数据的集群。

本章主要对 HBase 的数据模型、HBase 的架构与运行机制、HBase 的安装与部署、HBase 的操作接口与实践等进行介绍和说明。

5.1 HBase 概述

5.1.1 数据库与数据库系统

在通常情况下，对于大多数人来说，最为熟悉的数据存储和管理方式是计算机的文件系统。文件系统中的文件都是由某个具体的应用所产生和修改的，不同文件存储信息的格式还可能不同。这就造成文件系统所存储信息的共享性比较差。另外，由于文件与具体应用具有的紧密关系，因此当修改应用中数据的逻辑结构时，就必须修改应用程序，以及修改文件结构的定义，数据和应用程序之间缺乏独立性。还有，作为操作系统的重要组成部分，文件系统也不支持高并发的数据访问。

在这种情况下，数据库与数据库管理系统应运而生。数据库是指长期存储在计算机内的有组织、可共享的数据集合。数据库系统是建立在文件系统之上，包含了数据库以及对数据库进行科学组织、高效访问和维护的数据库管理系统在内的软件系统。数据库中的数据按统一的数学模型组织、描述和存储，具有较小的冗余，并且通过在应用程序和数据库之间加入数据库管理系统，实现了数据与应用程序的分离。这些都使得数据库系统中的数据具有较高的独立性和易扩展性，可为各种用户共享，并能够提供高安全的并发访问。

5.1.2 传统关系型数据库系统

目前在数据库系统的应用中，使用最广泛的是关系型数据库系统。关系型数据库系统是支持关系模型的数据库系统，通过集合、代数等数学运算来对数据库中的数据进行处理。关系模型是指用二维表的形式表示实体和实体间联系的数据模型。当前关系型数据库系统是数据库应用的主流，许多广泛使用的数据库管理系统（如 MySQL 和 Oracle）都是基于关系数据模型开发的。

关系型数据库使用的存储结构是二维表格。事物及其联系的数据描述是以平面表格形式体现的，具有规范的行和列结构。这也导致存储于关系型数据库中的数据通常被称为关系型数据。针对这些二维表格，关系型数据库系统具有完善的事物机制。一个事物具有原子性、一致性、隔离性和持续性。通过事物机制，关系型数据库系统中的各种操作可以保证数据的一致性修改。

关系型数据库系统通过提供结构化查询语言（Structured Query Language，SQL）来创建和删除数据库，增加、修改、更新和删除数据库中的数据。SQL 是高级的非过程化编程语言，允许用户在高层数据结构上工作，语言简洁，易学易用。它不要求用户指定对数据的存放方法，也不需要用户了解具体的数据存放方式。所以，它可以使得具有完全不同底层结构的数据库系统使用相同的结构化查询语言作为数据输入与管理的接口。关系型数据库具有高效的查询处理引擎，可以对 SQL 进行分析优化，保证查询的高效执行。

5.1.3 NoSQL 数据库系统

关系型数据库在传统的银行、电信等领域得到广泛应用，满足了它们对数据的存储以及实时查询的需求。但是，当大数据来临时，传统的关系型数据库系统逐渐显得力不从心。关系型数据库系统可扩展性差，无法较好地支持海量数据的存储。在面临微博等 Web 2.0 时代的应用时，关系型数据库系统也难以支持每秒上万次的并发读写访问。并且针对大数据的一些处理应用也不需要具有完善的事物机制来保证数据的一致性。在这种情况下，传统的关系型数据库也不适应对大数据的处理需求，此时各种 NoSQL 数据库系统便被人们设计出来用于对大数据的处理。

NoSQL 数据库系统是对非关系型数据库系统的统称。它不支持关系模型，而是以键值对、文档等非关系型模型来组织和管理数据。NoSQL 数据库也没有固定的表结构，不存在关系型数据库中复杂的表连接等操作，并且放松了对数据库事务具有原子性、一致性、隔离性和持续性的约束。但与传统关系型数据库相比，NoSQL 数据库普遍具有较好的扩展性，从而能够支持海量数据的存储管理。并且与 MapReduce 等计算模型的结合，使得 NoSQL 数据库能够较好地支持对大数据的处理和应用。

5.1.4 HBase 数据库系统

HBase 是一种 NoSQL 数据库系统。因此它不支持 SQL 查询语言，也缺乏了传统关系型数据库所具有的特性和遵循的机制。它借鉴了谷歌 BigTable 的设计，并通过 Java 语言进行开发，是 BigTable 的开源实现。它可以为海量非结构化和半结构化的松散数据提供高可靠、高性能、面向列、可伸缩的分布式存储。它的目标是处理非常庞大的表，可以通过水平扩展的方式，利用廉价计算机集群处理由超过 10 亿行数据和数百万列元素组成的数据表。

HBase 运行于 HDFS 之上，是 Hadoop 的重要组件。它解决了 HDFS 只适合于批量访问而不能随机访问的问题。此外，Hadoop 还提供了 Pig 和 Hive 组件，可以为 HBase 提供高层语言支持，使得在 HBase 上进行数据统计处理变得非常简单，而 Sqoop 组件则为 HBase 提供了 RDBMS 数据导入功能，使得传统数据库数据向 HBase 中的迁移变得非常方便。

5.2　HBase 的数据模型

表是 HBase 组织数据的逻辑方式，而基于列的存储则是数据在底层文件系统中的物理的组织方式。下面将从逻辑视图和物理视图两个视角来说明 HBase 的数据模型。

5.2.1　HBase 的逻辑视图

从逻辑上来说，HBase 如同传统的关系型数据库系统，也是利用表格来组织数据的，每个表由行和列组成。但是，与传统关系型数据库系统不同，首先，HBase 的目标是处理能够水平扩展的大表，而不是在一个数据库中建立多个表，然后通过连接等操作对数据进行查询处理。其次，HBase 的表格也与传统关系型数据库系统的表格有些差异。

表 5-1 所示为一个视频网站用于存储用户行为数据的 HBase 表格。

表 5-1　一个视频网站用于存储用户行为数据的 HBase 表格

行键（用户 ID）	时间戳	列族 beha	列族 attr	列族 ecf1
1	T_1		attr:name = "张三"	
			attr:age = 20050607	
2	T_2	beha:watch = 342		
		beha:time = 25s		
3	T_3	beha:click = 845		
4	T_4	beha:review = "good"		
5	T_5	beha:search = "赛罗奥特曼"		

从表 5-1 可以看出，HBase 表格与传统关系型数据库表格具有如下差异。

1）HBase 表格增加了列族和时间戳的概念。表中的一行为同一个时间戳下写入的数据，所以 HBase 记录了写入数据的时间。表格的每个列都属于某个特定的列族。HBase 增加列族的目的是进一步将一些非常相关的信息组织在一起，以便于同时进行访问和采用同样的方式对其进行数据压缩等处理，比如用户的姓名和年龄经常会在一起读取，因此可以将它们放入一个列族内。每个列的名字前面都增加列族的名字，并通过冒号分隔，不同列族之间可以有同名列，比如“beha:watch = 342”表示的是，列族 beha（用户行为列族）下用户观影记录列属性的值为 342 标号的电影。

2）HBase 在写入数据时，允许某个列族或者某个列族下的某个列的数据为空。比如，在表 5-1 中，在 T_1 时刻只写入了列族 attr（用户属性列族）下用户姓名和年龄两个字段的信息，列族 beha（用户行为列族）下的所有字段信息为空；而在 T_2 时刻写入了列族 beha（用户行为列族）下观影记录和观影时长两个字段的信息，但此时不仅列族 attr（用户属性列族）下的所有信息为空，而且同一个列族下的用户评论、用户点击记录、用户搜索记录等字段的信息都为空。因此 HBase 表格在逻辑上是一个稀疏表。

3）在传统的关系型数据库系统中，不同用户会建立和使用不同的数据库，一个数据库内会有许多的表格，也就是说，关系型数据库通过数据库这一概念来对数据库系统中的表格进行逻辑分组。而 HBase 中则使用了命名空间这一概念，与关系型数据库系统中的数据库的概念类似，命名空间也可对 HBase 中的各种表格进行逻辑分组以及相应的权限管理。用户在 HBase 中建立表之前，可以先建立命名空间，并指定所建立的表所属的命名空间。如果在建表时不指定命名空间，则将表放入默认的 default 命名空间下。

表 5-1 所示的 HBase 表格中一些相关概念的进一步解释如下。

行键（Row Key）：行的主键，决定一行数据的唯一标识和索引。HBase 表中的每一行由行键唯一确定。从某种程度上来说，行键相当于传统关系型数据库的主键，但区别在于，传统关系型数据库的主键是可选的，而 HBase 的每张表都必然会有行键。从本质上来说，HBase 就是一个 <key,value>形式的数据库，行键就是它的 key。由于在 HBase 中行键是在集群中冗余存储的，因此行键长度不能太长，过长的行键将会占用大量的空间并且降低检索的效率，因此行键最多只能存储 64K 的字节数据。还有，HBase 的行键是按照字典顺序排列的。因此，鉴于行键是 HBase 一行数据的唯一标识和索引，行键的设计是 HBase 表格设计的关键之一。对行键进行设计时，应将经常一起读取的列存储到一起。对 HBase 表格数据的所有操作都是通过行键来进行的，并且最先确定的就是行键。

列族（Column Family）：列族是 HBase 表格中一些列的集合。HBase 表中的每一列都归属于某个列族，列名都以列族作为前缀，冒号用来分隔列族的名字和列的名字。HBase 要求在定义一个表时必须要确定至少一个列族。列族可以在随后动态增加，但是修改列族需要先停用表。所以，在定义表时，可以先定义空闲的列族，比如表 5-1 中的列族 ecf1。列族一旦定义就无法修改。但是在实际中应尽量减少列族的数量，因为 HBase 是按列进行存储数据的，一个列族下的数据存储到一个文件中。过多的列族将导致过多的文件操作。因此在定义 HBase 表时，应将一些经常被一起查询的列放到一个列族下，这不仅可以减少列族的数量，也将提高查询的效率。

时间戳（Timestamp）：在向 HBase 表中插入数据时，都会使用时间戳来进行版本标识，作为单元格数据的版本号。

单元格（Cell）：由行键、列族、列唯一确定。每个单元格对同一份数据都有多个版本，根据唯一的时间戳来区分不同版本，不同版本按照时间倒序排列，最新的数据版本在最前面。如果在查询的时候不提供时间戳，那么会返回距离现在最近的那一个版本的数据。时间戳是 64 位的整数，可以由客户端写入数据时主动赋值，也可以由 HBase 自动赋值。另外，每个列族的单元格数据的版本数量都由 HBase 单独维护，HBase 默认保存 3 个版本数据。

5.2.2 HBase 的物理视图

从 HBase 的逻辑视图可知，HBase 是一个大的稀疏表，允许表中的单元格为空。那么如果对这样的表进行存储，岂不是会浪费许多的存储空间。对此，为了提高数据存储效率，也是为了在实际中能够对表格进行横向动态扩展，HBase 采取了与传统关系型数据库系统按行存储方式不同的按列存储数据的方式。HBase 按行键将一个大表的数据划分为不同的范围，一个范围内的同一个列族的数据存储到一个文件中，不同列族的文件是分离的。因此，HBase 中大的稀疏表中空的单元格实际中并不会存储，同时由于在设计时强调将经常被一起访问的列放到一个列族下，那么将一个列族下的各个列存储到一起，也提高了数据的查询访问效率。

针对表 5-1 所示的表格，其物理视图如表 5-2 和表 5-3 所示。

表 5-2　列族 beha 的物理视图

行键用户 ID	时间戳	列族 beha
2	T_2	beha:watch = 342 beha:time = 25
3	T_3	beha:click = 845
4	T_4	beha:review = "good"
5	T_5	beha:search = "赛罗奥特曼"

表 5-3　列族 attr 的物理视图

行键用户 ID	时间戳	列族 attr
1	T_1	attr:name = "张三" attr:age = "20050607"

由表 5-2 和表 5-3 可以看出，同一个列族下缺失的列是不会存储的。但是，当查询某一个列族下某个时刻的某个列的值后，如果它是空的，则返回 null 值。比如，在 T_2 时刻去查询列族 beha 下 search 列的值，那么返回结果将为空。

5.3　HBase 的架构与运行机制

通过对 HBase 数据模型的介绍，读者已经明白 HBase 主要处理的是能够动态横向扩展的庞大稀疏表，它由多个列族组成，每个列族又包含了经常被一起查询访问的列，每个行键、列族和列确定了表格中的一个单元格，而一个单元格内则存储了一个列的不同时间戳的版本。并且在实际存储过程中，HBase 将不同的列存储到一起，采取了按列而不是按行存储的方式。那么，由于 HBase 运行于 HDFS 之上，HBase 是如何将一个大表中数亿行的数据存储到 HDFS 集群中的呢？又是如何快速响应对表中数据的查询和写入请求的呢？这涉及 HBase 的分布式存储策略与运行架构。

5.3.1　HBase 分布式存储策略

（1）HBase 将表分成不同的 Region 进行分布式存储

HBase 依赖于 HDFS 对一个数亿行的大表进行分布式存储。那么 HBase 是如何将大表进行分割并存储的呢？实际中，HBase 将表中的所有行按照行键进行字典排序，并按行分为多个 Region。每个 Region 都保存着一个表的一段连续的数据，并记录了它的起始行键和结束行键。然后，HBase 将它们分发给集群中的不同节点进行存储和管理。Region 是 HBase 数据存储和管理的基本单元。每个 Region 只会存在于一个节点中，而每个节点则可能会放置多个 Region。

HBase 按照大小对表进行分割。一个 Region 默认的大小一般是 100～200MB。每个表一开始只有一个 Region，随着新的行不断插入表中，Region 就会不断增大，当增大到一个阈值的时候，Region 就会被分为两个大小相同的 Region。当表中有越来越多的行时，就会有越来越多的 Region。

为了充分利用集群中各个节点的资源，HBase 需要在分发 Region 到各个节点的过程中实现各个节点的负载均衡。为此，HBase 集群中存在一个主节点，主节点搜集集群各个节点的健康状况和资源利用信息，然后根据各个节点的情况来调节 Region 在各个节点的分配情况。

（2）HBase 建立三级映射关系来定位 Region

当将一个大表分为不同的 Region 并将它们合理分配到集群的不同节点时，HBase 需要建立表—Region—集群节点之间的对应关系，以定位每个 Region，从而方便数据的读写。为此，HBase 存储了一个被称为 META 表的特殊表。META 表结构如表 5-4 所示，这个 META 表以“表名,开始行键，RegionID”作为行键，每一行都记录了一个 Region 的信息以及 Region 所在节点的地址等信息，建立起 Region 与集群节点的对应关系。

表 5-4 META 表结构

RowKey	Info		
	RegionInfo	**Server**	**ServerStartCode**
TableName，Startkey，RegionID	StartKey，EndKey，FamilyList	Address	

但是，当集群中的表越来越多，每个表越来越大时，META 表中的条目也会越来越多，并可能会超出一个计算节点的存储能力。在这种情况下，META 表也需要分割并存储到不同的节点上。因此，在实际中，META 表也会不断地分裂成不同的 Region 存储于不同的节点上。此时，为了定位这些分布于不同节点上的 META 表，HBase 就需要建立这些 META 表的 Region 与它所在节点之间的对应关系。存储这个对应关系的表被称为 ROOT 表。对于 ROOT 表，HBase 不会对其进行分割。HBase 中只存在一个 ROOT 表，并且这个 ROOT 表会存储在一个集群主节点知晓的位置固定的 Region 上。从该方面来说，受制于 ROOT 表大小的限制，虽然 HBase 中的表能够动态地扩展，但是它的存储空间还是存在上限的。实际中根据 ROOT 表中 Region 的大小以及 ROOT 表中一条数据的大小，人们可以推算出 HBase 一个大表的存储空间。但是，一般来说，这个存储空间足以能够满足当前实际应用对数据存储空间的需求。

因此，HBase 建立起图 5-1 所示的不同节点上的 Region 到 META 表、META 表到 ROOT 表之间的两级映射关系来定位每个 Region 在集群中的具体位置。

但是，值得一提的是，HBase 在 0.96 之后的版本中删除了 ROOT 表，具体可以参见如下链接：https://issues.apache.org/jira/browse/HBASE-3171。

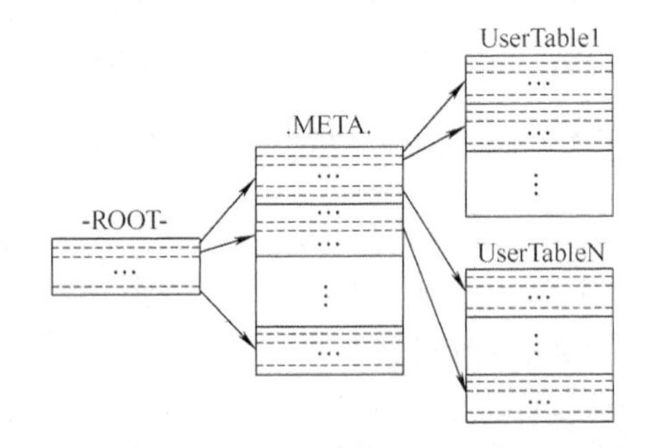

图 5-1 HBase 定位不同节点上的两级映射关系

由于HBase目前明确只支持一个META表的Region，META表也不再允许分裂，因此就可以省去ROOT表，直接从META表去定位每个Region。

（3）HBase中基于META表与ROOT表的数据访问

当用户通过客户端访问HBase中的数据时，首先获取ROOT表的位置，从ROOT表中获取对应的META表的Region以及该Region所在的节点，然后从相应节点上访问META表，获取要访问的Region所在的节点。获得Region所在的节点位置之后，用户通过客户端直接与数据所在的节点连接来读写数据，整个过程不需要连接集群的主节点，减少了主节点的负载压力。

当访问一次META表之后，客户端会将查询过的位置信息缓存起来，且缓存不会主动失效，之后缓存的信息就可以重复利用。如果客户端要查找的数据通过缓存查找不到对应的Region，那么客户端会重新启动从ROOT表开始的定位过程，并更新缓存的数据。

5.3.2 HBase的运行架构

为实现分布式存储策略，HBase采用了“主从”架构搭建集群，使用ZooKeeper管理集群，使用HDFS作为底层存储。如图5-2所示，在HDFS之上，HBase的运行过程涉及客户端（Client）、负责协调服务的组件（ZooKeeper）、由ZooKeeper选举产生的集群主节点（HMaster）和多个HRegionServer进程组件。

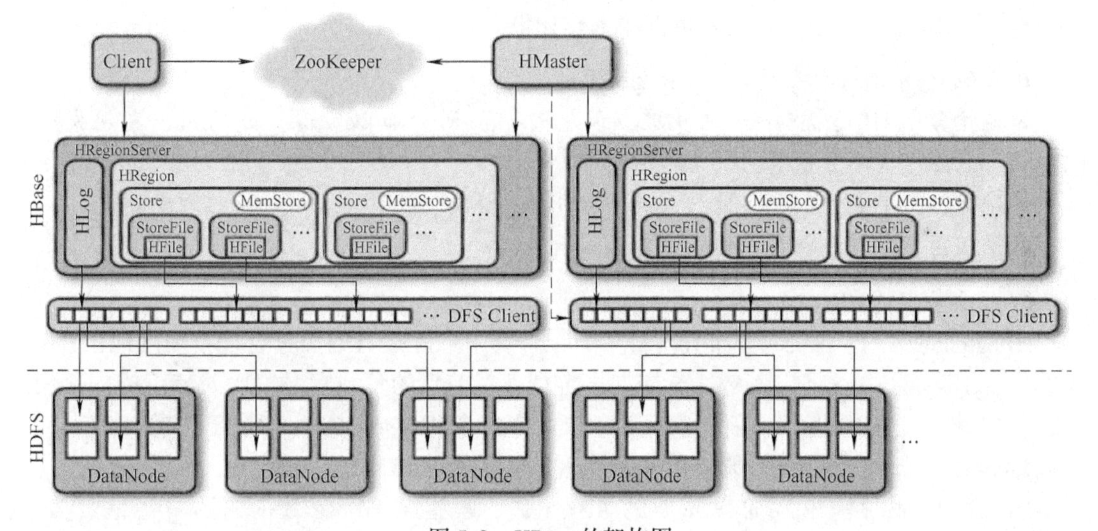

图5-2 HBase的架构图

（1）客户端（Client）

客户端是HBase数据库系统与用户之间的接口。用户通过客户端来操作和使用HBase。HBase提供了多种客户端，包括Java接口、Thrift客户端，实际中也可以将MapReduce当作一个客户端来操作HBase。

（2）协调服务组件（ZooKeeper）

ZooKeeper是一个在分布式环境下提供高性能和高可靠的协调服务的程序组件，是Google Chubby的开源实现，也是Hadoop的重要组件。ZooKeeper主要由两部分功能组成：文件系统和事件监听器。ZooKeeper维护着一个类似文件系统的多层级数据结构，但与标准的文件系统不同，ZooKeeper所维护的多层级数据结构中的每一个目录节点可以有数据，也可以有目录，被称为 Znode。Znode 可以被集群中的各个客户端订阅。当 Znode 发生变化时，各个客户端会收到 ZooKeeper 的通知，并进而做出相应的调整和改变。基于此，在分布式环境下，ZooKeeper 可以维护集群中的服务器是否存活、是否可以访问的状态，并提供服务器故障或宕机的通知。

HBase 应用 ZooKeeper 来主要承担如下职责。

- 集群中 HMaster 的选举，保证集群中只有一个主节点（HMaster）。
- 存储 ROOT 表所在 Region 的位置，当没有 ROOT 表时存储 META 表所在 Region 的位置。HBase 集群启动之后，集群的 HMaster 节点会将 ROOT 表或者 META 表的位置加载到 ZooKeeper。用户客户端通过访问 ZooKeeper 来获取 ROOT 表或者 META 表的地址，来定位到具体的 Region 所在的位置。这也使得客户端无须与集群主节点连接就可以定位 Region 所在的位置，进一步减小了主节点的压力。
- 帮助 HMaster 监控集群各个节点的资源利用和健康状况。通过 ZooKeeper，HBase 要求集群的各个节点向 ZooKeeper 注册，并动态地汇报自身的状态发送给 ZooKeeper，然后 HMaster 就可以通过 ZooKeeper 来随时感知集群中各个节点的情况。

（3）主节点（HMaster）

HMaster 是 HBase 集群的主节点进程。HMaster 将很多工作交给了 ZooKeeper 和 HRegion-Server。在 HBase 集群中，其主要负责的工作如下。

- 分配 Region 到集群的各个 HRegionServer。
- 监控各个 HRegionServer 的状况，调整 Region 的分布以实现负载均衡，发现失效的 HRegionServer 并重新分配其上的 Region。
- 维护 ROOT 表和 META 表，记录各个 HRegionServer 上 Region 的变化信息。
- 管理用户对建表和对表进行变更的操作。

（4）从节点（HRegionServer）

HRegionServer 是 HBase 分布式集群中单个计算节点上运行的负责管理本地存储的Region 的进程。HRegionServer 与 ZooKeeper 交互，定期上传节点的负载状况，比如节点的内存使用状态、在线状态的 Region 等信息。当用户定位到 HRegionServer 所管理的 Region 时，HRegionServer负责与用户客户端连接来提供对数据的读写访问。

HRegionServer 是 HBase 非常重要的进程组件，承担了 HBase 数据的读写等重要功能，其主要负责的工作和具体的原理如下。

1）数据的写入和存储。

虽然 Region 是 HBase 中分布式存储和负载均衡的最小单元，但是 Region 却不是存储的最小单元。在进行存储时，每个 Region 由一个或者多个 Store 组成，每个 Store 存储该 Region 一个列族的所有键值对数据。而每个 Store 又由一个 memStore 和 0 至多个 StoreFile 组成。其中，memStore 是内存缓存中的文件，StoreFile 是磁盘中的文件。

用户写入数据时，数据首先会放在缓存的 memStore 中，当 memStore 满了以后会写入磁盘，形成一个 StoreFile 进行持久化。这种先将数据写入内存然后转往磁盘的方式，可以高速响应对数据的写入请求，因为数据写入内存之后就可以立即返回客户端。

StoreFile 会以 HDFS 的 HFile 的形式存储在 HDFS 上，并通过直接调用 HDFS 的 API 来实

现。数据在 HFile 文件中时以 <key,value> 键值对的形式存储，key 就是行键，并按照行键的字典顺序进行排列。由于 HBase 没有数据类型，数据在 HFile 中以字节进行存储。

2）StoreFile 的压缩合并。

当 StoreFile 增长到一定数量之后，StoreFile 会通过压缩合并到一起形成一个 StoreFile。而在合并的过程中，会进行版本合并和数据删除操作。这也说明了 HBase 的更新和删除操作都是在后期 StoreFile 的合并中实现和完成的。

HBase 基于 HDFS 进行数据存储，而 HDFS 不支持对磁盘文件进行随机修改。因此，HBase 无法对已经写入磁盘中的各个表进行随机修改。但是，支持对表中数据的随机修改是数据库的基本功能。为了支持对表中数据的随机修改，HBase 的方法是将随机写的操作转换成顺序写操作。它将随机的写操作转换为对文件的追加操作，并将对文件的修改按照时间顺序排列，客户端读数据时总是优先读到最新的修改。而删除操作则转换为写入一个 tombstone 标记，该标记表明早于这个 tombstone 时间戳的对应行的所有记录作废。

由于 HBase 总是对文件进行追加操作的，因此随着时间积累，文件会增长得很快。在这种情况下，对文件压缩合并的一个作用也是为了删除无效的过时数据。

3）Region 的分裂。

StoreFile 的不断合并最终会形成一个非常大的 StoreFile。当 StoreFile 大到一定程度便会触发其所在的 Region 分裂成两个新的 Region。新的 Region 会被 HMaster 重新分配到相应的节点上，而老的 Region 就会下线。

4）写操作的日志记录。

由于 HBase 用户写入的数据都是首先写入内存的，然后定期地转往磁盘，这就可能造成当集群的一个节点发生宕机等故障时写入内存的数据丢失。为了应对这种情况，如图 5-3 所示，每个 HRegionServer 有一个日志记录对象 HLog。一个 HRegionServer 下的所有 Region 共享一个 HLog 对象，以减少不断写入磁盘过程中对磁盘的寻址操作。在用户写入数据的过程中，写入 MemStore 的数据必须首先写入 HLog 的文件（图 5-3）。HLog 文件会定期地更新，删除已经写入磁盘的数据。

当一个 HRegionServer 意外终止之后，HMaster 会将相应节点上的 HLog 数据进行拆分，提取属于不同 Region 的数据，然后将失效的 Region 进行重新分配，并把属于失效 Region 的 HLog 数据也发送给新节点的 HRegionServer。新节点上的 HRegionServer 在接收到管理失效的 Region 之后，会在恢复 Region 的过程中将 HLog 中属于当前恢复 Region 的数据回放到 MemStore 中，并写入磁盘的 StoreFile 中，完成 Region 的恢复。

5）数据的查找和读取。

每个 HRegionServer 都存在一个缓存区域供数据进行读取操作。当客户端定位到 HRegionServer 下的某个 Region 并发起数据读取请求时，HRegionServer 首先根据行键查询读缓存中是否有需要读取的数据，如果没有则进入磁盘的 HFile 中进行查找。

当 HBase 读取磁盘上的某一条数据时，HBase 会将整个 HFile 的一个数据块读到缓存中。当客户端请求查询与前一次查询邻近的数据时，因为这些数据已经在缓存中，因此 HRegionServer 会更快地响应请求。这里 HFile 的数据块和 HDFS 的数据块是两个独立的概念。HFile 块的默认大小是 64KB。用户还可以在列族层面对 HFile 数据块的大小进行设置。

为了进一步加快对磁盘中数据的查询，HBase 提供了块索引和布隆过滤器。因为 HBase

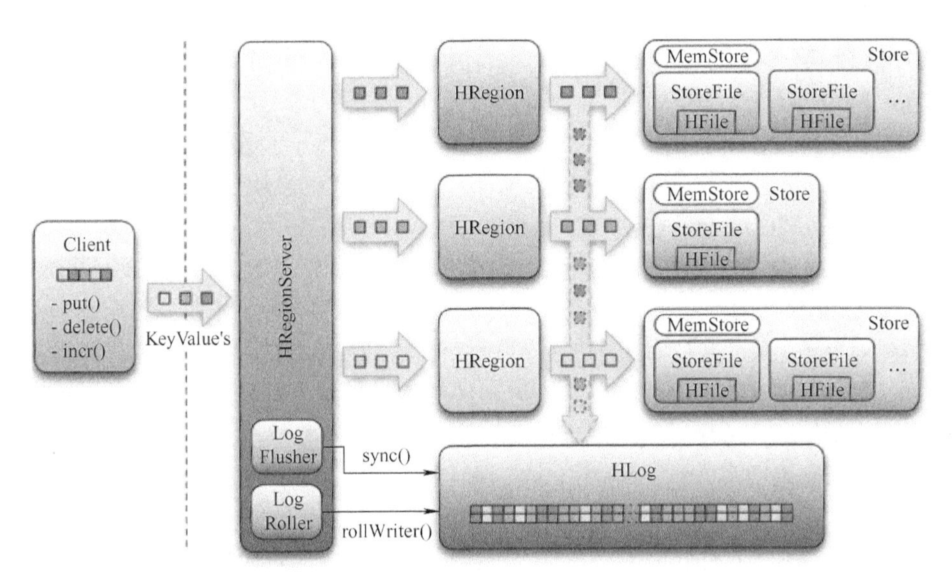

图 5-3 HRegionServer 中的 HLog

的数据在 HDFS 的 HFile 中以 <key, value> 键值对形式进行存储，key 就是行键，并且按照行键的字典顺序进行排列，因此 HFile 每个数据块所存储的信息也是按序排列的。基于此，HBase 的块索引机制是建立由 HFile 的每个数据块的第一行数据的行键所组成的索引，并将它们存储在文件的尾部。这也说明 HFile 数据块的大小会影响每个 HFile 的块索引的大小，数据块越小，块索引将越大。当在从某个 HFile 中查找数据时，首先将文件尾部的块索引读入内存，然后通过二分查找确定数据所在的数据块，进而在数据块中查找数据。块索引解决了如何在一个文件中快速定位数据所在的数据块，但是无法快速帮助定位数据所在的文件。对此，布隆过滤器的作用是通过快速判断一个文件是否包含特定的行键，从而帮助过滤掉一些不需要扫描的文件。

5.4 HBase 的安装与部署

虽然 HBase 是 Hadoop 的重要组件，但是 Hadoop 的安装包里并不包含 HBase，所以要使用 HBase，需要下载 HBase 的安装包进行安装。并且，HBase 的运行依赖 Hadoop 的重要组件 ZooKeeper。HBase 的安装包中自带了 ZooKeeper。但是，由于本书后续的一些其他计算平台也需要使用 ZooKeeper，所以这里选择单独下载并安装一个 ZooKeeper，而不使用 HBase 自带的 ZooKeeper。本节将首先介绍 ZooKeeper 的下载及安装，然后简要介绍 HBase 的下载和安装过程。

5.4.1 安装 ZooKeeper

这里下载和使用的是 ZooKeeper 的 3.4.14 版本，安装包的全称是 zookeeper-3.4.14.tar.gz。可以从如下 Apache 的镜像站点去下载 ZooKeeper 的安装文件。

https://mirrors.tuna.tsinghua.edu.cn/apache/zookeeper/

在安装包下载完成之后，将下载的安装包拖入虚拟机的桌面，然后进入虚拟机桌面所在的路径下，依次使用以下命令进行安装。

```
sudo tar -zxvf zookeeper-3. 4. 14. tar. gz -C /usr/local
cd /usr/local
sudo mv zookeeper-3. 4. 14 zookeeper          //将安装文件重命名
sudo chown -R hadoop . /zookeeper             //赋予 Hadoop 用户使用当前目录的权限
```

上述操作完成之后，将 ZooKeeper 的安装路径添加到系统的环境变量之中。使用如下命令打开当前用户根目录下的配置文件。

```
vim ~/. bashrc
```

然后在该文件的尾部添加如下信息，并通过 source 命令来使配置生效。

```
export ZOOKEEPER_HOME = /usr/local/zookeeper
export PATH = $ PATH: $ {ZOOKEEPER _HOME}/bin: $ {ZOOKEEPER _HOME}
```

在安装完成之后，需要进一步配置 ZooKeeper 存储数据的目录和日志输出目录。首先通过如下命令在 ZooKeeper 安装文件下创建一个 data 文件和一个 log 文件。

```
cd /usr/local/zookeeper
mkdir data
mkdir log
```

然后，通过如下命令将 ZooKeeper 存储数据的目录修改为创建的 data 文件。

```
cd /usr/local/zookeeper/conf //进入 ZooKeeper 配置文件所在的路径
cp zoo_sample. cfg zoo. cfg //复制 zoo_sample. cfg 文件,得到一个副本,命名为 zoo. cfg,从而得到一份 zoo 的配置文件
vim zoo. cfg //打开并编辑 zoo. cfg 文件,在该文件中找到 data_dir 并修改它的值
datadir = /usr/local/zookeeper/data//设定 ZooKeeper 存放数据的地址
```

接着使用如下命令打开 zkEnv. sh 文件，然后修改其中的输出日志的路径。

```
cd /usr/local/zookeeper/bin //进入 zkEnv. sh 文件所在的路径
vim zkEnv. sh //打开 zkEnv. sh 文件
```

在打开的 zkEnv. sh 文件中，找到 ZOO_ LOG_DIR 的设置，然后进行如下修改。

```
ZOO_LOG_DIR = "/usr/local/zookeeper/log"
```

接着就可以使用如下命令来启动 ZooKeeper，并在一个新的终端里通过 jps 命令来查看 ZooKeeper 是否启动。在 ZooKeeper 启动之后，通过 jps 命令会显示一个 QuorumPeerMain 的进程。

```
zkServer. sh start //启动 ZooKeeper
```

5.4.2 安装 HBase

HBase 既依赖 Java 环境，也依赖 Hadoop，所以在下载 HBase 安装包时，需要注意 HBase 与 Hadoop 以及 JDK 之间的版本依赖关系。它们的版本依赖关系可以通过链接 http://hbase.apache.org/book.html#configuration 去查看。而具体的安装包则可以通过链接 http://mirror.bit.edu.cn/apache/hbase/进行下载。

这里由于使用的 JDK 为 1.8 版本，Hadoop 为 2.10.0 版本，所以下载了 HBase 1.5.0 版本。安装包的全称为 hbase-1.5.0-bin.tar.gz。

当在 Windows 环境下下载完成 HBase 的安装包之后，将其拖入虚拟机的桌面，然后进入虚拟机桌面所在的路径下，进行解压安装、重命名和赋予当前用户能够使用 HBase 文件的权限等操作。具体的命令如下。

```
sudo tar -zxvf hbase-1.5.0-bin.tar.gz -C /usr/local
cd /usr/local
sudo mv hbase-1.5.0 hbase        //将安装文件重命名
sudo chown -R hadoop ./hbase //赋予 hadoop 用户使用当前目录下 hbase 目录的权限
```

因为 HBase 在启动和使用过程中需要在安装目录写入 log 等，因此为了使得当前用户获得上述权限，需要使用 sudo chown-R 命令赋予当前用户（这里为 hadoop）拥有上述权限。上述解压完成之后，进一步配置 HBase 的环境变量。使用如下命令打开当前用户根目录下的配置文件。

```
vim ~/.bashrc
```

然后，在该文件的尾部添加如下信息，并通过 source 命令来使配置生效。

```
export HBASE_HOME=/usr/local/hbase
export PATH=$PATH:${HBASE_HOME}/bin
```

在添加完上述环境变量之后，就可以在任意路径下通过 Linux 终端输入如下的命令来查看 HBase 的版本，并验证 HBase 是否安装成功。

```
hbase version
```

5.4.3 伪分布式环境配置

由于 Hadoop 是运行在伪分布式环境下，所以需要对 HBase 进行进一步的配置。伪分布式环境下的 HBase 配置主要涉及 hbase-env.sh 和 hbase-site.xml 两个文件。这两个文件均位于 HBase 安装文件的 conf 目录下。

（1）修改 hbase-env.sh 文件

通过 vim 命令打开 hbase-env.sh 文件，在该文件的顶部添加如下信息。

```
export JAVA_HOME = /usr/lib/jvm/jdk1. 8. 161
export HBASE_MANAGES_ZK = false//这个是为了配置不使用自带的 ZooKeeper
```

（2）修改 hbase-site. xml 文件

通过 vim 命令打开 hbase-site. xml 文件，然后在该文件的 < configuration > 标签内添加如下信息。

```
<property>
    <name>hbase. rootdir</name>
    <value>hdfs://localhost:9000/hbase</value>
</property>
<property>
    <name>hbase. cluster. distributed</name>
    <value>true</value>
</property>
<property>
    <name>hbase. unsafe. stream. capability. enforce</name>
    <value>false</value>
</property>
```

在上述配置信息中，hbase. rootdir 标签用于设置 HBase 数据在 HDFS 中的存储路径。这里将存储路径设置为“hdfs：//localhost：9000/hbase”，也就是存储于 HDFS 根目录下的 hbase 文件夹内。可以在 HBase 安装和启动之后，通过 HDFS 的 Shell 命令在 HDFS 的根目录下查看到该文件夹。hbase. cluster. distributed 标签设置是否是分布式安装。这里采取伪分布式安装，那么该参数的值也应为 true。而 hbase. unsafe. stream. capability. enforce 标签如果不设置为 false，那么 HBase 的 HMaster 启动过程中会报错。

在修改完上述两个配置文件之后，还需要通过如下命令将 ZooKeeper 的一个配置文件复制到 HBase 配置文件所在的目录。

```
cd /usr/local/zookeeper/conf //进入 ZooKeeper 配置文件所在的目录
cp zoo. cfg /usr/local/hbase/conf //将 ZooKeeper 的配置文件复制到 hbase 中
```

在上述所有操作完成之后，可以在 Linux 终端输入 start-hbase. sh 命令来启动 HBase，并可以通过 jps 命令来查看是否启动。在启动之前必须首先启动 HDFS 和 ZooKeeper。如果 HBase 启动成功，则会显示图 5-4 所示的信息。

```
hadoop@hadoop-virtual-machine:~$ jps
4804 QuorumPeerMain
5863 DataNode
6103 SecondaryNameNode
6362 HMaster
6490 Jps
5084 HRegionServer
5663 NameNode
```

图 5-4　HBase 启动成功后显示的信息

HBase 在启动和运行的过程中，仍然会打印出各种警告或者报错信息，包括“Class path contains multiple SLF4J bindings”“OpenJDK 64-Bit Server VM warning：ignoring option PermSize = 128m…”等。其中“Class path contains multiple SLF4J bindings”信息是因为 Hadoop 和 HBase 中都包含了 SLF4J jar 包。为此将 HBase 中的该 jar 包删除或者加一个扩展名保留即可。对于“OpenJDK 64-Bit Server VM warning：ignoring option PermSize = 128m…”警告，只需要将 hbase-env. sh 中的 export HBASE_MASTER_ OPTS 和 export HBASE_ REGIONSERVER_ OPTS 两个环境变量注释掉即可。

除此之外，HBase 还可能会报“Failed to identify the fs of dir hdfs：//…/hbase/lib，ignored java. io. IOException：No FileSystem for scheme：hdfs….”错误。对此，需要在 Hadoop 的 core-site. xml 中加入如下配置。

```
<property>
    <name>fs.hdfs.impl</name>
    <value>org.apache.hadoop.hdfs.DistributedFileSystem</value>
    <description>The FileSystem for hdfs: uris.</description>
</property>
```

对于其他的警告和错误信息，这里就不再逐一介绍。

5.5 HBase 操作接口与实践

HBase 提供了 HBase Shell、Java API、Thrift Gateway、Hive 和 Pig 等操作接口。这里主要介绍 HBase Shell 和 Java API 两种基本方式。

5.5.1 HBase Shell 命令

在启动 HDFS 和 HBase 之后，在 Linux 客户端输入“hbase shell”命令将进入 HBase Shell。打开 HBase Shell 之后，首先输入“help”命令，HBase Shell 会显示 HBase 所提供的所有 Shell 命令。下面介绍 HBase Shell 的常见命令及其用法。

（1）创建、查看、删除命名空间

示例：要建立一个名为 test 的命名空间，具体的命令如下。

```
//创建一个命名空间
create_namespace 'test'
```

可以通过如下 describe 命令来查看所建立的命名空间的详细信息。

```
//查看所建立的命名空间的信息
describe_namespace 'test'
```

上述命令显示的结果如图 5-5 所示。

也可以通过如下命令来查看当前 HBase 中所有的命名空间。

```
hbase(main):003:0> describe_namespace 'test'
DESCRIPTION
{NAME => 'test'}
1 row(s) in 0.0240 seconds
```

图 5-5　查看所建立命名空间的详细信息

```
//查看所有的命名空间
list_namespace
```

上述命令显示的结果如图 5-6 所示。

```
hbase(main):004:0> list_namespace
NAMESPACE
default
hbase
test
3 row(s) in 0.0420 seconds
```

图 5-6　查看当前 HBase 中所有的命名空间

从上述命令可以看出，HBase 中自带有两个命名空间，一个是 default，一个是 hbase。如果在创建表时不指定命名空间，那么所创建的表将放入 default 命名空间下。HBase 命名空间是 Hbase 的系统命名空间，包含了所有的内部表。也可以通过如下命令来删除一个命名空间。

```
//删除一个命名空间
drop_namespace 'test'
```

（2）创建、查看、删除表以及使表有效和无效

示例：要建立一个视频网站用户行为表，它包含两个列族，一个是 beha，一个是 attr，具体的命令如下。

```
//创建一个表
create 'usr_beha', 'beha', 'attr'
```

此时，输入完上述命令之后，再输入 list 命令就可以看到图 5-7 所示的信息，显示 usr_beha 表已经创建。list 命令显示当前 HBase 中所有表的信息。

```
hbase(main):014:0> list
TABLE
usr_beha
1 row(s) in 0.0200 seconds
```

图 5-7　list 命令显示的信息

如果再输入 describe 'usr_beha'命令，就可以看到图 5-8 所示的信息。

describe 命令用于显示一个表的结构与设置信息。该命令也可以让用户看到关于一个表的一些默认的设置。如图 5-8 所示，当创建一个表之后，该表已经激活，变为有效。在 HBase 中，enable 和 disable 也是两个命令，分别用于使一个表有效和使一个表失效。特别是，当要删除一个表时，首先必须要使该表无效。具体的命令格式如下。

```
hbase(main):015:0> describe 'usr_beha'
Table usr_beha is ENABLED
usr_beha
COLUMN FAMILIES DESCRIPTION
{NAME => 'attr', BLOOMFILTER => 'ROW', VERSIONS => '1', IN_MEMORY => 'false', K
EEP_DELETED_CELLS => 'FALSE', DATA_BLOCK_ENCODING => 'NONE', TTL => 'FOREVER',
COMPRESSION => 'NONE', MIN_VERSIONS => '0', BLOCKCACHE => 'true', BLOCKSIZE =>
'65536', REPLICATION_SCOPE => '0'}
{NAME => 'beha', BLOOMFILTER => 'ROW', VERSIONS => '1', IN_MEMORY => 'false', K
EEP_DELETED_CELLS => 'FALSE', DATA_BLOCK_ENCODING => 'NONE', TTL => 'FOREVER',
COMPRESSION => 'NONE', MIN_VERSIONS => '0', BLOCKCACHE => 'true', BLOCKSIZE =>
'65536', REPLICATION_SCOPE => '0'}
2 row(s) in 0.0480 seconds
```

图 5-8　describe 'usr_beha'命令显示的信息

```
//使一个表无效
disable '表名'
//使一个表有效
enable '表名'
```

上述 discribe 命令之后的信息显示了表中列族的一些具体的默认设置，比如 BLOOMFILTER 是关于布隆过滤器的设置，BLOCKSIZE = 65536 描述的是列族在存储时其数据块的大小。65536 是数据块大小，也就是 64KB。这些关于列族的属性信息也可以在创建表时通过以下方式进行明确的设置。

```
//创建一个表
create 'usr_beha', {NAME = > 'beha', VERSION = > 5}, {NAME = > 'attr', VERSION = > 5}
```

在上述创建表的命令中，{} 内是关于一个列族的定义。其中，列族属性名称的字母要全部大写。

删除一个表使用 drop 命令，比如删除创建的 usr_ beha 表，具体的命令格式如下。

```
//删除一个表
drop 'usr_beha'
```

在删除一个表之前，必须首先使用 disable 命令使其失效。

如果在创建表时指定表所属的命名空间，比如，新建一个名称为 usr_ beha_ 2 的表，并指定位于命名空间 test 下，则可以使用如下命令。

```
//创建一个指定命名空间的表
create 'test: usr_beha_2','beha', 'attr'
```

而查看一个命名空间下的所有表格信息，比如查看 test 命名空间下有哪些表格，可以使用如下命令。

```
//查看一个命名空间下的表
list_namespace_tables 'test'
```

（3）添加、获取、删除单元格中的数据

示例：向表 usr_ beha 中写入 ID 为 38932423 的用户张三（zhangsan）的姓名。其中，姓名和年龄均为列族 attr 下的列，38932423 为行键。具体的命令如下。

```
//写入数据到单元格
put 'usr_beha','38932423','attr:name','zhangsan'
```

然后，可以通过如下命令来查看刚刚写入的数据。

```
//获取单元格中的数据
get 'usr_beha', '38932423','attr:name'
```

运行上述获取单元格数据的命令之后，显示的结果如图 5-9 所示。

```
hbase(main):006:0> get 'usr_beha', '38932423','attr:name'
COLUMN                  CELL
 attr:name              timestamp=1585124090231, value=zhangsan
1 row(s) in 0.0320 seconds
```

图 5-9　获取单元格数据的结果

也可以通过 scan 命令来查看整个表的信息，比如查看一个列的所有数据信息。具体命令如下。

```
//查看一个表中某个列的数据信息
scan 'usr_beha',{COLUMS = > 'attr:name'}
```

scan 命令之后显示的信息如图 5-10 所示。

```
hbase(main):007:0> scan 'usr_beha', {COLUMNS=> 'attr:name'}
ROW                     COLUMN+CELL
 38932423               column=attr:name, timestamp=1585124090231, value=zhangsan
1 row(s) in 0.0330 seconds
```

图 5-10　使用 scan 命令显示的信息

如果想删除上述单元格的数据，则可以使用 delete 命令。

```
//删除表的一个单元格的数据信息
delete 'usr_beha','38932423','attr:name'
```

（4）修改表的结构

示例：要在刚创建的表 usr_ beha 中添加一个新的列族 ecf1，具体的命令如下。

```
//在表中添加一个新的列族
alter 'usr_beha', NAME = > 'ecf1'
```

运行上述命令之后，通过显示的图 5-11 所示的信息可知，当添加一个新的列族时，HBase 要更新所有的 Region。

也可以通过如下命令来删除一个表中的列族，比如删除刚添加的列族。当删除一个列族

```
hbase(main):009:0> alter 'usr_beha', NAME=>'ecf1'
Updating all regions with the new schema...
0/1 regions updated.
1/1 regions updated.
Done.
0 row(s) in 3.0930 seconds
```

图 5-11　修改表结构后的信息显示

时，HBase 也要更新所有的 Region。

```
//删除一个表中的列族
alter 'usr_beha', NAME = > 'ecf1 ',METHOD = > 'delete'
```

(5) 退出 Hbase Shell

退出 Hbase Shell 使用 exit 命令即可。

(6) 查看 HBase 集群的状态

查看一个 HBase 集群的状态，可以使用 status 命令，并可以根据 summary、simple 和 detailed这几个关键词来获取不同详细程度的状态信息。比如，如果查看集群的概要信息，可以使用如下命令。

```
//查看集群的概要信息
status 'summary'
```

在伪分布式部署环境下，上述命令显示的结果如图 5-12 所示。

```
hbase(main):013:0> status 'summary'
1 active master, 0 backup masters, 1 servers, 0 dead, 3.0000 average load
```

图 5-12　集群的概要信息

5.5.2　Java API

从上述对 HBase Shell 的介绍可以了解到，对 HBase 的常见操作主要包括对 HBase 中的表以及表中数据的插入、删除等操作。而 HBase 的 Java API 将上述操作封装在 Admin、Table、HtableDescriptor、HcolumnDescriptor、Put、Get、Delete、Scan、Result 等几个类和接口中。这些类和接口大部分都在 org. apache. hadoop. hbase. client 包中。详细的 Java API 可通过如下链接进行查看：https://hbase. apache. org/apidocs/index. html。下面将首先介绍这几个类的主要方法和操作，然后通过具体的代码示例来介绍如何通过 Java API 实现对 HBase 的操作。

(1) Java API 主要类的操作接口介绍

1) Admin 接口。

该接口主要用来管理 HBase 中的表，包括创建表、删除表、修改表、查看表的结构、使表有效和无效以及查看 HBase 的运行状态等。该接口在 org. apache. hadoop. hbase. client 包中，其包含的常用方法见表 5-5。

表 5-5　Admin 接口的常用方法

常用方法	说　明
boolean tableExist（TableName tableName）	查看一个表是否已经存在
void createTable（HTableDescriptor td）	通过一个表的描述信息对象创建一个表
void deleteTable（TableName tableName）	删除一个表
HTableDescriptor listTables( )	列出当前所有表的信息
void disableTable（TableName tableName）	使一个表失效
void enableTable（TableName tableName）	使一个表生效
void addColumn（TableName tableName，HcolumnDescriptor columnFamily）	给定表名和一个列族的描述信息，添加一个列族
boolean balancer( )	调用 balancer 进行负载均衡

2）Table 接口。

Table 接口主要用来与 HBase 表进行通信，比如要插入或删除一个表中的数据，需要通过 Table 接口传递相应的插入或删除对象来进行。此接口方法对于插入、删除、更新操作来说是非线程安全的，也就是说在多线程环境下，如果多个线程同时对一个 Table 接口的对象进行更新操作是不安全的。该接口也存在于 org. apache. hadoop. hbase. client 的包中，其包含的常用方法见表 5-6。

表 5-6　Table 接口的常用方法

常用方法	说　明
void delete（Delete delete）	接收一个 Delete 对象，删除指定的单元格或者行
void get（Get get）	接收一个 Get 对象，获取某单元格中的数据
void put（Put put）	接收一个 Put 对象，向某个单元格添加数据
boolean exists（Get get）	接收一个 Get 对象，查询 Get 对象指定的信息是否存在
TableName getName( )	获取当前表格的名称
HtableDescriptor getTableDescriptor( )	获取当前表格的描述信息

3）HtableDescriptor 类。

HtableDescriptor 类主要用来设置或者获取 HBase 表格的配置信息，包括表的列族、表是否只读等信息。它存在于 org. apache. hadoop. hbase 包中。该类一般基于给定的表的名称，通过如下方式来创建一个该类的对象。

```
//创建一个 HtableDescriptor 类的对象
HtableDescriptor htableDescriptor = new HTableDescriptor(tableName);
```

除了构造函数之后，该类还包含了表 5-7 所列的常用方法。

表 5-7 HtableDescriptor 类的常用方法

常用方法	说 明
HtableDescriptor addFamily (HcolumnDescriptor colFamily)	向一个表中添加一个列族
Collection < HtableDescriptor > getFamiles( )	获取一个表中所有的列族
HtableDescriptor removeFamily (byte[ ] colFamily)	删除一个列族
TableName getTableName( )	获取当前表的名称对象

4) HcolumnDescriptor 类。

HcolumnDescriptor 类封装了列族的信息，包括列族的名称、版本号等信息。该类也存在于 org. apache. hadoop. hbase 的包中。HcolumnDescriptor 对象主要是在添加一个列族时创建，并基于给定的列族的名称，通过如下方式来创建。

```
//创建一个 HcolumnDescriptor 类的对象
HColumnDescriptor hColumnDescriptor = new HColumnDescriptor(col);//col 为列族名称
hTableDescriptor. addFamily(hColumnDescriptor);//添加到 HtableDescriptor 的对象中
```

除了构造函数之外，HcolumnDescriptor 类包含的常用方法见表 5-8。

表 5-8 HcolumnDescriptor 类的常用方法

常用方法	说 明
Byte[ ] getName( )	获取列族的名称
Byte[ ] getValue (byte[ ] key)	获取一个指定属性的值
HcolumnDescriptor setValue (byte[ ] key, byte[ ] value)	设置对应属性的值

5) Put 类。

Put 类主要用来封装对一行数据的写入操作，存在于 org. apache. hadoop. hbase. client 包中。真正的 Put 的写入过程还需要通过将 Put 类的对象传递给 Table 类的 put( ) 方法来完成。它一般基于给定的行键，通过如下方式来创建一个对象。

```
//创建一个 Put 类的对象
Put put = new Put(byte[ ] rowKey);//rowKey 为行键
```

除了构造函数之外，它包含的常用方法见表 5-9。

表 5-9 Put 类的常用方法

常用方法	说 明
Put add (byte[ ] family, byte[ ] qualifier, byte[ ] value)	添加将向指定行、列的单元格写入的数据 value
Byte[ ] getRow( )	获取 Put 对象的行键

6) Get 类。

Get 类主要用来封装获取一行数据的操作，存在于 org. apache. hadoop. hbase. client 包中。

与 Put 类似，真正的数据获取过程也需要将 Get 类的对象传递给 Table 类的 get( )方法来完成。它一般也基于行键，通过如下方式来创建一个对象。

```
//创建一个 Get 类的对象
Get get = new Get((byte[] rowKey);//rowKey 为行键
```

除了构造函数之外，Get 类还包含了表 5-10 所列的常用方法。

表 5-10　Get 类的常用方法

常用方法	说　明
Get addColumn（byte[] family, byte[] qualifier)	指定获取数据所在单元格的行和列
Get setFilter（Filter filter)	根据过滤器获取数据

7）Delete 类。

Delete 类用于删除表中的一行数据或者某个单元格中的数据，存在于 org. apache. hadoop. hbase. client 包中。与 Put 和 Get 类似，真正的删除数据的过程也需要将 Delete 对象传递给 Table 类的 delete( )方法来完成。它一般也基于行键，通过如下方式来创建一个Delete 对象。

```
//创建一个 Delete 对象
Delete delete = new Delete((byte[] rowKey);//rowKey 为行键
```

除了构造函数之外，Delete 类还包含表 5-11 所列的常用方法来对 Delete 对象进行进一步的设置。

表 5-11　Delete 类的常用方法

常用方法	说　明
Delete deleteColumn（byte[] family, byte [] qualifier)	指定删除数据所在单元格的行和列，将删除单元格最新版本的数据
Delete deleteColumns（byte[] family, byte [] qualifier)	指定删除数据所在单元格的行和列，将删除所有版本的数据
Delete deleteFamily（byte[] family)	指定删除一个列族的所有版本数据
Delete deleteFamily（byte[] family, long timestamp)	指定删除一个列族的所有列中时间戳小于或等于指定时间戳的所有数据

8）Scan 类。

Scan 类主要用来封装基于限定条件（如指定列族、列、版本号、起始行、返回值的数量等）的信息，从而对数据进行查询操作。该类也存在于 org. apache. hadoop. hbase. client 的包中。该类一般直接通过 new Scan( )的方式来创建一个对象，然后使用表 5-12 所列的常用方法对 Scan 对象进行进一步的设置。

表 5-12 Scan 类的常用方法

常用方法	说明
Scan addFamily (byte [] family)	设置需要查找的列族
Scan addColumn (byte [] family, byte [] qualifier)	设置需要查找的列族和列
Scan setMaxVersions (int maxVersions)	设置查找数据时返回的版本个数，默认返回最新的版本
Scan setStartRow (byte [] startRow)	设置查询的起始行
Scan setStopRow (byte [] stopRow)	设置查询的结束行
Scan setFilter (Filter filter)	设置指定的 filter 来查找数据

9）Result 类。

Result 类的对象主要封装了 Get 或者 Scan 操作返回的 HBase 表中一行的数据。该类也存在于 org. apache. hadoop. hbase. client 的包中。所有返回的数据存在于一个 <key,value> 键值对形式的 map 数据结构中，键值对描述的是一行中一个单元格的数据。该类的主要常用方法见表 5-13。

表 5-13 Result 类的常用方法

常用方法	说明
Boolean containsColumn (byte [] family, byte [] qualifier)	检查结果中是否包含指定列族的某个列
List <Cell> getColumnCells (byte [] family, byte [] qualifier)	获取指定列族和列的所有单元格
NavigableMap <byte [], byte [] >getFamilyMap (byte [] family)	获取指定列族下的所有列以及对应值，以 map 键值对列表的形式返回
Byte [] getValue (byte [] family, byte [] qualifier)	获取指定列族和列的单元格的最新版本

（2）使用 Java API 来操作 HBase 的示例代码

下面仍以视频网站记录用户行为数据的任务来作为例子。这里将基于 Maven 构建一个项目来展示如何基于 Java API 操作 HBase。在给出示例完整代码的同时，为了尽可能压缩代码的行数，将建立一个名称为 usr_ beha 的表来存储用户在视频网站上的各种行为数据，这个表包含了两个列族，即 beha 和 attr，而每个列族下只有一个列。beha 列族包含了代表用户行为的各个列，下面将使用列 watch 来表示用户的观影记录，attr 包含了代表用户属性的各个列，使用列 username 来表示用户的姓名。下面先给出 Maven 项目的 pom. xml 文件，然后给出具体的 Java 类文件。

1）pom. xml 文件。

Maven 项目的 pom. xml 文件的完整代码如下。

```
<?xml version="1.0" encoding="UTF-8"?>
<project xmlns="http://maven.apache.org/POM/4.0.0"
        xmlns:xsi="http://www.w3.org/2001/XMLSchema-instance"
        xsi:schemaLocation="http://maven.apache.org/POM/4.0.0
http://maven.apache.org/xsd/maven-4.0.0.xsd">
    <modelVersion>4.0.0</modelVersion>

    <!-- 如下的 groupId、artifactId、version 标签都是建立 Maven 项目时所要填写的信息。这些
信息需要针对自己所建立的 Maven 项目进行修改 -->
    <groupId>com.liu</groupId>
```

```
        <artifactId>HbaseApp</artifactId>
        <version>1.0-SNAPSHOT</version>

        <!-- 示例所依赖的 jar 包都通过如下的标签给出 -->
        <dependencies>
            <dependency>
                <groupId>org.apache.hbase</groupId>
                <artifactId>hbase-client</artifactId>
                <version>1.5.0</version>
            </dependency>
        </dependencies>
</project>
```

从 pom.xml 的代码可以看出，人们只需要添加对 hbase-client 一个 jar 包的依赖即可。

2）Java 类文件。

该示例的 Java 类文件有两个，一个是封装用户行为和属性数据的 User 类文件，一个是封装对 HBase 操作的 HbaseApp 类文件。HbaseApp 类文件的 main 函数展示了该示例代码的主要执行流程。

为了说明如何应用 Java API 来操作 HBase，首先建立与 HBase 的连接，然后创建 HBase 表格。之后新建两个 User 对象，并将它们插入表中。在插入之后，读取表中所有的数据，并打印输出。然后进一步删除一个单元格中的数据，并在删除之后进一步查询和打印输出被删除单元格所在行的数据，最后关闭连接。

两个类文件的完整代码如下。在关键的代码中给出了注释说明。

```
import org.apache.hadoop.conf.Configuration;
import org.apache.hadoop.hbase.HBaseConfiguration;
import org.apache.hadoop.hbase.client.*;
import org.apache.hadoop.hbase.*;
import org.apache.hadoop.hbase.util.Bytes;
import org.apache.log4j.Logger;

import java.io.IOException;
import java.util.List;
import java.util.ArrayList;

public class HbaseApp {
    public static Admin admin;//admin 对象
    public static Connection connection;//连接 HBase 的对象

    //main 函数
    public static void main(String[] args) {
        init();//建立连接
```

```
        try {
            createTable("usr_beha", new String[] {"beha","attr"});//建表
            User user1 = new User("38932423","zhangsan","356");
            insertData("usr_beha",user1);//插入数据
            User user2 = new User("34234278","lisi","237");
            insertData("usr_beha",user2); //插入数据
            List<User> list = getAllData("usr_beha");//查询数据
            for (User user : list){
                System.out.println(user.toString());//打印输出
            }
            User user3 = getDataByRowKey("usr_beha", "38932423");//根据行键查询
            System.out.println(user3.toString());
            //获取某单元格的数据
            String username = getDatafromCell("usr_beha", "38932423","attr","username");
            System.out.println("username: " + username);
            //删除某单元格的数据
            deleteDataofCell("usr_beha","38932423","attr","username");
            //查看删除之后的结果
            User user4 = getDataByRowKey("usr_beha", "38932423");
            System.out.println(user4.toString());
        } catch (IOException e) {
            e.printStackTrace();
        }
        close()//关闭连接
    }

    //初始化,建立与 HBase 的连接,并基于所建立的连接获取 admin 对象
    public static void init(){
        Configuration configuration = HBaseConfiguration.create();
        //设置 hbase.rootdir 目录,这个目录可用来持久化 HBase 的目录
        configuration.set("hbase.rootdir", "hdfs://localhost:9000/hbase");
        try{
            connection = ConnectionFactory.createConnection(configuration);
            //获取 admin 对象
            admin = connection.getAdmin();
        }catch(IOException e){
            e.printStackTrace();
        }
    }

    //根据输入的列族名称的集合创建表
    public static void createTable(String strTableName, String[] strColFamilies)
```

```
        throws IOException{
    TableName tableName = TableName.valueOf(strTableName);
    //首先通过 admin 对象判断同名的表是否已经存在
    if (admin.tableExists(tableName)) {
        System.out.println(strTableName + "exists!");
    } else {
        //创建一个封装表的描述信息的对象
        HTableDescriptor hTableDescriptor = new HTableDescriptor(tableName);
        //创建封装表列族描述信息的对象,并将它们添加到 HtableDescriptor 对象中
        for (String col : strColFamilies) {
            HColumnDescriptor hColumnDescriptor = new HColumnDescriptor(col);
            hTableDescriptor.addFamily(hColumnDescriptor);
        }
        //基于 HtableDescriptor 对象,通过 admin 对象的 create Table()方法来创建表
        admin.createTable(hTableDescriptor);
    }
}

//写入数据,数据封装在 User 对象中
public static void insertData(String tableName, User user) throws IOException {
    //根据表名获取表的实例
    Table table = connection.getTable(TableName.valueOf(tableName));
    Put put = new Put(user.getId().getBytes());//用户 ID 作为行键,创建一个 Put 对象
    //下面的代码可将 User 对象中的信息写入对应列族、列下的单元格中
    //可以将同一个行中多个单元格的写入操作都封装到同一个 Put 对象中
    put.addColumn("attr".getBytes(),"username".getBytes(),user.getUsername()
                                                                .getBytes());
    put.addColumn("beha".getBytes(),"watch".getBytes(),user.getWatch().getBytes());
    table.put(put);//调用 table 对象的 put()方法来完成写入数据
}

//根据行键来查询一行数据,这里返回的数据通过 User 对象进行了封装
public static User getDataByRowKey(String tableName, String rowKey)
            throws IOException {
    Table table = connection.getTable(TableName.valueOf(tableName));//获取表的实例
    Get get = new Get(rowKey.getBytes());//基于行键,创建一个 Get 对象
    User user = new User();
    user.setId(rowKey);
    Result result = table.get(get);//通过 table 对象的 get()方法来获取数据
    for (Cell cell : result.rawCells()){//result 对象包含了所有单元格的数据
        String colName = Bytes.toString(cell.getQualifierArray(),
                                        cell.getQualifierOffset(),
                                        cell.getQualifierLength());
```

```
            String value = Bytes.toString(cell.getValueArray(), cell.getValueOffset(),
                                          cell.getValueLength());
            if(colName.equals("username")){//将读取的数据转换成 String 类型赋值给 User 对象
                user.setUsername(value);
            }
            if (colName.equals("watch")){
                user.setWatch(value);
            }
        }
        return user;
    }
    //给定行键、列族和列的名称,从一个单元格中获取数据
    public static String getDatafromCell(String tableName, String rowKey,
                                         String colFamily, String col) throws IOException {
        Table table = connection.getTable(TableName.valueOf(tableName));//获取表的实例
        Get get = new Get(rowKey.getBytes());//基于行键,创建一个 Get 对象
        get.addColumn(colFamily.getBytes(),col.getBytes());//设置单元格列族和列的名称
        if (table.exists(get)){//通过表的实例判断将要读取的数据是否存在
            Result result = table.get(get);
            String strResult = new
                String(result.getValue(colFamily.getBytes(),col.getBytes()));
            return strResult;
        }else{
            System.out.print("The cell is empty!");
            return null;
        }
    }
    //查询指定表名中所有的数据
    public static List<User> getAllData(String tableName){
        Table table = null;
        List<User> list = new ArrayList<User>();
        try {
            table = connection.getTable(TableName.valueOf(tableName));
            ResultScanner results = table.getScanner(new Scan());//创建了一个 Scan 对象
            User user = null;
            for (Result result : results){//从结果中读取数据,并封装在 User 对象中
                String id = new String(result.getRow());
                user = new User();
                for(Cell cell : result.rawCells()){
                    //注意,从 Result 中读取一个单元格的行键、列族、列和值所用的方法是不同的
                    String row = Bytes.toString(cell.getRowArray(), cell.getRowOffset(),
                                                cell.getRowLength());
```

```
                    String family = Bytes.toString(cell.getFamilyArray(),
                                                    cell.getFamilyOffset(),
                                                    cell.getFamilyLength());
                    String colName = Bytes.toString(cell.getQualifierArray(),
                                                     cell.getQualifierOffset(),
                                                     cell.getQualifierLength());
                    String value = Bytes.toString(cell.getValueArray(),
                                                   cell.getValueOffset(),
                                                   cell.getValueLength());
                    user.setId(row);
                    if(colName.equals("username")){
                        user.setUsername(value);
                    }
                    if (colName.equals("watch")){
                        user.setWatch(value);
                    }
                }
                list.add(user);
            }
        } catch (IOException e) {
            e.printStackTrace();
        }
        return list;
    }
    //给定行键、列族和列的名称,删除一个单元格中的数据
    public static void deleteDataofCell(String tableName,String rowKey,
                                        String colFamily, String col) throws IOException{
        Table table = connection.getTable(TableName.valueOf(tableName));//获取表的实例
        Delete delete = new Delete(rowKey.getBytes());//根据行键,创建一个 Delete 对象
        //设置删除单元格的列族和列的名称
        delete.addColumns(colFamily.getBytes(), col.getBytes());
        table.delete(delete);//调用 table 实例的 delete()方法删除数据
    }
    //删除一个表
    public static void deleteTable(String tableName){
        try {
            TableName tablename = TableName.valueOf(tableName);
            admin.disableTable(tablename);//通过 admin 对象先使表失效
            admin.deleteTable(tablename);//通过 admin 对象删除表
        } catch (IOException e) {
            e.printStackTrace();
        }
```

```
    }
    //关闭连接
    public static void close(){
        try{
            if (admin! =null){
                admin.close();//调用 admin 实例的 close()方法关闭
            }
            if (connection ! = null){
                connection.close();//调用 connection 实例的 close()方法关闭
            }
        }catch(IOException e){
            e.printStackTrace();
        }
    }
}
```

下面为封装了用户行为和属性信息的 User 对象的类文件。

```
public class User {
    private String id = null;
    private String username = null;
    private String watch = null;

    public User(String id, String username, String watch) {
        this.id = id;
        this.username = username;
        this.watch = watch;
    }

    public User(){}

    public String getId() {
        return id;
    }

    public void setId(String id) {
        this.id = id;
    }

    public String getUsername() {
        return username;
    }
```

```
        public void setUsername(String username) {
            this.username = username;
        }

        public String getWatch() {
            return watch;
        }

        public void setWatch(String watch) {
            this.watch = watch;
        }
        //这个方法可将 User 对象的信息打印出来,方便查看
        public String toString() {
            return "User_info:" + "id = " + id + '\" +
                ", username = " + username + '\"  +
                ", watch = " + watch + '\"  ;
        }
    }
```

5.6　本章小结

本章主要从 HBase 数据库系统与传统数据库系统的区别、HBase 数据库系统的实现原理、HBase 数据库系统的操作实践 3 个方面对 HBase 数据库系统进行介绍和说明。HBase 数据库系统是一个区别于传统关系型数据库系统的 NoSQL 数据库系统，它支持海量数据的动态可扩展存储。它是 Hadoop 的重要组件，运行于 Hadoop 分布式文件系统 HDFS 之上，并解决了 HDFS 只适合批量数据读写而不适合随机访问的问题。

在逻辑上，HBase 仍然使用表格来组织数据，并提供了类似数据库的命名空间来对数据库系统中的不同表进行分组。不同的是，每个表中通过列族的概念来进一步组织表中的列。表中的每一行通过行键唯一地定位和索引。通过行键、列族和列唯一确定表格中的单元格，而一个单元格则可以保持多个时间戳上的数据版本。

在物理上，它基于面向列的存储将一个大表按照行键分割成不同的片，然后分散到集群的不同节点进行存储。一个分片中，一个列族下的所有数据按照 <key,value> 键值对的形式存储到一个文件中。这使得 HBase 能够较好地支持稀疏表的存储。为了有效地定位每个分片在集群中的位置，HBase 中保存了描述每个分片与具体节点之间对应关系的 META 表。META 表是 HBase 的内部表，由 HBase 的 HMaster 节点进行维护。

它通过将数据先写入内存，然后持久化到 HDFS 的方式来提供高速的数据写入操作。对数据进行删除操作时，并不是当时就将数据删除，而是对需要删除的数据进行标记，后续进行数据文件合并时再根据标记对相应的数据进行删除操作。它通过对块建立索引以及使用块数据的缓存机制来提供快速的数据访问。

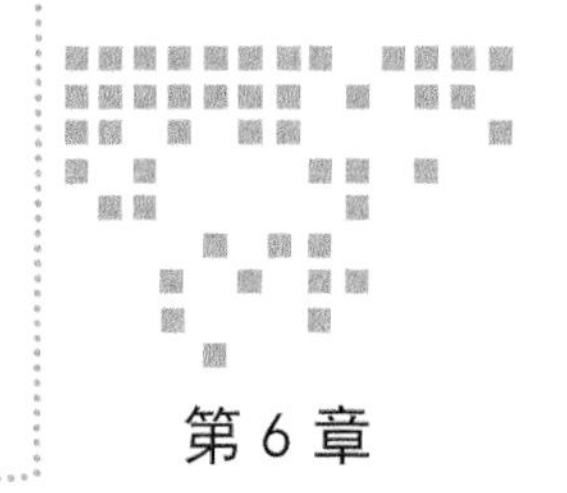

Chapter 6 第6章

分布式内存计算框架Spark

本章导读

从2003年、2004年Google发表涉及HDFS与MapReduce的论文开始，Hadoop作为开源大数据处理框架得到了快速发展和广泛应用。但是，Hadoop在对大数据进行处理时的一些局限性也逐渐引起人们的注意。其中比较突出的是作为Hadoop的核心计算组件，MapReduce由于在计算过程中需要大量的I/O开销，导致其计算过程的延迟往往较高，也无法较好地支持迭代等计算任务。在这种情况下，Spark于2009年在加州大学伯克利分校的AMP实验室诞生，并于2010年开源，2013年成为了Apache基金会的项目。

Spark借鉴了MapReduce的设计思想，并弥补了MapReduce的缺陷。同样作为针对大数据的分布式批处理框架，Spark提供了除了MapReduce的map和reduce之外更多的操作，提供了基于有向无环图DAG的任务规划，使得多个操作可以同时在某个分布式节点上以流水线的方式执行，省去了大量的I/O开销。同时，Spark也支持将计算过程的中间结果缓存到内存，更好地支持迭代计算。因此，相比于MapReduce，Spark能够支持更多类型的计算任务，也具有了更快的计算速度。

当前Spark已经发展成了一个软件栈。Spark的发展目标是能够同时支持批处理、流处理、机器学习等诸多任务。因此，Spark除了底层核心的批处理计算框架之外，还具备了Spark Streaming流处理、Spark SQL交互查询、MLlib机器学习等组件。这些组件都是在Spark底层核心的批处理计算框架之上、面向流处理等应用特点进一步开发的应用组件。这些组件的运行也都依赖于Spark底层核心批处理计算框架。因此，本章将主要介绍Spark底层核心的批处理计算框架。而对当前流处理应用中广泛使用的Spark Streaming组件，将在后续的章节进行介绍。

6.1 Spark概述

6.1.1 MapReduce计算框架的局限性

MapReduce自诞生以来，作为Hadoop对大数据进行计算处理的核心，展现了它对大数据的强大处理能力。但是，它也存在明显的局限性，比如对大数据进行处理过程中的延迟过高，只适合于离线的大数据批量处理，难以提供实时计算。具体来说，MapReduce 计算框架的局限性主要表现为如下几点。

1）MapReduce 计算框架将计算任务抽象为 map 和 reduce 两个计算任务，这简化了编程过程，但也导致了 MapReduce 的编程模型表达能力有限。当实际中的有些处理过程比较复杂时，需要建立多个 MapReduce 过程并连接起来，这也使得 MapReduce 的编程过程变得复杂。

2）当一个复杂的需求涉及多个 MapReduce 计算任务时，MapReduce 只能在一个任务完成并将结果写入磁盘之后，另一个计算任务才能开始，无法实现快速的迭代计算。

3）还有，由于 MapReduce 的计算过程需要从磁盘中读取数据，并将中间结果和最终结果写入 HDFS，并通过磁盘保存（同时考虑到 HDFS 的多备份机制），因此 MapReduce 计算任务涉及大量的磁盘 I/O 开销。受制于磁盘的响应速度，MapReduce 计算过程的延迟一般比较高。一个普通的 MapReduce 作业往往需要分钟级的运算，复杂的作业或者是在数据量更大的情况下，可能花费一个小时或者更长的时间。

6.1.2 Spark 的优势与特点

相比于 MapReduce，Spark 产生得更晚。作为一种新的计算框架，它借鉴了 MapReduce 计算框架的优点，并较好地解决了 MapReduce 计算框架所存在的一些局限性问题。

1）Spark 提供了更多的操作。与 MapReduce 类似，Spark 也对分布式存储于集群不同节点的数据展开分布式的计算。但是，Spark 的编程模型支持对数据集展开更多类型的计算，而不仅仅是 map 和 reduce 操作，这使得 Spark 的编程模型的表达能力更强。

2）不同于 MapReduce 计算框架，Spark 将计算过程中的中间结果放到内存中，而不是写入磁盘。通过提供基于内存的计算，Spark 减少了磁盘的 I/O 开销，能够更好地支持迭代计算任务，并提高了计算的效率。

3）Spark 提供了基于有向无环图（Directed Acyclic Graph，DAG）的任务调度执行机制，能够较好地支持涉及多任务、多阶段的计算需求。通过有向无环图的任务调度执行机制以及基于内存的计算，Spark 具有比 MapReduce 更快的计算速度。Spark 在 2014 年打破了 Hadoop 保持的基准排序纪录，使用了 206 个节点在 23min 里完成了 100TB 数据的排序，而完成同样的数据排序，Hadoop 则使用了 2000 个节点 72min。

上述相对于 MapReduce 的优势使得 Spark 比 MapReduce 具有了更快的处理速度，也能够支持更多类型的计算任务。除此之外，Spark 还具有如下特点。

1）Spark 更容易使用。它支持使用 Scala、Java、Python 和 R 语言进行编程，编程接口也更为简洁，并且可以通过 Spark Shell 进行交互式编程。

2）在部署方面，Spark 提供了 Standalone、Spark on Mesos 和 Spark on YARN 等多种部署模式，具有更好的灵活性。

- Spark 自带包括资源管理、任务调度在内的各种服务。在 Standalone 模式下，它可以独立部署于一个集群之中。
- Mesos 为加州大学伯克利分校的 AMPLab 开发的开源资源管理器。在 Spark on Mesos 模式下，Spark 依赖 Mesos 提供资源管理与调度服务。这也是 Spark 官方所推荐的模式，因为 Spark 与 Mesos 存在一定的血缘关系，因此 Spark 与 Mesos 也可以更好地兼容。

- YARN 为 Hadoop 的资源管理器。在 Spark on YARN 模式下，Spark 可与 Hadoop 统一部署，依赖 YARN 来提供资源管理和调度服务，并且可以访问 HDFS、HBase 等多种数据源。这种部署模式方便了那些已经使用 Hadoop 进行数据处理的部门。其可以不需要任何数据迁移就能够通过将 Spark 部署于 Hadoop 之中来直接使用 Spark 进行数据处理。

3）通过遵循“一个软件栈满足不同应用场景”的设计理念，Spark 已不再仅仅是一个单纯的基于 DAG 调度执行的内存计算框架，它已经发展成具有 Spark Core、Spark SQL（交互式查询组件）、Spark Streaming（流处理组件）、GraphX（图计算组件）和 MLlib（机器学习库）的可以为大数据的计算任务提供一栈式通用解决方案的生态系统，如图 6-1 所示。

图 6-1 Spark 生态系统

通过这些组件，Spark 不仅可以提供快速的批量数据处理，还能够支持交互式查询、流式处理、图计算和机器学习等计算任务。这使得对大数据进行多种形式的处理时，可以避免与多种处理框架打交道，减少了人们在实际的大数据处理过程中的开发与运维的工作量。而在 Spark 出现之前，对于离线批量处理，人们通常使用 Hadoop 的 MapReduce，在处理流式数据时使用 Storm，在进行机器学习任务时则需要使用 Mahout。

虽然 Spark 已经发展成能够支持多种计算任务的一栈式解决方案，但是 Spark 无法完全取代 Hadoop。Spark 的特点使它很好地融入了 Hadoop 之中。它在使用 Hadoop 的 YARN、HDFS 和 HBase 等组件来实现资源调度管理、海量数据存储、数据随机访问的同时，也弥补了 Hadoop 中 MapReduce 的不足。

6.2 Spark 的架构

6.2.1 Spark 的基本组件

Spark 的架构如图 6-2 所示。Spark 也采用了分布式计算中常见的 Master-Slave 主从架构。在这种架构下，集群的节点分为两种：Master 和 Worker。

- Master 节点也即图 6-2 中的 Cluster Manager，运行 Master 进程，是集群的管理节点，负责接收 Worker 的注册并管理 Worker 节点，接收 Client 提交的任务，控制整个集群的正常运行，管理集群的各种资源。

- Worker 节点运行 Worker 进程，是集群中执行具体计算任务的节点，负责接收 Master 节点的命令，并向 Master 汇报自身的资源和状态等信息。

但是，在 Spark on Mesos 或者 Spark on YARN 部署模式下，Master 进程和 Worker 进程的任务则由相应的资源管理进程取代。比如在 Spark on YARN 下，负责监控整个集群运行和资

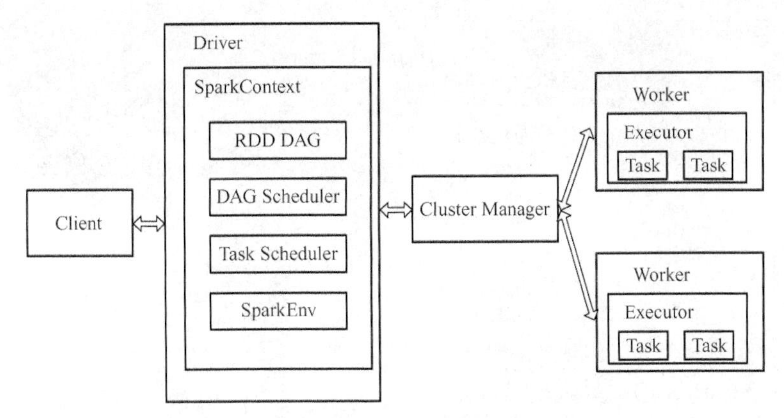

图 6-2　Spark 的架构

源管理调度的是 ResourceManager 进程，负责控制计算节点的是 NodeManager 进程。

除了上述 Master 进程和 Worker 进程组件之外，Spark 的架构中还包括了 Client、Driver、Executor、SparkContext 等组件。

- **Client**：客户端组件，是用户与 Spark 的交互接口，负责提交应用到 Master。
- **Driver**：运行 Application 的 main 函数，创建和关闭 SparkContext，由 SparkContext 来驱动应用的执行，通常用 SparkContext 代表 Driver。
- **Executor**：Worker 节点上负责执行计算任务、存储数据到内存和磁盘的组件，由 Worker 进程启动并创建。
- **SparkContext**：负责提供整个 Spark 应用上下文的组件，包括与 Master 的通信、资源的申请、任务的分配和监控等。

6.2.2　Spark 的运行流程

Spark 既可以部署在单机上，也可以部署在分布式集群环境下。当部署于单机上时既可以用本地模式运行，也可以用伪分布模式运行；而当以分布式集群的方式部署时，又可以根据对外部资源调度框架的依赖情况，采用 Standalone 模式、Spark on Mesos 和 Spark on YARN 等模式部署，使得实际中 Spark 可以采用多种运行模式。

总体来说，Spark 运行流程如下（见图 6-3）。

1）当 Client 提交应用到 Spark 之后，Driver 进程可以在客户端启动，或者会通过 Master 寻找一个 Worker 来启动。Driver 进程启动之后创建 SparkContext，由 SparkContext 创建应用的运行环境，向资源管理器（在单机部署或者在 Standalone 模式下即为 Master 节点）进行注册并根据应用对资源（CPU、内存等）的需求情况申请资源。

2）资源管理器会根据应用提交的资源需求分配资源，并通过具体的 Worker 启动多个 Executor。

3）启动的 Executor 会向 SparkContext 注册，并申请需要执行的 Task。

4）SparkContext 根据用户定义的 RDD 之间的依赖关系，建立 RDD 有向无环图（DAG），并由内置的 DAG Scheduler 组件将 DAG 中的 RDD 分到不同的 Stage，然后由内置的 Task Scheduler 将每个 Stage 的任务集分发给不同的 Executor 进行执行。

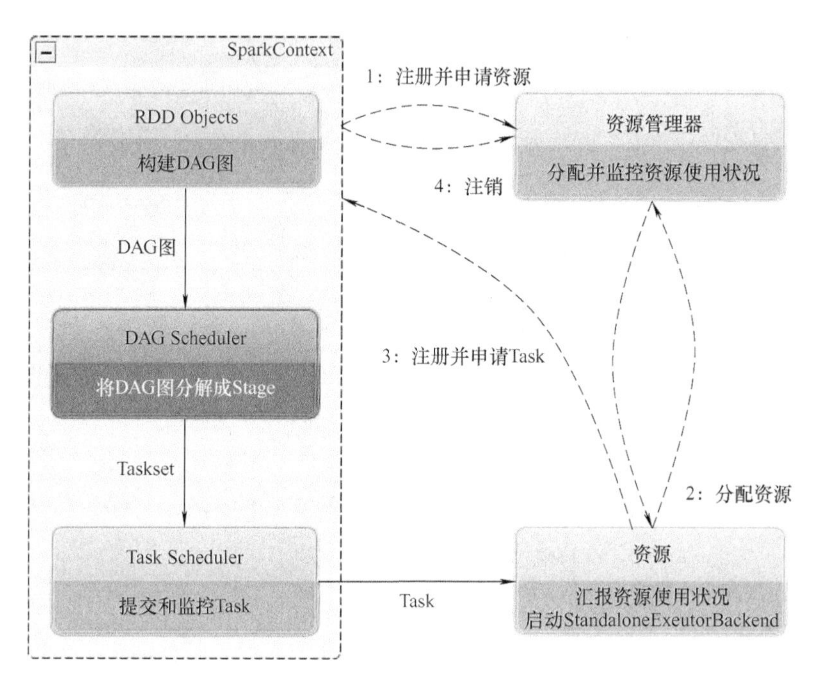

图 6-3　Spark 的总体运行流程图

5）Task Scheduler 监控 Executor 的任务完成情况，并将结果反馈给 DAG Scheduler。当所有的任务运行完毕后，SparkContext 向资源管理器申请注销，释放资源。

上述 Spark 运行流程与 MapReduce 计算框架运行流程的一个明显的不同之处就是，Spark 会根据用户定义的 RDD 之间的依赖关系建立 RDD DAG，然后将 DAG 划分为不同的阶段并产生具体的任务（Task）。这里涉及 Spark 的两个重要概念：RDD 和 RDD DAG，它们是 Spark 执行逻辑的关键所在。

6.3　RDD

6.3.1　RDD 的概念与 Spark 计算模型

RDD（Resilient Distributed DataSet，弹性分布式数据集）是 Spark 所定义的一种抽象数据类型，是对 Spark 中只读数据集合的逻辑描述。它封装了 Spark 中数据集合的分区列表、分区在集群中的位置、与其他 RDD 的衍生关系以及对数据集合的相关操作等信息，但并不包含数据集合中的具体数据。RDD 对象只能通过来自 HDFS、HBase 等数据源的数据进行创建，或者通过对其他 RDD 进行计算得到。从某种角度来说，Spark 的编程就是创建 RDD 对象并运用不同的算子对 RDD 进行操作的过程。RDD 对象既是 Spark 各个计算过程的输入，也是计算过程的输出。

（1）RDD 的主要属性

作为对 Spark 中数据集合的逻辑描述，RDD 对象的主要属性如下。

- **数据的分区列表**：分区列表体现了 RDD 所描述数据集合的逻辑结构，每个分区对应集群中一个物理的数据块，每个分区可以由一个单独的节点进行处理。分区是 Spark 计算的基本单元，分区的大小决定了 Spark 计算的粒度。用户可以在创建 RDD 时指定 RDD 的分区个数，如果没有指定，那么就会采用默认值。默认值就是程序所分配到的 CPU Core 的数目。

● **计算每个分区的函数**：RDD 只能通过数据源创建或者通过其他 RDD 经过某种函数操作转换得到。这里的计算函数记录了在 RDD 转换中对父 RDD 所做的操作。如果 RDD 是通过已有的文件系统构建的，则计算函数用于读取指定文件系统中的数据。

● **与其他 RDD 之间的依赖**：RDD 的每次转换都会生成一个新的 RDD，所以 RDD 之间就会形成类似于流水线一样的前后衍生血缘关系。RDD 通过记录自己与其他 RDD 之间的血缘依赖关系，在部分分区数据丢失时，通过重新计算来恢复丢失的分区。

● **优先位置列表**：记录了每个分区的优先位置。当通过 HDFS 中的数据来建立 RDD 时，这个列表保存的就是每个分区对应的数据块所在的位置。按照“移动数据不如移动计算”的理念，Spark 在进行任务调度的时候，会尽可能地将计算任务分配到其所要处理数据块的存储位置。

● **分区策略**：RDD 的分区函数。当前 Spark 中实现了两种类型的分区函数，一个是基于哈希的 HashPartitioner，另外一个是基于范围的 RangePartitioner。用户也可以自定义分区函数。分区函数决定了 RDD 的分区个数。

（2）基于 RDD 的 Spark 计算模型

RDD 是对 Spark 中只读数据集合的逻辑描述。人们无法通过 RDD 对其所描述的数据集合进行修改。因此，当对 RDD 所描述的数据集合进行处理时，就会得到新的 RDD。以来自 HDFS 的数据源为例，一个 Spark 应用的执行过程如图 6-4 所示。人们根据 HDFS 上的数据创建了两个 RDD 对象，然后这些 RDD 经过不同的操作又会得到一些新的 RDD。所以，Spark 的计算过程就是创建 RDD 然后应用不同的操作对 RDD 进行处理的流水线式过程。RDD 对象既是 Spark 执行过程中每个操作的输入，也是操作的输出。一个 RDD 通过操作来产生一个新的 RDD 的过程体现的就是 RDD 之间的衍生血缘关系。

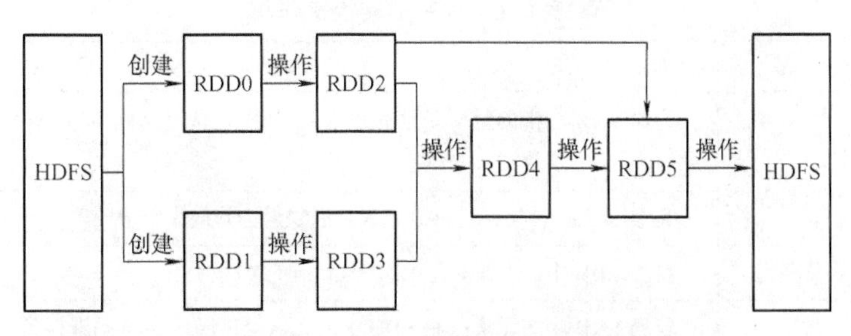

图 6-4　基于 RDD 的 Spark 应用的执行过程

从上述过程也可以看出，有些 RDD 是整个 Spark 计算过程的中间结果，比如图 6-4 中的 RDD2。在实际中，Spark 可能不会保存它们，也就不会有相应的内存或者磁盘数据与之相对应。但是，Spark 也提供了 cache 操作来供用户明确地保存这些中间计算结果，以支持在后续的计算过程中重用它们，使得 Spark 可以较好地支持迭代计算。

6.3.2 RDD 的各种操作

从图 6-4 中可以看出，Spark 的计算过程就是对 RDD 进行操作的过程。那么，这些操作是怎样的呢？如何使用这些操作呢？相比于 MapReduce 计算框架只提供了 map 和 reduce 两种计算操作，Spark 提供了更多的操作。并且这些操作都封装在了 RDD 抽象数据类型之中，人们可以通过 RDD 对象的方法调用来使用这些操作。

具体来说，RDD 包含了两大类操作：一类是转换操作，另一类是动作操作。

- 转换操作是由一个 RDD 经过操作得到一个新的 RDD。这类操作在 Spark 中都是惰性的，也就是说 Spark 在碰到这类操作时并不会立即执行。但新生成的 RDD 会记录转换的相关信息，包括父 RDD 的编号、用户指定的转换操作等，然而并不会立即执行计算操作。只有碰到动作操作时，Spark 才会一起来执行所记住的所有转换操作。这使得 Spark 可以按照流水线管道化的方式来依次执行多个计算任务，避免了多次转换操作之间数据的同步等待，同时一次操作的计算结果可以直接作为下一个操作的输入，减少了因为要保存多个操作之间的中间结果而产生的 I/O 开销和对存储空间的开销。转换过程中所产生的中间 RDD 在计算完成之后即被丢弃，除非用户通过 cache 操作指定要求对数据进行持久化。
- 动作操作一般用于向 Driver 进程返回结果或者写入结果到文件中。这类操作会触发 Spark 中的一次 job 作业的提交。当遇到动作操作时，Spark 会根据前面记住的 RDD 转换过程以及 RDD 之间的衍生关系建立 RDD 有向无环图（DAG），然后将 DAG 划分为不同的阶段，产生具体的任务集合，并将具体的任务分发给不同的 Executor 去执行。

常用的转换操作和动作操作列举并说明如下。

（1）RDD 转换操作

1）常用的转换操作。

RDD 的转换操作又可根据其处理的数据类型分为 value 型的转换操作和 <key，value> 型的转换操作。常用的转换操作见表 6-1。

表 6-1 常用的转换操作

转换操作	说明
map（func）	将原来 RDD 中的每个元素通过 map 中用户自定义的 func 函数映射得到一个新的元素
flatMap（func）	类似于 map 转换，但每个元素可以映射为 0 或多个输出
union（rdd）	新的 RDD 中的元素是原 RDD 与其他 RDD 的并集
filter（func）	新的 RDD 中的元素由原 RDD 中的元素经过函数 func 筛选得到
distinct（）	新的 RDD 中的元素是原 RDD 去重的结果
groupByKey（）	输入 <K，V> 类型的 RDD，返回 <K，Iterable <V>> 类型的 RDD
reduceByKey（func）	输入 <K，V> 类型的 RDD，利用 func 对相同 K 的 V 进行聚合
join（rdd）	原 RDD 类型为键值对（K，V），另外一个 RDD 数据类型为（K，W），对于相同的 K，返回所有的（K，（V，W））

① map（func）操作。

Spark 中 RDD 的 map 操作与 MapReduce 的 map 操作的计算过程完全一致。它的功能就是将输入 RDD 中的每个元素，根据 map 函数中传递进来的 func 函数来进行处理。对输入 RDD 的每个元素进行处理的结果将是输出 RDD 中对应的元素。因此，在经过 map 操作之后，输入 RDD 有多少个分区，那么输出 RDD 也有多少个分区，输入 RDD 有多少个元素，那么输出 RDD 也会有多少个元素。

② flatMap（func）操作。

flatMap 操作与 map 操作类似，都首先需要利用传递进来的 func 函数对输入 RDD 的每个元素进行处理。但不同的是，flatMap 在通过 func 函数对每个数据项进行处理之后，还要将各个元素的处理结果进行扁平化操作，也就是将各个元素处理的结果进行合并，形成一个集合。

③ union（rdd）操作。

union 操作是将两个 RDD 中的元素进行合并，形成一个新的 RDD，合并过程中不进行去重处理。该操作要求进行合并操作的两个 RDD 中元素的数据类型相同，输出 RDD 也将与输入 RDD 具有相同的数据类型。

④ filter（func）操作。

filter 操作将根据传递进来的 func 函数对输入 RDD 中的数据进行过滤。传递进来的 func 函数的输出值为 true 或者 false 的布尔值。filter 操作应用该函数对输入 RDD 中的每个元素进行处理，结果为 true 的元素将被保留，而结果为 false 的数据项元素将被过滤掉。filter 操作输出的 RDD 中将只有被保留的元素。

⑤ distinct（）操作。

distinct 操作是将输入 RDD 中的元素进行去重处理，也就是将输入 RDD 中重复的元素去除。

⑥ groupByKey（）操作。

groupByKey 操作要求输入 RDD 中的元素是 <key，value>形式的数据。该操作将输入 RDD 中 key 相同的元素合并成一个 <key，Iterable <value1，value2，value3>>形式的元素。该操作与 MapReduce 中 map 和 reduce 之间的 shuffle 操作类似。

⑦ reduceByKey（func）操作。

reduceByKey 操作也要求输入 RDD 中的元素具有 <key，value>的形式。该操作将输入 RDD 中具有相同 key 的元素的 value 值根据传递进来的 func 函数进行聚合处理。比如，如果传递进来的 func 函数是两两相加的求和运算，那么 reduceByKey 就是对输入 RDD 中具有相同 key 的数据项的 value 值进行累加求和，然后形成一个新的 <key，value>元素。所以，reduceByKey操作相当于先进行一次 groupByKey 操作，然后对 groupByKey 操作所形成的 Iterable <value1，value2，value3>列表中的数据根据 func 函数进行逐步的聚合运算。

⑧ join（rdd）操作。

join 操作要求当前 RDD 和通过参数输入的 RDD 都是 <key，value>形式的数据集合。该操作先对当前 RDD 和通过参数传递进来的 RDD 中的元素进行协同划分，也就是分别将两个 RDD 下相同 key 值对应的 value 值聚合为一个集合，然后将两个 RDD 中相同 key 值对应的 value 值集合组合形成一个 <key，（Iterable <V>，Iterable <W>）>形式的元素。join 操作在上述协同划分操作的基础上，再对每个 <key，（Iterable <V>，Iterable <W>）>形式的元素中的（Iterable <V>，Iterable <W>）组合进行笛卡儿积操作，也就是将 Iterable <V> 列表中的数据元素与 Iterable <W> 列表中的数据元素分别进行连接组合，然后将结果进行展平。

比如，对于协同划分之后形成的 <k1，（<1>，<1，2>）>数据项，进行笛卡儿积操作和展平处理形成的结果为两个新的数据项：<k1，（1，1）>和 <k1，（1，2）>。对于某个 key 只在一个 RDD 出现的情况，那么形成的元素中相应位置上的值将为空。比如，假设 <k3，5>这一数据项中的 key 值 k3 只在当前 RDD 中出现，而在通过参数输入的 RDD 中不存在 key 为 k3 的元素，那么在新生成的 RDD 中将形成 <k3，（5，null）>的数据项。

2）特殊的转换操作——RDD 的持久化操作。

RDD 还有一类特殊的转换操作就是数据的持久化操作。惰性计算使得转换过程中所产生的中间 RDD 在计算完成之后即被丢弃，但是在一些迭代计算中可能需要重复利用一些中间计算过程的结果（比如图 6-4 中的 RDD2）。这就需要人们明确地通过持久化操作来保存中间操作的结果。Spark 持久化操作的目的是将转换操作的结果存储至内存或者磁盘，以备在以后的计算过程中复用。持久化操作的具体操作函数有两个：persist 和 cache。

persist 操作可对 RDD 进行缓存处理。但数据具体缓存到哪里则通过设置具体的StorageLevel 来确定。StorageLevel 是一个枚举类型的变量，常见的取值见表 6-2。不同的 StorageLevel 代表了通过调用 StorageLevel（useDisk，useMemory，useOffHeap，deserialized，replication = 1）对存储位置、是否序列化等进行相关设置。

cache 操作则是相当于调用了 persist（MEMORY_ONLY）将数据缓存到内存中。通过 persist 和 cache 操作缓存的数据在实际中也可以通过 unpersist 操作主动释放掉，以减少对内存等存储空间的占用。

表 6-2 persist 操作的不同 StorageLevel

StorageLevel	对应调用的 StorageLevel 函数
DISK_ONLY	StorageLevel（True，False，False，False，1）
DISK_ONLY_2	StorageLevel（True，False，False，False，2）
MEMORY_AND_DISK	StorageLevel（True，True，False，False，1）
MEMORY_AND_DISK_2	StorageLevel（True，True，False，False，2）
MEMORY_AND_DISK_SER	StorageLevel（True，True，False，False，1）
MEMORY_AND_DISK_SER_2	StorageLevel（True，True，False，False，2）
MEMORY_ONLY	StorageLevel（False，True，False，False，1）
MEMORY_ONLY_2	StorageLevel（False，True，False，False，2）
MEMORY_ONLY_SER	StorageLevel（False，True，False，False，1）
MEMORY_ONLY_SER_2	StorageLevel（False，True，False，False，2）
OFF_HEAP	StorageLevel（True，True，True，False，1）

（2）RDD 动作操作

RDD 动作操作是触发 SparkContext 的 runJob 操作，提交执行一次 job 作业。遇到动作操作之后，Spark 会根据前面记住的 RDD 转换过程以及 RDD 之间衍生关系建立 RDD 有向无环图（DAG），然后将 DAG 划分为不同的阶段，产生具体的任务集合，并将具体的任务分发给不同的 Executor 去执行。常用的 RDD 动作操作及其说明见表 6-3。

表 6-3　常用的 RDD 动作操作

RDD 动作操作	说　明
reduce（func）	通过函数 func 聚合 RDD 中的元素
collect（）	将原来 RDD 中的元素打包成数组并返回
count（）	返回 RDD 的元素的个数
top（n）	按照某种排序规则以数组返回 RDD 的前 *n* 个元素
take（n）	返回 RDD 的前 *n* 个元素，返回结果为数组
foreach（func）	对于原 RDD 中的每个元素执行函数 func
saveAsTextFile（path）	将 RDD 数据写入文本文件中
saveAsSequenceFile（path）	将 RDD 数据写入 sequence 文件中
saveAsObjectFile（path）	将 RDD 中的数据序列化并写入文件中

1）reduce（func）操作。

Spark 的 map 操作与 MapReduce 的 map 操作相同，但是 Spark 的 reduce 操作与 MapReduce 的 reduce 操作不同。MapReduce 的 reduce 函数可对一个 key 对应的 value 值集合进行处理。而 Spark 的 reduce 操作则是对当前 RDD 的元素从左至右根据传递进来的 func 函数进行两两运算，并将计算结果与 RDD 中的下一个元素进行相同的计算，直到遍历完 RDD 的所有元素。当 RDD 有多个分区时，先对每个分区执行上述操作，然后对各个分区计算结果进行上述操作。

2）collect（）操作。

collect 操作的功能类似于 toArray，是将 RDD 的元素集合以 Scala 数组的形式返回。当 RDD 描述的数据集非常大时，该操作将消耗大量的内存空间。

3）count（）操作。

count 操作将返回当前 RDD 中元素的个数。

4）top（n）操作。

top 操作将按照默认（降序）或者指定的排序规则，以数组的形式返回 RDD 的前 *n* 个元素。

5）take（n）操作。

take 操作按照数据在 RDD 中的位置，以数组的形式返回 RDD 中从 $0 \sim n-1$ 的前 *n* 个元素。

6）foreach（func）操作。

foreach 操作将 RDD 中的每个元素根据传递进来的 func 函数进行进一步的处理。比如，如果传递进来的是 println 函数，foreach 操作会将 RDD 中的每个元素打印输出。foreach 不会输出新的 RDD。

7）saveAsTextFile（path）操作。

saveAsTextFile 操作将 RDD 中的数据以文本文件的形式进行存储。传递进来的 path 参数为放置文本文件的目录路径。当 path 为本地目录路径时，saveAsTextFile 操作将把数据存储到本地文件系统；如果为 HDFS 中的目录路径，则把数据存储到 HDFS 之中。

8）saveAsSequenceFile（path）操作。

saveAsSequenceFile 操作将 RDD 中的数据以 SequenceFile 的形式进行存储。具体的使用方式与 saveAsTextFile 相同。

9）saveAsObjectFile（path）操作。

saveAsObjectFile 将 RDD 中的元素序列化成对象，存储到文件中。当存储于 HDFS 中时，默认的是以 SequenceFile 方式进行存储。具体的使用方式也与 saveAsTextFile 相同。

6.3.3 RDD 之间的依赖关系

在介绍动作操作时进行过说明，当 Spark 在计算过程中碰到动作操作时，会根据其在此之前记住的 RDD 转换操作过程以及 RDD 之间的衍生关系建立 RDD 有向无环图（DAG），然后将 DAG 划分为不同的阶段，产生具体的任务集合。那么，Spark 是如何来建立 RDD 的有向无环图（DAG）的呢？又是如何根据 RDD DAG 来划分不同的阶段呢？这涉及 Spark 对 RDD 之间依赖关系的定义以及阶段划分机制。

（1）RDD 之间的宽依赖、窄依赖

Spark 中的 RDD 只能通过 HDFS、HBase 等数据源来创建或者通过其他 RDD 转换得到。Spark 将 RDD 操作中原 RDD 与目标 RDD 之间的父子血缘（Lineage）关系称为 RDD 之间的依赖关系。根据衍生过程的具体情况，RDD 之间的依赖关系有以下两种。

- **窄依赖**：是指父 RDD 的每一个分区最多被一个子 RDD 的分区所用，表现为一个父 RDD 的分区对应于一个子 RDD 的分区，或多个父 RDD 的分区对应于一个子 RDD 的分区，也就是说，一个父 RDD 的一个分区不可能对应多个子 RDD 的分区。
- **宽依赖**：是指子 RDD 的分区依赖于父 RDD 的多个分区或所有分区，也就是说，存在一个父 RDD 的一个分区对应一个子 RDD 的多个分区。

如图 6-5 和图 6-6 所示，窄依赖是指父 RDD 中的每个分区的出度是 1，也就是每个分区只被其后面的一个分区所使用，而宽依赖是指父 RDD 中的一个或者多个分区的出度大于 1，也就是父 RDD 的一个或者多个分区要被子 RDD 的多于一个的分区所使用。

在实际中，当一个 RDD 对象建立时，Spark 会根据建立新 RDD 的操作以及建立 RDD 过程中所依赖的分区函数的情况来确定新 RDD 与其依赖的父 RDD 之间的依赖关系类型。比如，如图 6-5 所示，由 map、filter 等操作所形成的两个 RDD 之间的依赖关系一定是窄依赖。而图 6-6 中的 groupByKey 操作所形成的两个 RDD 之间的依赖关系一定是宽依赖。但是，对于 join 操作来说，如果两个父 RDD 是通过 groupByKey 等宽依赖操作转换所产生的，那么此时父 RDD 的数据是协同划分好的（co-partitioned）。在这种情况下，如果两个父 RDD 的分区函数和 join 过程中所指定的分区函数是一致的，那么 join 操作所产生的依赖关系也是窄依赖。

那么为什么此时的 join 操作所产生的依赖关系是窄依赖呢？其实 Spark 区分窄依赖和宽

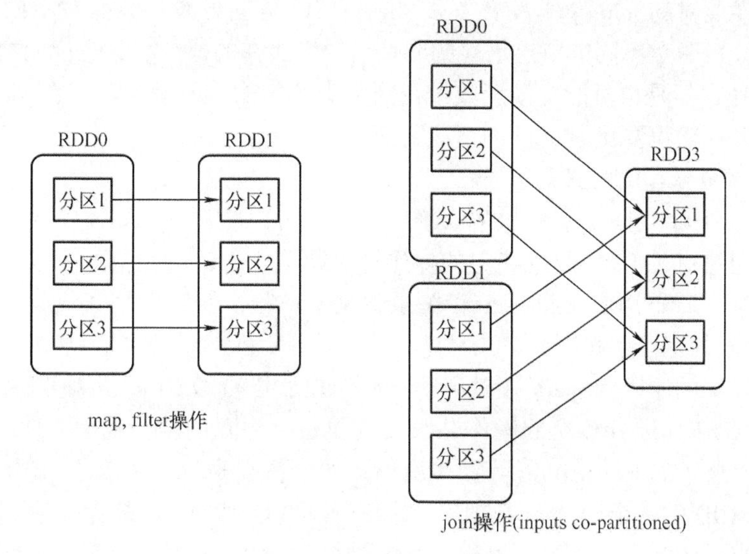

图 6-5 窄依赖示意图

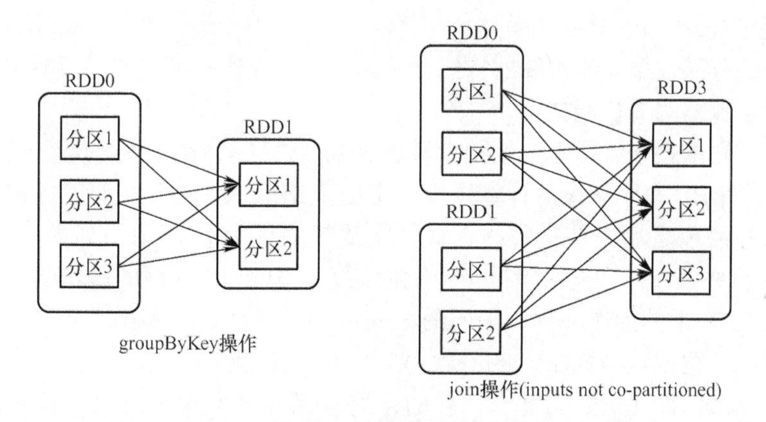

图 6-6 宽依赖示意图

依赖的主要依据是判断在从父 RDD 产生新 RDD 的过程中是否发生了 shuffle 操作。宽依赖其实就是 shuffle 依赖。Spark 的 shuffle 操作与 MapReduce 的 shuffle 操作类似，涉及将 map 端的数据根据一定的映射规则（比如 hash 方式）分发给不同的 reduce 端，也就是说父 RDD 中的一个分区数据要根据分区函数划分为多个部分，每个部分发送给子 RDD 的不同分区。shuffle操作也就意味着数据在集群中不同节点之间的传输，这往往是计算性能降低的主要原因之一。

显然，在图 6-5 所示的由 map、filter 等操作所形成的依赖关系中，一个父 RDD 中的每个分区与子 RDD 的分区一一对应，不会涉及父 RDD 中的一个分区数据与子 RDD 中的多个分区之间的数据分发，不会发生 shuffle 操作。同理，对于图 6-5 中的 join 操作来说，由于两个父 RDD 中的数据已经经过相同的分区函数进行了划分，当再利用相同的分区函数进行 join 操作时，两个父 RDD 中的每个分区都将映射到子 RDD 中的唯一分区，也不会发生一个父 RDD 分区数据发送到不同子 RDD 分区的情况，也就不会发生 shuffle 操作，因此，此时的 join 操作形成的依赖关系也是窄依赖。但是，由于两个父 RDD 中的分区可能分布在不同节点上，那么虽然此时的 join 操作没有发生 shuffle，但是也会涉及数据在不同节点之间的传输，数据可能会从两个不同的节点汇聚到同一个分区所在的节点。这也说明窄依赖虽然没有发生 shuffle 操作，但是也可能会涉及数据在网络中的传输。即便如此，在 join 这种情况下，数据在网络中的传输也要比 shuffle 的情况要简单得多。

（2）区分宽窄依赖的意义

通过上述对 RDD 之间窄依赖和宽依赖的分析，可以明白 Spark 区分宽窄依赖关系的依据就是判断在通过对父 RDD 经过特定的操作计算得到子 RDD 的过程中是否发生了 shuffle。如果没有 shuffle，父子 RDD 之间的依赖关系就是窄依赖，否则就是宽依赖。那么，为什么要区分 RDD 之间的宽窄依赖呢？

由于惰性计算的原因，Spark 在碰到动作操作之后进行 DAG 阶段划分时，每个 RDD 中记录的如何对父 RDD 进行转换的操作并没真的执行。当真的执行这些 RDD 中记录的操作时，对于图 6-5 所示的 map、filter 等操作所形成的窄依赖来说，由于子 RDD 的每个分区只依赖于一个父 RDD 的一个分区，子 RDD 的操作就可以与父 RDD 的操作一起以流水线的方式由同一个节点上的 Executor 先后执行。对于图 6-5 中由 join 操作所形成的窄依赖来说，也可以由一个节点中的 Executor 去分别取回两个父 RDD 中对应分区的数据，然后以流水线的方式同时执行父 RDD 和子 RDD 中的操作。这对于窄依赖来说，由于不同节点上的 Executor 并行去对不同的分区数据以流水线的方式合并执行多个操作，不仅省去了对中间计算结果的存储，还减少了数据的 I/O 开销。

但是，对于宽依赖来说，宽依赖预示着子 RDD 的每一个分区都依赖父 RDD 中的多个分区中的数据，子 RDD 每个分区的计算操作只能在父 RDD 每个分区的计算完成后取回属于自己分区的数据并汇聚之后才能进行。因此，宽依赖关系中的父 RDD 的操作必须要先于子 RDD 的操作执行并完成。在这种情况下，宽依赖关系中子 RDD 中的操作就不能像窄依赖关系中那样与父 RDD 中的操作一起由不同的 Executor 并行地以流水线的方式执行，必须分阶段来执行。因此，宽依赖是 Spark 进行阶段划分的主要依据。

所以，Spark 区分 RDD 之间宽窄依赖的主要意义在于发现可以合并执行的 RDD 操作。相对于 MapReduce 在每次操作之后都将数据写入磁盘，Spark 通过合并窄依赖 RDD 中的操作使得大部分的计算都在内存中完成，从而提高了计算效率。Spark 建立 RDD 之间的 DAG，然后将 DAG 划分为不同阶段，就是为了识别由窄依赖关系所连接的 RDD。但是，Spark 将 DAG 划分为不同阶段的主要依据却是宽依赖。

（3）DAG 不同阶段的划分

以识别宽依赖为标识，Spark 在进行阶段划分时先根据 RDD 之间的衍生血缘关系，建立表示 RDD 之间关系的有向无环图（DAG），然后基于广度优先搜索的方式进行反向解析来将 DAG 划分为不同的阶段，如图 6-7 所示。

图 6-7 中，A、B、C、D、E、F、G 表示各个 RDD。RDD 之间的连线表示了 RDD 之间的血缘关系。Spark 的 DAG Scheduler 对象从 RDD G 开始通过广度优先搜索反向解析，当碰到窄依赖时，就将相应的 RDD 划分为同一个阶段，当碰到宽依赖时则断开，表示前面的 RDD 属于一个新的阶段。比如，当搜索到 RDD B 时，发现 B 与 G 之间是窄依赖，则将 B 与 G 归于同一个阶段；而当碰到 F 时，则断开，表示 F 属于一个新的阶段。以此类推，最终 C、D、E、F 同属于一个阶段，而 A 则属于另一个阶段。

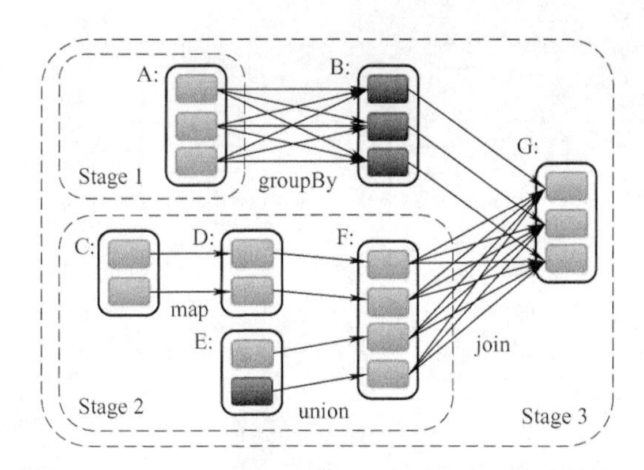

图 6-7　Spark 中以宽依赖为标识来划分不同的阶段

由上述划分过程也可以看出，在 Spark 中，一个阶段中的 RDD 都是窄依赖关系。基于窄依赖关系的性质，Spark 的每个阶段的计算任务可以由不同的 Executor 去执行，每个 Executor执行一个与具体分区相关的涵盖多个 RDD 操作的子任务。因此在划分阶段后，一个阶段将会产生一个子任务集合，集合中的子任务将分发给不同的 Executor 去执行。换句话说，一个阶段代表着一个任务集合。在分发任务到 Executor 时，Spark 会根据阶段中最前面的 RDD 的每个分区所在的优先位置来启动 Executor 执行具体的任务。

此外，Spark 中的任务类型有两种：ShuffleMapTask 和 ResultTask。Spark 为 DAG 最后一个阶段的 RDD 的每个分区生成一个 ResultTask，而为其他阶段的最后一个 RDD 的每个分区生成一个 ShuffleMapTask。之所以称为 ShuffleMapTask，是因为它需要将自己的计算结果通过 shuffle 操作分发到下一个阶段中。因此，每个阶段的任务集合的个数由阶段中最后一个 RDD 的分区个数决定。

6.3.4　RDD 计算过程的容错处理

通过对 RDD 之间依赖关系的介绍可知，Spark 对 RDD 有向无环图中不同阶段的划分，依赖 RDD 中所记录的 RDD 衍生血缘关系以及对 RDD 之间宽窄依赖关系的区分和识别。其实，Spark 对 RDD 血缘关系的设计以及对 RDD 之间宽窄依赖关系的区分还有另外的重要意义：容错处理。

由于 RDD 中的数据都是分布式存储于集群中的不同节点，这就可能因为集群中的某些机器宕机而导致整个计算出错。对此，基于 RDD 血缘关系的设计以及对 RDD 之间宽窄依赖关系的区分，Spark 提供了一种粗粒度的容错处理机制，即根据 RDD 中记录的 RDD 衍生血缘关系重新通过父 RDD 进行计算来恢复丢失的某个分区数据。

对于窄依赖来讲，在恢复子 RDD 中某个丢失的分区时，只需要找到其父 RDD 的对应分区，然后根据子 RDD 中记录的操作重新进行计算即可。整个过程不需要涉及父 RDD 的其他分区，也不涉及子 RDD 的其他分区。如图 6-8 所示，当左图中的 RDD1 中的分区 1 出错丢失时，Spark 会回溯到父分区 RDD0 的分区 1，通过重新计算得到 RDD0 的分区 1，然后重新利用 RDD1 中记录的操作进行计算，即可恢复分区 1；当右图中的 RDD1 中的分区 1 丢失时，则会回溯到父分区 RDD0 的分区 2 和分区 3，然后重新计算 RDD0 的分区 2 和分区 3。

而对于宽依赖来说，上述恢复子 RDD 分区的容错处理机制则会重新计算父 RDD 的所有

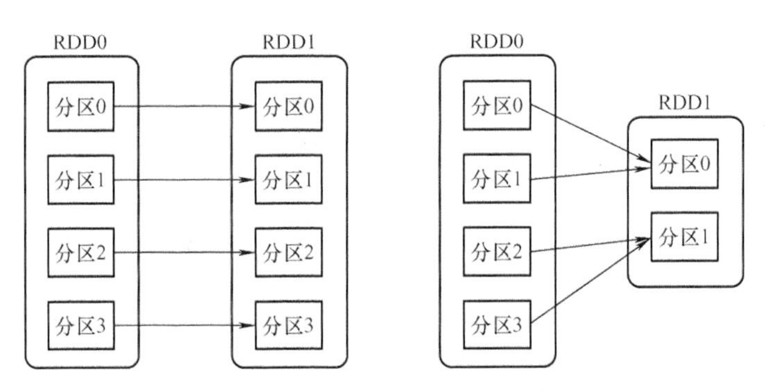

图 6-8　窄依赖中的容错处理示意图

分区数据，相对于窄依赖中的容错处理过程来说将会产生冗余计算。以图 6-9 所示的宽依赖的两个 RDD 为例，当 RDD1 中的分区 1 丢失时，由于其依赖父 RDD0 中的所有分区，因此恢复分区 1 需要回溯到 RDD0，重新计算得到 RDD0 的所有分区，然后根据 RDD1 的操作来计算和恢复分区 1。在这个过程中，为了恢复 RDD1 中的分区 1，重新计算了 RDD0 所有分区的数据，但是由于宽依赖中 shuffle 操作的存在，RDD0 所有分区的数据并不会全部用于 RDD1 中分区 1 的计算，从而产生了大量冗余数据重算的开销。

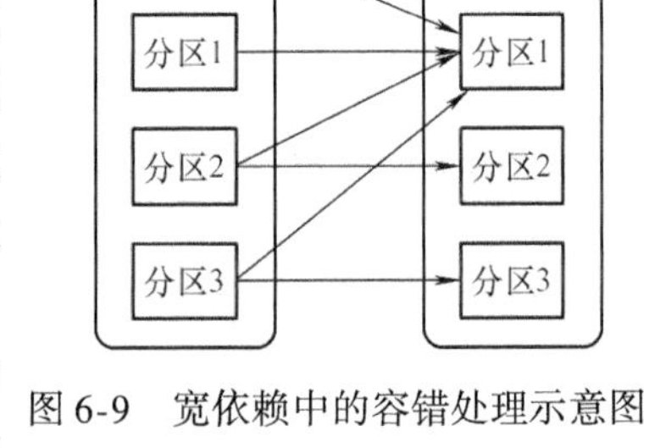

图 6-9　宽依赖中的容错处理示意图

对于上述 Spark 的容错处理过程，一个问题是当 RDD 之间的衍生血缘关系链很长时，恢复一个 RDD 的分区将会涉及恢复整个衍生链条中的多个 RDD 的相应分区。这个过程将耗费大量的计算。为此，Spark 提供了检查点机制。

检查点就是在计算过程的某些地方将计算结果的某个 RDD 存储起来，当系统一旦出现故障的时候，就可以从检查点开始恢复，而不是从开始的位置进行恢复，从而避免血缘关系过长所带来的弊端。检查点会将 RDD 保留到 HDFS 或本地目录中。与 RDD 持久化操作所存储的数据不同，如果没有手动删除，检查点所保存的数据将始终位于磁盘上，其他的 Spark 应用也可以使用它们，而持久化操作所存储的数据在应用执行完之后会被自动清除。

6.4　Scala 语言介绍

在进一步介绍 Spark 的基本操作之前，有必要首先简要介绍 Scala 语言。这是因为 Spark 是采用 Scala 进行开发的，Spark 能较好地支持 Scala 应用程序。同时，学习 Scala 语言也可以让人们能够通过阅读 Spark 的源代码来进一步深入了解 Spark 的设计与实现原理。

为什么 AMP 实验室采用 Scala 语言来开发 Spark 呢？Scala 是类似于 Java 的编程语言。它集成了面向对象的语言和函数式语言的特点。一方面，它是一门非常纯粹的面向对象的编程语言，Scala 中的每个值都是对象，每个操作都是方法调用。它运行于 Java 虚拟机之上，兼容 Java 语言。Scala 程序可以使用 Java 类型，调用 Java 方法，继承 Java 类和实现 Java 接口。另一方面，通过借鉴函数式编程的思想，它相比于 Java 等面向对象的程序可以以一种更简洁、更容易的方式编写程序，同时也能够更好地支持分布式环境下的并行计算。

下面对 Scala 语言的基本语法与特点进行简要的介绍，以使得人们可以快速地了解Scala语言、读懂 Scala 代码，并且能够编写简单的 Scala 程序。这里将主要从变量和类型、控制结构两个方面来进行介绍。

6.4.1　变量和类型

（1）Val 和 Var 两种变量

Scala 中所有的变量都属于两种类型：val 和 var。

- **val**：不可变的变量，在声明时就必须被初始化，初始化以后就不能再被赋值。
- **var**：可变的变量，声明的时候需要进行初始化，初始化以后还可以再次对其赋值。

两种变量的基本用法如下。

```
val name = "zhangsan"
var num = 5
```

在 Scala 中，声明一个变量不需要明确地指定类型，Scala 具有强大的类型自动推断能力。当然，人们也可以明确地声明类型。在定义变量时，声明类型的方式如下。

```
val name:String = "zhangsan"
var num:Int = 5
```

也就是说，类型跟在变量名的后面，通过冒号分隔。有一点需要说明，Scala 中的代码如果有分行符，就不需要分号来分隔不同语句。如果在同一行，则需要分号来分隔。

（2）基本数据类型

Scala 中包括 Byte、Int、Char、Short、Long、Float、Double 和 Boolean 等在内的与 Java 相似的基本数据类型。与 Java 不同的是，在 Scala 中，这些基本数据类型是各种类，封装了具体的操作方法。

这些基本数据类型的使用示例如下。

```
name.toList(2)//'zhangsan'.toList(),获取位置 2 上的字母 a
num.toString()//5.toString(),将数字转换成字符串
num = num + 5//加法,num = 10
num = num. +(10)//调用封装的方法进行相加,num = 20
num = num - 10//减法,num = 10
num = num * 2//乘法,num = 20
num = num/2//除法,num = 10
```

如上所述，人们可以按照 Java 中的 +、-、*、/方式来操作 Scala 中的相关类型。在操作过程中主要是调用了相关的方法来完成计算。与此同时，也可以使用 Java 中的 >、<、== 等二元运算符，但是 Scala 不支持 ++、-- 运算。这种递增和递减的运算，可以通过如下方式来实现。

```
num + = 5 // 递增,等价于 num = num + 5
num - = 5 // 递减,等价于 num = num-5
```

（3）类和对象

除了 Scala 基本数据类型之外，人们还可以通过自定义类来得到新的数据类型。

1）自定义一个类并创建对象。

在 Scala 中简单地定义一个类和创建对象的方式如下。

```
//定义一个类
class Person {
    private var name = null
    private var id = 0

    //构造函数
    def this(name:String) {
        this() //首先调用类的主构造函数
        this.name = name
    }

    //构造函数
    def this(val name:String,val id:Int) {
        this() //首先调用类的主构造函数
        this.name = name
        this.id = id
    }

    //类的方法
    def outputInfo():Unit = { //返回值为空
        println(name + ":" + id.toString())
    }

}

//创建类的对象
val person = new Person() //也可以将括号去掉
val person = new Person
```

上述 Scala 代码与 Java 的异同之处如下。

- Scala 中的类不需要修饰符 public。
- 类的成员包括了属性和方法。与 Java 一样，属性可以通过 public 和 private 字符进行修饰。特别是在 Scala 中，null 属于 Null 类型的一个实例。
- 方法通过 def 关键词修饰，并且返回值类型跟在函数名之后，通过冒号分隔。Unit 等价于 Java 中的 void，表示函数的返回值为空。返回值也可以省略，Scala 会自动推断。返回值类型后面一般还有等号 =。这个等号也可以省略。

● 可以通过 this 关键词来定义多个构造函数。但是，在定义构造函数时，必须首先调用类默认的主构造函数。

● 每个方法中都没有 return 语言来返回函数值。方法的返回值就是函数最后一条语句的值。

2）带参数的类。

在 Scala 中定义类时，还可以传递参数。这些参数都是在创建对象时传递给类的主构造函数的参数，并在编译时变成类的属性。上述 Person 类还可以通过如下方式定义。

```
//定义一个类
class Person (val name:String,val id:Int){
    def outputInfo():Unit = { //返回值为空
        println(name + ":" + id.toString())
    }
}
//创建对象
val person = new Person("zhangsan",5)
```

3）单例对象。

Java 中，一个类往往会存在静态方法。静态方法可以通过类的名字进行调用。在 Scala 中，类似的操作可以通过定义一个单例对象来实现。

```
//定义一个单例对象
Object Teacher{
    val name:String = "xiaofang"
    def getTeacher():String = {
        name
    }
}

//单例对象的使用
val teacherName = Teacher.getTeacher()
```

从上述代码可以看出，单例对象的定义与类的定义非常相似。区别在于，单例对象的修饰符为 Object，而不是 Class。由于一个程序的入口 main 函数必须为静态的，所以单例对象的一个主要作用就是封装 main 函数，将 main 函数放入一个单例对象中。

（4）函数

Scala 与 Java 等面向对象语言的一个重大区别就是引入了函数式编程。在 Scala 中，函数是"头等公民"，可以像任何其他数据类型一样被传递和操作，也就是说，函数的使用方式和其他数据类型的使用方式完全一致。函数可以有自己的类型，也可以有实例，并且可以将一个函数实例赋值给一个变量。在函数的参数传递过程中也可以将函数作为参数传递，进而产生高阶函数。

1）函数与函数类型。

在 Scala 中定义函数的方法与在类中定义方法的方式相同。

```
//定义一个函数
def sum(num:Int):Int = {num += 1}
```

上述 sum 函数的类型如下。

```
//sum 函数的类型
(Int) => Int
```

从上述 sum 函数以及函数的类型可以看出，所谓的函数类型，就是不同类型的集合之间的映射关系。比如，上述 sum 函数的类型就是两个 Int 数据集合之间的映射关系。而具体的函数则是这种集合之间映射关系中的一种实现。

2）Lambda 表达式。

既然函数是两个集合之间映射关系的一种实现，那么函数也可以通过如下简单的方式来表达。

```
//sum 函数的另一种表达方式
(num:Int) =>{num += 1}
//或者去掉后边的大括号
(num:Int) => num += 1
```

这种表达方式称为 Lambda 表达式。这种表达式所描述的函数也称为匿名函数。

Lambda 表达式的结构如下。

```
(参数) => {表达式} //参数为一个时,括号可省去;表达式只有一个时,大括号也可以省去
```

其中，参数就是函数所要接收的参数，表达式就是函数体中的内容。实际中，参数和表达式均可以有多个。通常，如果参数为一个，则可以将括号去掉。如果表达式也只有一个，则可以将大括号省去。

通过 Lambda 表达式，可以定义一个函数变量。

```
//通过 Lambda 表达式定义一个函数变量
val func:Int => Int = (num:Int) => num += 1
//上述表达式也等价于以下内容
val func:Int => Int = (num) => num += 1
```

上述过程中定义了一个函数变量 func。其实，该函数变量就是由 Lambda 表达式所描述的函数的名称。在上述过程中，也将 Lambda 表达式左边括号内参数的类型去掉了，这是因为 Scala 可以根据函数的类型（Int => Int）推断出表达式左边参数的具体类型。

既然函数像其他类型的变量一样可以赋值给具体的参数，那么函数就可以作为参数传递给另外一个函数，并且也可以作为返回值由另外一个函数返回。这就产生了高阶函数。

```
//定义 compute 函数
def compute(val func:(Int,Int) => Int,val a:Int,val b:Int):Int = {
    if(a > b){
        func(a,b) + a
    } else{
        func(a,b) + b
    }
}
//高阶函数的使用
compute((a,b) => a * b,5,3) //将 Lambda 表达式描述的函数传递给 compute 函数
compute((a,b) => a + b,3,8)
```

3）占位符。

在阅读 Scala 代码时，时常会在 Lambda 表达式中看到下画线“_”。Scala 为了让函数更加精简，使用下画线“_”来作为占位符，表示一个参数。比如，上述高阶函数的如下语句，可以通过占位符来进一步精简。

```
//高阶函数的语句
compute((a,b) => a + b,3,8)
//上述语句可以精简为如下内容
compute(_ + _,3,8) //每个下画线代表一个参数
```

从上述示例可以看出，应用占位符可以将一个变量从一个 Lambda 表达式的左右两边完全隐去，并使得 Lambda 表达式变得非常简洁。但是，这种方式也极容易造成误解。所以，在实际中应尽量少用占位符。

（5）数组

Scala 中的数组包括定长数组和变长数组。定长数组在定义时必须指定数组的长度。变长数组类似于 Java 中的 ArrayList。

```
//定义和使用定长数组
val intArray = new Array[Int](3) //长度为 3 的数组,将每个数组元素都初始化为 0
//给每个数组元素赋值,注意是圆括号,而不是方括号
intArray (0) = 10
intArray (1) = 11
intArray (2) = 12
//或者以下面方式定义一个数组
val intArray2 = Array(0,1,2)
```

变长数组的使用需引用 import scala. collection. mutable. ArrayBuffer 包。具体定义和使用

方式如下。

```
//定义和使用变长数组
val intArray = ArrayBuffer[Int]()
//向数组尾部添加一个元素
intArray += 1
//添加多个元素
intArray += (2,3,4,5)
```

（6）列表

列表维护了一个队列，可以添加数据，也可以通过索引来获取数据。Scala 列表类似于数组，它们所有元素的类型应相同。但是它们也有所不同：列表是不可变的，值一旦被定义了就不能改变。在 Scala 中定义一个列表以及获取头部和尾部数据的方式如下。

```
//定义一个列表
val stringList = List("hello","china","spark")
//返回列表的头部,hello
stringList.head
//返回列表的尾部,List("china","spark")
stringList.tail
//二维列表 val dim:List[List[Int]] = List(
          List(1,0,0),
          List(0,1,0),
          List(0,0,1))
```

需要注意的是，stringList.tail 返回的结果是 List（"china"," spark"）。这说明获取列表尾部的操作返回的也是一个列表。

也可以通过 :: 和 ::: 符号来对列表进行添加数据以及连接两个列表。

```
//向列表添加数据,添加"hadoop"
val stringListNew = "hadoop" :: List("hello","china",Dspark")
//连接两个列表
val stringListAnother = stringList ::: stringListNew
```

（7）集合

集合（Set）是指不重复元素的集合。列表中的元素是按照插入的先后顺序来进行维护和组织的，而 Set 中的元素并不会记录元素的插入顺序，而以“哈希”方法对元素的值进行组织。因此，它可以使得人们可以快速地找到某个元素。集合也分可变集合和不可变集合两种，下面的代码定义的是不可变集合，默认情况下定义的也是不可变集合。

```
//定义一个集合
var intSet = Set(1,2)
//向集合中添加元素
```

```
intSet += 3
//判断集合中的某个元素是否存在
intSet.contains(3) //返回 true
```

（8） 元组

元组与数组、列表、集合不同，它是不同类型元素的聚集。元组的定义和使用方式如下。

```
//定义一个元组
val tuple = ("zhangsan",32,2013)
//获取元组各个维度的数据
tuple._1 //第一个维度的数据,"zhangsan"
tuple._2 //第二个维度的数据,32
tuple._3 //第三个维度的数据,2013
```

（9） 映射

在 Scala 中，映射（Map）是键值对的集合。人们可以通过键来获取其在映射中对应的值。映射也包括可变和不可变两种，默认情况下创建的是不可变映射，如果需要创建可变映射，也需要引入 scala.collection.mutable.Map 包。映射的定义和常见使用方式如下。

```
//定义一个不可变 Map
val personList = Map(15->"zhangsan",24->"lisi",32->"xiaoming")
//获取一个键对应的值
personList(24) //返回"lisi"
//判断一个键是否在 Map 中
personList.contains(24)

//定义一个可变映射
import scala.collection.mutable.Map
val personList2 = Map(15->"zhangsan")
//添加
personList2(24) = "lisi"
personList2 += (32->"xiaoming")
```

6.4.2 控制结构

在 Scala 中，if、while、for 这 3 种常见控制结构的定义和使用方式与 Java 中的类似。

（1） if

```
//if 的使用与 Java 一致
val x = 6
if (x > 0) {
```

```
        x -= 1
    } else {
        x += 1
    }
```

（2） while

同 if 的使用一样，while 的使用方式与 Java 也一致。

```
//while
var i = 1
var sum = 0
while (i < 10) {
    sum += i
}
//do..while
var i = 1
var sum = 0
do {
    sum += i
} while (i < 10)
```

（3） for

在 Scala 中，for 的使用方式与 Java 有些不同。

```
//for 的使用
for (i <- 1 to 10) println(i) //打印 1～10 的数

//设定步长
for (i <- 1 to 10 by 2) println(i) //从 1 开始,步长为 2,打印输出

//设定条件
for (i <- 1 to 10 if i%2 == 0) println(i) //从 1 开始,打印能够被 2 整除的数

//多个遍历集合
for (i <- 1 to 9; j <- 1 to 9) println(i * j) //打印乘法口诀表
```

需要说明的是，Scala 中的“1 to 10”是一个 to 操作，等价于 1. to（10）。它输出的是一个 Range（1，2，3，4，5，6，7，8，9，10）对象。除了 to 操作之外，还有一个类似的 until 操作。1 until 10 返回的结果不包括 10。

for 最常用的是对列表和映射等进行遍历。在进行遍历时，for 的使用方式如下。

```
//使用 for 对列表进行遍历
val intList = List(1,2,3,4,5)
```

```
for (elem <-intList) println(elem)

//使用 for 对映射 Map 进行遍历
val personList = Map(15->"zhangsan",24->"lisi",32->"xiaoming")
for ((k,v) <-personList) printf("id is :%s and name is:%s\n",k,v)
```

6.5 Spark 的安装部署

Spark 可以独立于 Hadoop 部署。但是很多时候，人们还是将 Spark 与 Hadoop 一起部署，使用 Hadoop 的 HDFS 等来为 Spark 提供存储支持。当然，Spark 也依赖 JDK 来提供运行环境。Hadoop 的安装和 JDK 的安装在前面已经进行了说明，详细的过程请参照第 2 章的相关内容。因此，在默认 Hadoop 和 JDK 已经安装的基础上，下面将主要说明 Spark 的安装过程。

虽然 Spark 依赖 Scala，但是 Spark 中自带了 Scala 环境，因此，安装 Spark 时，只需要下载 Spark 安装文件即可，而不需要再单独下载和安装 Scala。

6.5.1 Spark 安装文件的下载

下载 Spark 安装文件的官方链接为 http://spark.apache.org/downloads.html。通过如上链接即可进入图 6-10 所示的 Spark 官方下载页面。

图 6-10　Spark 官方下载页面

如图 6-10 所示，对每个 Spark 版本，Spark 官方提供了多种类型的安装包。这里只需要选择"Pre-built with user-provided Apache Hadoop"类型的安装包即可。这种类型的安装包属于"Hadoop free"版，可应用到任意 Hadoop 版本。本书中下载和使用的即是图 6-10 所示的版本。

6.5.2 Spark 的安装过程

首先，在 Windows 中下载好安装包之后，拖入 Linux 虚拟机的桌面，然后进入桌面所在的文件路径，使用如下命令对 Spark 进行解压和重命名等操作。

```
//将 Spark 安装文件解压到/usr/local
tar -zxvf spark-2.4.5-bin-without-hadoop.tgz-C/usr/local
//对安装文件进行重命名
cd /usr/local//解压文件所在的目录
sudo mv spark-2.4.5-bin-without-hadoop spark//应用 linux mv 命令进行重命名
sudo chown -R hadoop ./spark//赋予当前用户对 spark 目录进行处理的权限
```

然后，通过如下 Linux 命令进入 Spark 解压文件中的 conf 文件夹，并根据 Spark 自带的模板创建 spark-env.sh 配置文件。

```
cd /usr/local/spark/conf//进入配置文件所在的文件夹
cp spark-env.sh.template spark-env.sh//通过复制创建一个 spark-env.sh 文件
```

接下来，通过在 Linux 终端使用命令 "vim spark-env.sh" 来修改配置文件 spark-env.sh。在配置文件的空白处添加如下内容。

```
//配置 Hadoop 的路径
export SPARK_DIST_CLASSPATH = $(/usr/local/hadoop/bin/hadoop classpath)
//配置 Spark on YARN 时需要用到的环境变量,"/usr/local/hadoop"为 Hadoop 的路径
export HADOOP_CONF_DIR = /usr/local/hadoop/etc/hadoop
export JAVA_HOME = /usr/local/jdk1.8.0_161//配置 Java 路径
```

在 spark-env.sh 修改完成之后，进一步配置 Spark 的环境变量。使用如下命令打开当前用户根目录下的配置文件。

```
vim ~/.bashrc
```

最后，在该文件的尾部添加如下信息，并通过 source 命令来使配置生效。

```
export SPARK_HOME = /usr/local/spark
export PATH = $PATH:${SPARK_HOME}/bin:${SPARK_HOME}/sbin
```

在配置完上述 Spark 的环境变量之后，可以在 Linux 终端通过如下命令来启动 Spark，并查看 Master 和 Worker 进程是否启动。

```
cd /usr/local/spark//进入 Spark 路径,因为 Hadoop 也有一个 start-all.sh 命令
./sbin/start-all.sh//启动 Spark
jps//查看当前运行的进程
```

此时，Linux 终端如果显示如图 6-11 所示的信息，即表明 Spark 安装和启动成功。

```
12707 Jps
12661 Worker
12264 Master
```

图 6-11　Linux 终端的显示信息

如果通过 jps 命令发现仅有 Worker 和 Master 进程，则表明 Hadoop 并未启动。这也说明 Spark 可以独立于 Hadoop 运行。当然，如果在后续的 Spark 编程中需要用到 HDFS 等 Hadoop 组件，就需要同时启动 Hadoop。

6.6　基于 Spark Shell 的 WordCount 程序

6.6.1　启动 Spark Shell

Spark Shell 提供以 Scala 和 Python 语言为接口的交互式 Spark 编程环境。启动 Spark Shell 的命令如下。

```
spark-shell --master <master-url>
```

其中，<master-url>是需要指定的表明 Spark 运行模式的参数。在通过 spark-sbumit 命令来提交任务到 Spark 集群中运行时，也需要使用 <master-url> 所指定的参数。<master-url>可供选择的选项有如下几种。

- **Local**：表明在本地使用一个 Worker 线程来运行 Spark。
- **local** [*]：表明在本地使用与 CPU 个数相同的多个线程来运行 Spark。
- **local** [**K**]：表明在本地使用指定个数的 Worker 线程来运行 Spark。
- **spark**：//HOST：PORT：以 Standalone 模式运行 Spark。
- **yarn--deploy-mode client**：以客户端模式基于 YARN 来运行 Spark，通过 HADOOP_CONF_DIR 环境变量找到 YARN 集群的位置。
- **yarn--deploy-mode cluster**：以集群模式基于 YARN 来运行 Spark，通过 HADOOP_CONF_DIR 环境变量找到 YARN 集群的位置，但是这个模式不适用于 Spark Shell。
- **mesos**：//HOST：PORT：以 Spark on mesos 来运行 Spark。

实际中，如果直接以“./bin/spark-shell”命令来启动 Spark，就相当于使用“bin/spark-shell-master local [*]”命令来启动 Spark，也就是说，Spark 默认采用本地模式运行 Spark Shell，并且使用本地所有的 CPU 核。

下面以上述命令启动 Spark Shell 以本地化运行。启动之后，会显示图 6-12 所示的信息。

这些信息显示了人们可以通过 Web 来访问 Spark 的 URL，以及 Spark 所使用的 Scala 版本等信息。

```
Spark context Web UI available at http://192.168.11.152:4040
Spark context available as 'sc' (master = local[*], app id = local-1585815668984).
Spark session available as 'spark'.
Welcome to
      ____              __
     / __/__  ___ _____/ /__
    _\ \/ _ \/ _ `/ __/  '_/
   /___/ .__/\_,_/_/ /_/\_\   version 2.4.5
      /_/

Using Scala version 2.11.12 (Java HotSpot(TM) 64-Bit Server VM, Java 1.8.0_161)
Type in expressions to have them evaluated.
Type :help for more information.

scala>
```

图 6-12　启动 Spark 后显示的信息

6.6.2　从本地及 HDFS 读取 WordCount 数据

接下来以 WordCount 为例，分别从本地文件系统和 Hadoop 的 HDFS 分布式文件系统中读取数据来说明如何使用 Spark Shell。

（1）从本地读取 WordCount 数据

这里以图 4-2 所示的在介绍 MapReduce 的 WordCount 程序时使用过的 example. tex 文件为例，该文件位于本地“/home/hadoop/example. txt”路径下。依次在 Spark Shell 中输入如下命令。

```
val textFile = sc. textFile("file:/// home/hadoop/example. txt")
val wordCount = textFile. flatMap(line => line. split(" ")). map(word => (word,1)). reduceByKey
((a,b) => a + b)
wordCount. collect()
```

依次输入上述命令之后，Spark Shell 的输出如图 6-13 所示。

```
scala> val textFile=sc.textFile("file:///home/hadoop/example.txt")
textFile: org.apache.spark.rdd.RDD[String] = file:///home/hadoop/example.txt MapPartitionsRDD[6] at textFil
e at <console>:24

scala> val wordCount = textFile.flatMap(line=>line.split(" ")).map(word=>(word,1)).reduceByKey((a,b)=>a+b)
wordCount: org.apache.spark.rdd.RDD[(String, Int)] = ShuffledRDD[9] at reduceByKey at <console>:25

scala> wordCount.collect()
res2: Array[(String, Int)] = Array((hadoop,4), (mapreduce,2), (hello,4), (china,2))
```

图 6-13　Spark Shell 的输出

从 Spark Shell 的输出可以看出，在 WordCount 的过程中产生了多个 RDD，每个操作都会产生一个 RDD。其中，至少 textFile 和 wordCount 是可以看出来的 RDD。并且还可以看出，RDD 的各种操作是直接通过 RDD 对象来调用的。

上述命令中的“val textFile = sc. textFile（" file：/// home/hadoop/example. txt"）”语句是要从本地的 example. txt 文件中读取数据。其中 sc 就是 SparkContext 的实例。它构建了 Spark 程序运行的上下文环境。flatMap、map 和 reduceByKey 都是 Spark 提供的 RDD 操作。其中 line => line. split（" "）、word => （word，1）和（a，b）=> a + b 就是 Scala 的 Lamda 表达式。这些 Lamda 表达式所描述的函数将作为参数传递给 flatMap、map 和reduceByKey函

数。通过这些函数，flatMap、map 和 reduceByKey 操作的处理过程如图 6-14所示。比如 flatMap 首先根据 line => line. split（" "）表达式，对一个分区数据的每一行执行 line. split（" "）操作，将一句话切分成单词的集合，然后 flatMap 将各个集合展平，形成一个单词的集合。而 map 操作是根据 word =>（word，1）表达式，将 flatMap 输出单词集合中的每个单词都转换成（word，1）形式。reduceByKey 操作是首先将 map 操作的输出以单词为 key 通过 Hash 分发到不同的分区，然后根据（a，b）=> a + b 表达式将相同 key 的值进行相加合并。

上述包括 flatMap、map 和 reduceByKey 在内的所有操作都是转换操作，也就是说这些操作所蕴含的计算在输入命令之后并未真正执行，但这些操作已经记录在相应的已经创建的 RDD 中。而 collect 操作则为动作操作。当输入图 6-13 中的最后一条命令之后，Spark 开始执行上述所有操作，并产生结果。并且，上述过程中 textFile、flatMap 和 map 操作处于一个 stage 之中，而 reduceByKey 则属于另外一个 stage 中，如图 6-14 所示。

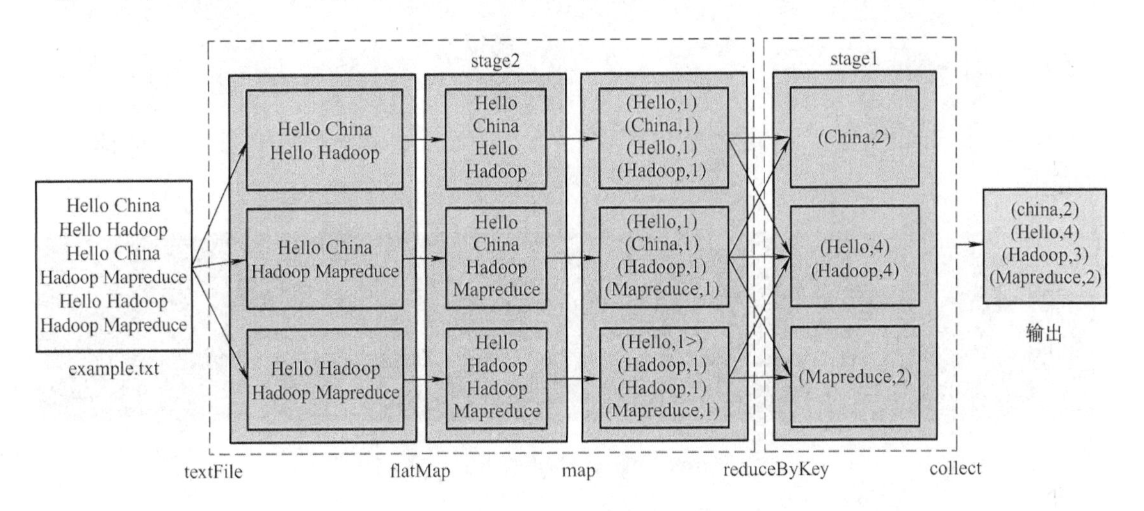

图 6-14　操作的处理过程

注意： 如果将上述 Spark 语句中的 collect( )方法换成 count( )方法，则可以统计出当前文本文件中所使用的单词个数，解决了 4. 11 节中使用两个 MapReduce 过程串联所解决的单词个数统计问题。从这也可以看出，Spark 相比于 MapReduce 具有更强的表达能力和编程灵活性。

（2）从 HDFS 读取 WordCount 数据

从 HDFS 中读取数据，需要首先启动 Hadoop。并且，将本地文件系统“/home/hadoop/example. txt”通过 HDFS 的 put 命令上传到 HDFS 的“/dataset/example. txt”路径下，以供从 Spark Shell 中读取。在启动 Hadoop 之后，依次在 Spark Shell 中输入如下命令。

```
val textFile = sc.textFile("hdfs://localhost:9000/dataset/example.txt")
val wordCount = textFile.flatMap(line => line.split(" ")).map(word => (word,1)).reduceByKey
((a,b) => a + b)
wordCount.collect()
```

在依次输入上述命令之后，Spark Shell 的输出如图 6-15 所示。

```
scala> val textFile=sc.textFile("hdfs://localhost:9000/dataset/example.txt")
textFile: org.apache.spark.rdd.RDD[String] = hdfs://localhost:9000/dataset/example.txt MapPartitionsRDD[20]
 at textFile at <console>:24

scala> val wordCount=textFile.flatMap(line=>line.split(" ")).map(word=>(word,1)).reduceByKey((a,b)=>a+b)
wordCount: org.apache.spark.rdd.RDD[(String, Int)] = ShuffledRDD[23] at reduceByKey at <console>:25

scala> wordCount.collect()
res4: Array[(String, Int)] = Array((hadoop,4), (mapreduce,2), (hello,4), (china,2))
```

图 6-15 Spark Shell 的输出（1）

上图中 Spark Shell 的输出与从本地文件系统读取数据时的输出基本一致。其中，输入的命令 val textFile = sc. textFile（" hdfs：//loacalhost：9000/dataset/example. txt"）中 “hdfs：//loacalhost：9000/” 指明了 HDFS 文件系统的位置。其实，该条命令也可以简写成如下形式。

```
val textFile = sc. textFile( "/dataset/example. txt" )
```

在 Spark Shell 中输入上述命令和其他两条命令之后，Spark Shell 的输出如图 6-16 所示。

```
scala> val textFile=sc.textFile("/dataset/example.txt")
textFile: org.apache.spark.rdd.RDD[String] = /dataset/example.txt MapPartitionsRDD[15] at textFile at <cons
ole>:24

scala> val wordCount=textFile.flatMap(line=>line.split(" ")).map(word=>(word,1)).reduceByKey((a,b)=>a+b)
wordCount: org.apache.spark.rdd.RDD[(String, Int)] = ShuffledRDD[18] at reduceByKey at <console>:25

scala> wordCount.collect()
res3: Array[(String, Int)] = Array((hadoop,4), (mapreduce,2), (hello,4), (china,2))
```

图 6-16 Spark Shell 的输出（2）

从上述输出可以看出，如下两条命令是等价的。这也说明 Spark 默认是从 HDFS 中读取数据。

```
val textFile = sc. textFile( " hdfs://loacalhost:9000/dataset/example. txt" )
val textFile = sc. textFile( "/dataset/example. txt" )
```

6. 6. 3 退出 Spark Shell

在执行完各种命令之后，可以使用快捷键〈Ctrl + D〉来退出 Spark Shell。

6. 7 基于 IDEA + Maven 的 WordCount 程序

Spark Shell 提供了一种通过解释输入的命令执行的交互式编程环境。但是，在实际的应用环境中，更多的是通过一些编辑、编译和打包工具来编写独立的应用程序。当前常用的 Spark 编译、打包工具包括了 sbt、Maven 等。这里将介绍如何基于前面章节所使用的IDEA + Maven 环境来编辑、编译和打包一个独立的 Spark 应用程序。

在 IDEA + Maven 环境下编辑和编译 Scala 程序，需要依赖 Scala 插件与 SDK，所以要先下载及安装 Scala 插件和 SDK，然后介绍如何基于 IDEA + Maven 编译 WordCount 程序。除了 Scala 语言之外，也可以利用 Java、Python 等语言来编写 Spark 程序，所以这一节还将介绍通过 Java 来编写 WordCount 程序，通过比较 Scala 语言的程序和 Java 语言的程序来说明 Scala 语言的简洁性。

6.7.1　IDEA 安装 Scala 插件与 SDK

（1）查询与 IDEA 兼容的 Scala 插件

在安装 IDEA 时，有可能也顺便安装了 Scala 插件。如果没有安装，那么在安装 Scala 插件时，必须要选择与 IDEA 兼容的版本。人们可以在自己所使用的 IDEA 中查看与当前IDEA 兼容的 Scala 插件的版本。首先，在图 6-17 所示的 IDEA 欢迎页面中单击右下角的 Configure 选项，并选择其中的 Plugins 选项。

然后，在弹出的图 6-18 所示页面的下部单击 Browse repositories 按钮，进入图 6-19 所示的页面。在该页面左上角的文本框中输入"scala"，并在列出的选项中选择 Scala 选项，此时在页面的右侧就会出现兼容的 Scala 插件信息，包括版本号和更新时间。可以单击绿色的 Install 按钮进行在线安装。更快捷的方式是，根据这个版本号和更新时间，去官网上下载 Scala 插件，然后加载到 IDEA 中。具体的官网链接为 https：//plugins. jetbrains. com/plugin/1347-scala/versions。

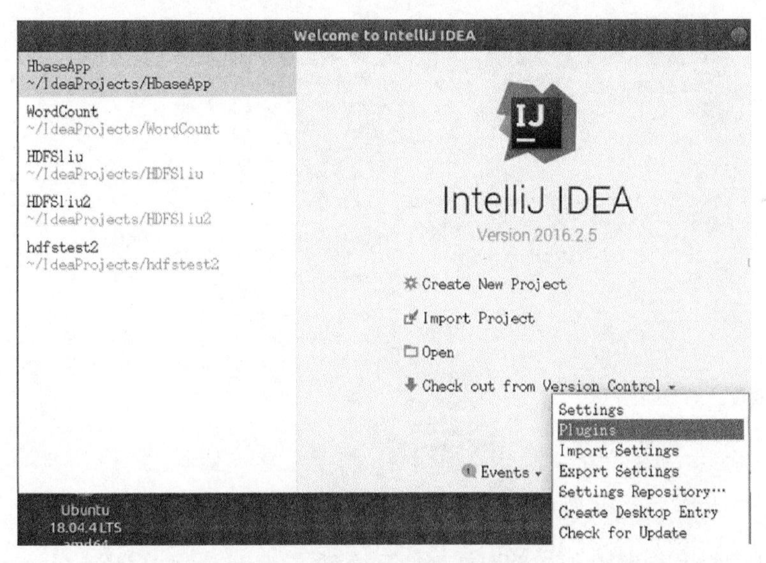

图 6-17　IDEA 的欢迎页面

（2）加载 Scala 插件与 SDK

当 Scala 插件通过离线方式下载完成之后，可以单击图 6-18 下部的 Install plugin from disk 按钮，并在弹出的对话框中选择下载的 Scala 插件所在的位置，然后单击 OK 按钮即完成插件的加载。

由于前面安装的 Spark 中已经自带了 Scala 开发套件，因此就无须重新下载及安装 Scala SDK。但是，当在创建一个项目时，仍然需要在 IDEA 中配置 Scala SDK。在第一次创建 Scala 项目并配置 Scala SDK 时，首先选择 IDEA 中的 File 选项，然后选择 Project Structure 子选项。

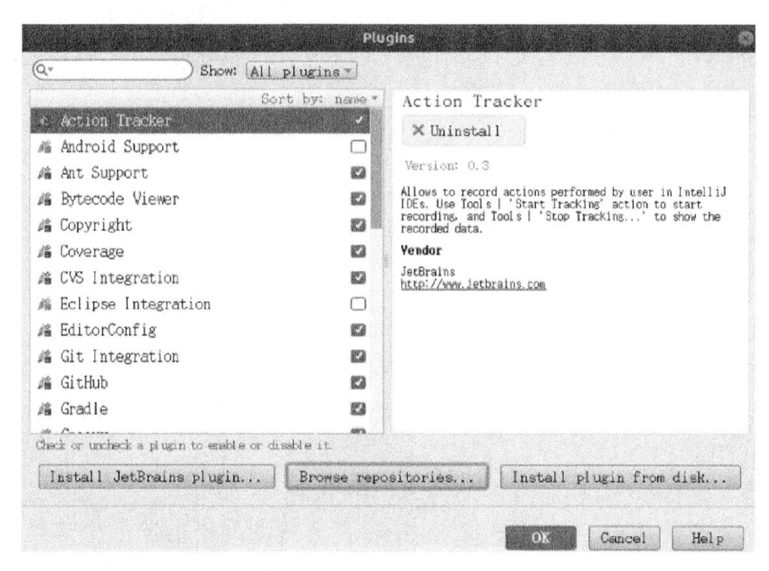

图 6-18　IDEA 的 Plugins 页面

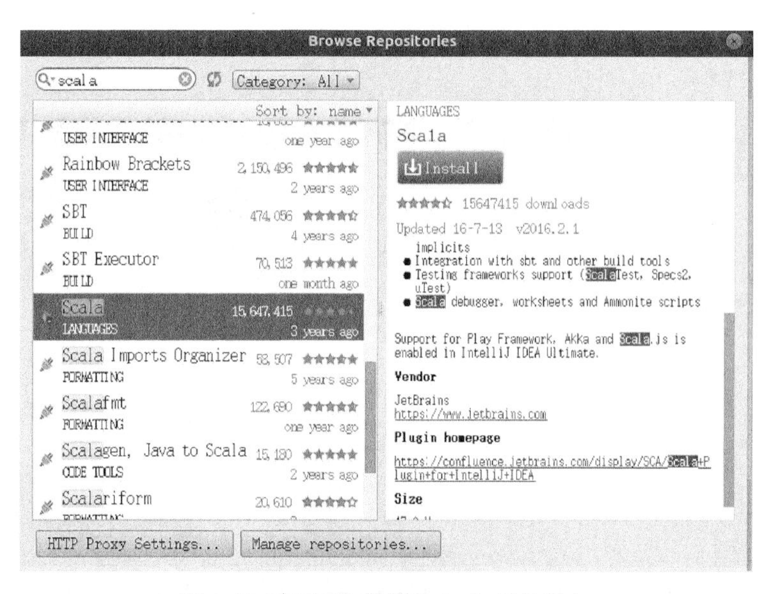

图 6-19　与 IDEA 兼容的 Scala 插件版本

此时，IDEA 就会弹出图 6-20 所示的对话框。在该对话框中，选择 Global Libraries 选项，然后单击中间上部的绿色“+”按钮，并在下拉列表中选择 Scala SDK。IDEA 会打开一个区域，在打开的区域中选择所安装的 Spark 的 jars 文件路径（见图 6-20 右侧），单击 OK 按钮即可。如果弹出区域中的列表为空，则单击区域下面的 Browse 按钮，然后选择 Spark 的 jars 文件路径。

当在创建完第一个 Scala 项目并配置完 SDK 后再次创建 Scala 项目时，如果没有配置 Scala SDK，此时会有图 6-21 所示的提示。此时，只需单击 Setup Scala SDK 链接，然后在弹出的窗口中直接单击 OK 按钮，选择之前配置的 SDK 即可。

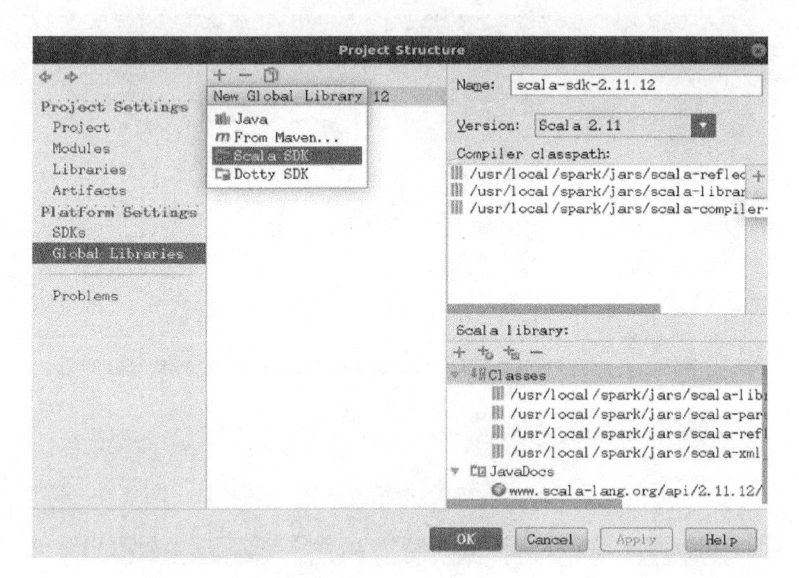

图 6-20　配置 Scala SDK

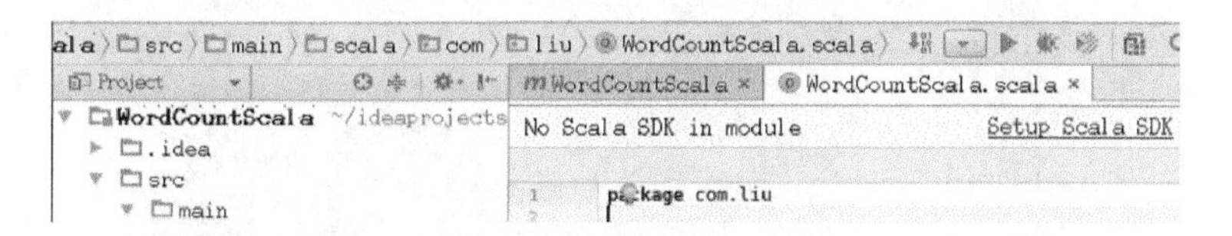

图 6-21　缺乏 Scala SDK 的提示

6.7.2　基于 Scala 的 WordCount Spark 应用程序

(1) 基于 IDEA 编辑和运行 WordCount 程序

在 IDEA 中，当编辑及测试并运行一个程序时，需要新建一个项目。首先，选择 File→New 菜单命令就会弹出图 6-22 所示的对话框。其中，Project SDK 显示的是前面运行Hadoop时所设置的 Java SDK 版本。这里需要选择 Create from archetype 复选框，然后选中图中所示的 Scala 项目选项。

当单击 Next 按钮之后，IDEA 会提示人们设置项目的 groupId、artifactId 和 version 信息。这里只需填写 groupId、artifactId 即可。填写完这些信息之后，单击 Next 按钮就会进入图 6-23所示的对话框，从中可设置 Maven 的相关信息。这里选择所安装的 Maven 的路径，并选择安装文件 conf 目录下的 settings 文件。设置完 Maven 信息之后，IDEA 会进一步要求输入项目的名称（Project name）和保存的位置（Project location）。这里只需输入 Project name 即可。IDEA 会自动将项目保存到 IDEA 的工作空间下。执行完上述步骤之后，IDEA 就创建好了一个项目，就会进入图 6-24 所示的 Scala 程序编辑界面，接下来就可以在该界面中进行操作来编写和修改 Scala 程序。

当进入图 6-24 所示的界面之后，会发现 IDEA 已经自动创建了一些文件。文件的结构如图 6-24 左边部分所示。这里可以首先将 main 目录和 test 目录中 com. liu 文件夹下的所有文件删除。当进入 pom. xml 文件中时，会发现文件中已经有许多信息，也可以将其全部删除，然后将下面的内容复制进去。

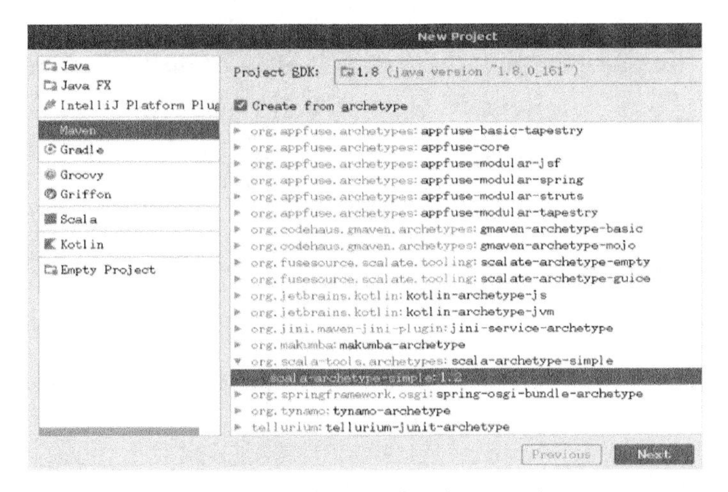

图 6-22　在 IDEA 中新建一个 Scala 项目

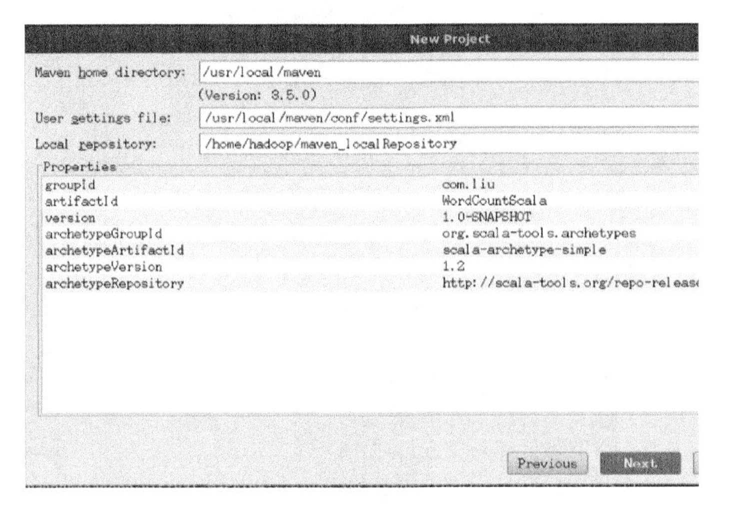

图 6-23　设置 Maven 信息

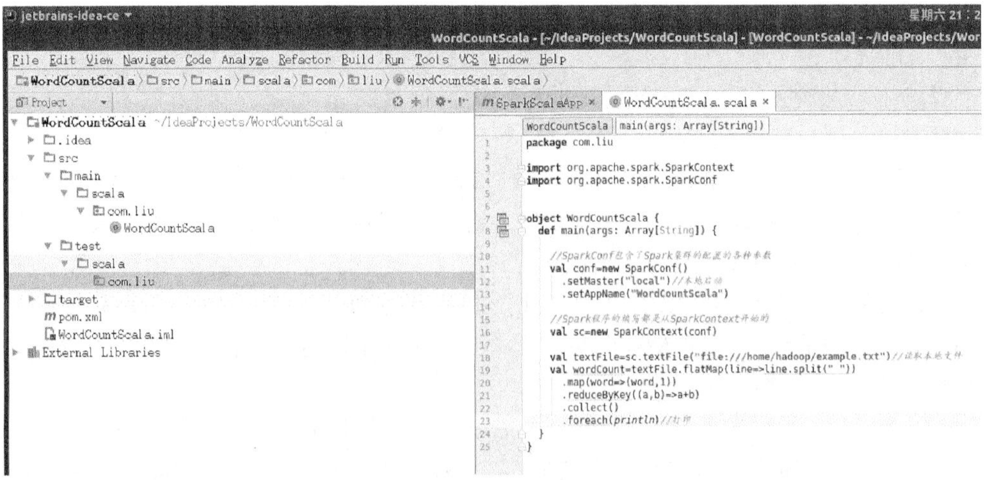

```
package com.liu

import org.apache.spark.SparkContext
import org.apache.spark.SparkConf


object WordCountScala {
  def main(args: Array[String]) {

    //SparkConf包含了Spark集群的配置的各种参数
    val conf=new SparkConf()
      .setMaster("local")//本地启动
      .setAppName("WordCountScala")

    //Spark程序的编写都是从SparkContext开始的
    val sc=new SparkContext(conf)

    val textFile=sc.textFile("file:///home/hadoop/example.txt")//读取本地文件
    val wordCount=textFile.flatMap(line=>line.split(" "))
      .map(word=>(word,1))
      .reduceByKey((a,b)=>a+b)
      .collect()
      .foreach(println)//打印
  }
}
```

图 6-24　Scala 程序编辑界面

```
<? xml version="1.0" encoding="UTF-8"? >
<project xmlns="http://maven.apache.org/POM/4.0.0"
         xmlns:xsi="http://www.w3.org/2001/XMLSchema-instance"
         xsi:schemaLocation="http://maven.apache.org/POM/4.0.0
http://maven.apache.org/xsd/maven-4.0.0.xsd">
    <modelVersion>4.0.0</modelVersion>
    <!--这里的信息就是在创建项目的过程中所填写的 groupId、artifactId 等信息-->
    <groupId>com.liu</groupId>
    <artifactId>WordCountScala</artifactId>
    <version>1.0-SNAPSHOT</version>

    <!--项目依赖的 jar 包,一定要注意 spark-core jar 包的 id 后面还有 Scala 的版本号-->
    <dependencies>
      <dependency>
        <groupId>org.apache.spark</groupId>
        <artifactId>spark-core_2.11</artifactId>
        <version>2.4.5</version>
      </dependency>
      <dependency>
        <groupId>org.apache.hadoop</groupId>
        <artifactId>hadoop-client</artifactId>
        <version>2.10.0</version>
      </dependency>
    </dependencies>
</project>
```

从上述代码可以看出，这里依赖 spark-core 的 jar 包以及 hadoop-client 包。依赖 hadoop-client 包是为了访问 HDFS 中的数据。需要特别说明的是，所引用 spark-core 的名称 id 后面跟着对应的 Scala 版本号。

在修改完 pom.xml 文件之后，将鼠标指针移动到图 6-24 所示的 main 目录中的 com.liu 上，然后单击鼠标右键，选择 New→Scala Class 菜单命令。此时会弹出图 6-25 所示的对话框。这个对话框中，Kind 选项可以选择 Class 或 Object。这里选择 Object 选项来创建一个封装 main 函数的单例对象。

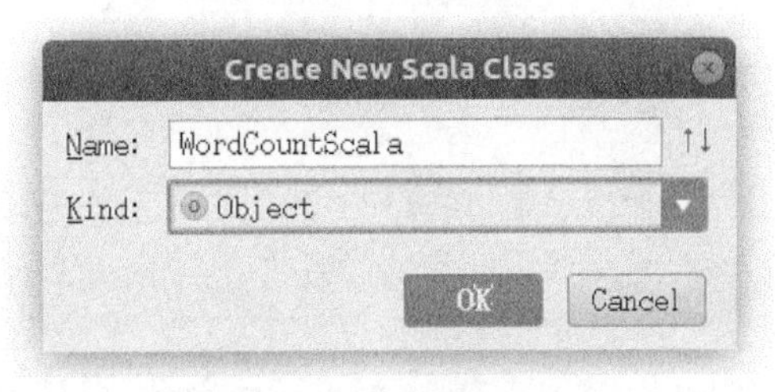

图 6-25　新建 Scala Class

单例对象的主要内容如图 6-24 所示。代码与在 Spark Shell 所输入的 WordCount 案例的 Scala 语句基本相似。不同的是需要明确地定义 SparkContext 和 SparkConf 对象，并进行配置。除此之外，还多了一条 foreach 语句。

- **SparkConf**：SparkContext 对象的创建需要当前集群的各种参数信息，而这些参数可以通过 SparkConf 对象来进行配置。

● **foreach**：foreach 为 Spark 中 RDD 的一个动作操作，该操作根据输入的函数来对 RDD 中的每个数据进行处理。该条语句在图 6-24 中的作用就是为了打印输出 WordCount 的结果。

当 WordCount 的代码编辑完成之后，就可以通过 IDEA 进行编译和执行，并可以在打印输出的信息中看到程序执行的结果。同时，当读取 HDFS 中的数据时，只需要将图 6-24 中 textFile 函数的输入文件路径参数改成 HDFS 中的路径即可，比如在 Spark Shell 中使用过的 example. txt 文件路径 "hdfs：//localhost：9000/dataset/example. txt"。

（2）通过 spark-sbumit 命令提交到 Spark 集群中运行

在基于 IDEA 编辑和调试完程序之后，可以通过 Maven 将程序打包成 jar，然后通过 Spark 自带的 spark-submit 命令将程序的 jar 包提交到远端或者本地的 Spark 集群之中进行运行。

首先在 IDEA 中选择 File→Project Structure 菜单命令，在弹出的对话框中选择 Project Settings 下拉选项中的 Artifacts 选项，然后单击右侧的绿色 "+" 按钮，选择图 6-26 所示的选项。当单击 OK 按钮之后，IDEA 会弹出图 6-27 所示的对话框，从中设置 Main Class 选项。这里的 Main Class 就是 main 函数所在的文件。

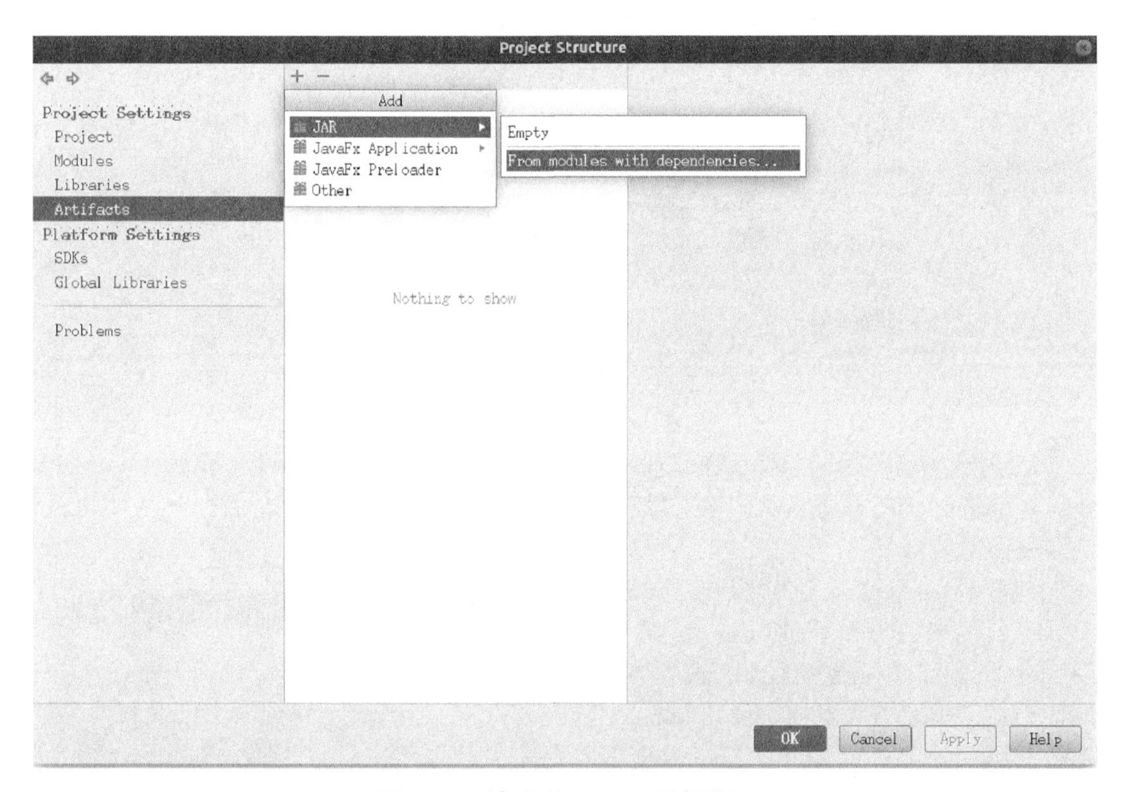

图 6-26 对打包的 Artifacts 进行设置

当单击 OK 按钮关闭对话框之后，IDEA 就会弹出图 6-28 所示的对话框。在这个对话框中，需要选择打包所要包括的各个 jar 包。可以在 Output Layout 选项卡下看到许多的 jar 包，这些 jar 包都是 IDEA 在编译和执行 Spark 程序时所依赖的，而这些 jar 包在集群环境中可能已经存在，所以就不需要打包进最终的 jar 包中。因此，可以通过单击 Output Layout 选项卡下的红色 "-" 按钮将这些不需要的 jar 包删除。这里只需要保留与所编写的程序相关的 jar 包，主要包括自己代码所产生的 jar 包和自己代码所应用到的集群环境中没有的 jar 包。在

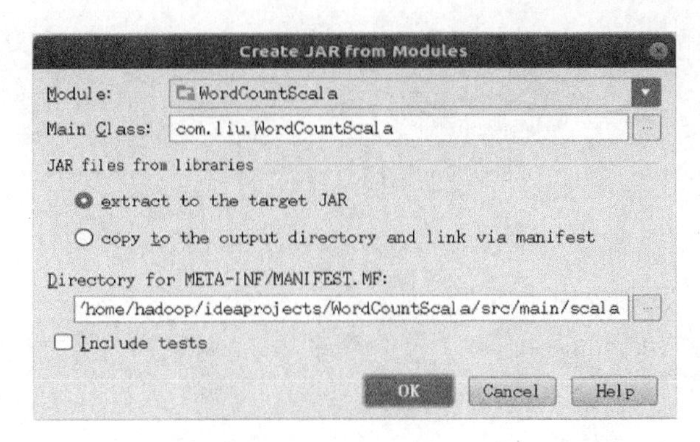

图 6-27　选择 Main Class 选项

WordCount 案例中，只需保留图 6-28 所示的两项即可。

需要说明的是，图 6-28 中，Output directory 路径就是所选择的打包产生的 jar 包将要放置的具体位置，Main Class 就是最终程序中 main 函数所在的类的全称。上述 jar 包所在的位置和 Main Class 的全称，后面通过 spark-submit 命令进行提交时仍然需要用到。

在上述打包的配置过程操作完成之后，就可以在 IDEA 中选择 Build→Build Artifact 选项，完成打包操作。

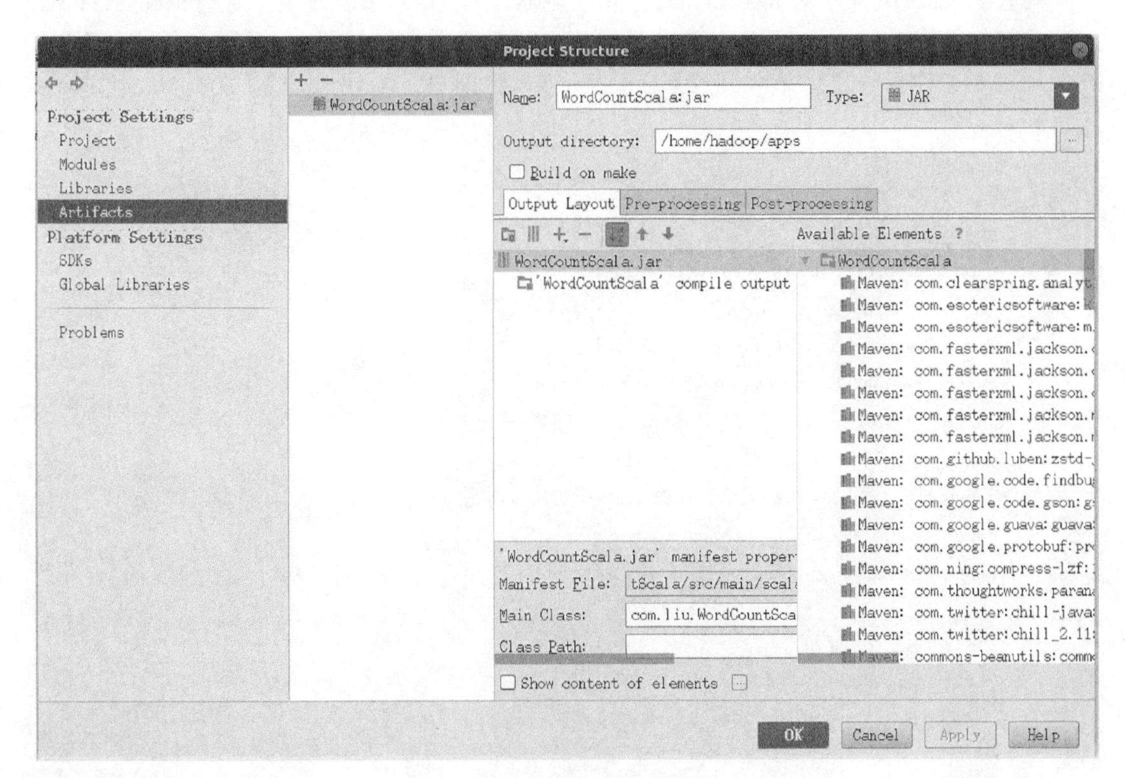

图 6-28　选择打包的各个 jar 包

打包完成之后，回到 Linux 终端，然后依次执行如下命令。

```
//进入 spark 目录
cd /usr/local/spark
//在 spark 目录下执行 spark-submit 命令
./bin/spark-submit--class com.liu.WordCountScala--master local /home/hadoop/apps/WordCountScala.jar
```

上述 spark-submit 的参数说明如下。

--class com.liu.WordCountScala：jar 包中程序 main 函数所在类的全称，在 artifact 进行设置。

--master local：Spark 的运行方式设置。

/home/hadoop/apps/WordCountScala.jar：jar 包所在的路径。

除了上述可以在命令中体现的参数外，spark-submit 还有许多其他参数，包括对 Driver 的内存、核数等进行设置。这里就不进一步地说明，有兴趣的读者可以查阅相关资源来进行深入的了解。

6.7.3 基于 Java 的 WordCount Spark 应用程序

在基于 Scala 语言开发 WordCount 程序的基础上，可以进一步新建一个 Maven 项目，以 Java 语言来开发 WordCount 程序。该项目中的 pom.xml 文件与基于 Scala 语言开发时项目中的 pom.xml 文件一样，仅依赖一个 spark-core jar 包即可。新建 Java 项目的 Main Class 文件如下。

```
import java.util.Arrays;
import java.util.Iterator;
import org.apache.spark.SparkConf;
import org.apache.spark.api.java.JavaPairRDD;
import org.apache.spark.api.java.JavaRDD;
import org.apache.spark.api.java.JavaSparkContext;
import org.apache.spark.api.java.function.FlatMapFunction;
import org.apache.spark.api.java.function.Function2;
import org.apache.spark.api.java.function.PairFunction;
import org.apache.spark.api.java.function.VoidFunction;
import scala.Tuple2;

public class WordCountJava {
    //main 函数
    public static void main(String[] args) {
        //创建 SparkConf 对象,设置 Spark 应用的配置信息
        SparkConf conf = new SparkConf()
                .setAppName("WordCountJava")
```

```
            .setMaster("local");//本地运行

        //创建 JavaSparkContext 对象
        JavaSparkContext sc = new JavaSparkContext(conf);

        //Java 中创建的普通 RDD 称为 JavaRDD
        JavaRDD<String> lines = sc.textFile("hdfs://localhost:9000/dataset/example.txt");

        //传递给 flatMap 函数一个匿名内部类的实例,将每一行拆分成单个的单词
        JavaRDD<String> words = lines.flatMap(new FlatMapFunction<String,String>() {
            public Iterator<String> call(String line) throws Exception {
                return Arrays.asList(line.split(" ")).iterator();
            }
        });

        //传递给 mapToPair 一个匿名内部类的实例,将每一个单词映射为(单词,1)格式
        JavaPairRDD<String,Integer> pairs = words.mapToPair(
            new PairFunction<String,String,Integer>() {
                public Tuple2<String,Integer> call(String word) throws Exception {
                    return new Tuple2<String,Integer>(word,1);
                }
        });

        //传递给 reduceByKey 一个匿名内部类的实例,将相同 key 的两个值进行相加
        JavaPairRDD<String,Integer> wordCounts = pairs.reduceByKey(
            new Function2<Integer,Integer,Integer>() {
                public Integer call(Integer v1,Integer v2) throws Exception {
                    return v1 + v2;
                }
        });

        //传递给 foreach 函数一个匿名内部类的实例,该实例主要负责打印输出
        wordCounts.foreach(new VoidFunction<Tuple2<String,Integer>>() {
            public void call(Tuple2<String,Integer> wordCount) throws Exception {
                //Tuple2 是 Scala 中的元组
                System.out.println(wordCount._1 + "  " + wordCount._2);
            }
        });
        sc.close();
    }
}
```

从上述代码可以发现，首先基于Java的WordCount程序结构与基于Scala的程序结构基本一致，比如都需要定义SparkConf和SparkContext对象。其次，基于Java的WordCount程序显然要比基于Scala的WordCount程序复杂得多。这也可以充分说明Scala借助函数式编程等特征所带来的简洁性。

对于上述代码，对JavaSparkContext以及匿名内部类的补充说明如下。

- **JavaSparkContext**：SparkContext是任何Spark程序的入口。因此，无论是用Java、Scala，还是用Python来编写Spark程序，首先都需要定义一个SparkContext对象，来完成对Spark程序运行所需的上下文环境，包括生成调度器DAG Scheduler和Task Scheduler、与Master节点联系并进行注册等。但是，在Spark中，编写不同类型的Spark应用程序使用的SparkContext是不同的。如果使用Scala，使用的就是原生的SparkContext对象；如果使用Java，那么就是JavaSparkContext对象；如果是开发Spark SQL程序，那么就是SQL-Context。
- **new FlatMapFunction等操作**：从上述代码可以看出，由于Java不支持函数式编程，所以在Java代码中，在flatMap等函数的参数位置定义了匿名内部类来提供类似函数式编程的方式。匿名内部类适合于只需要使用一次某个类的情况，并且在创建过程中返回该类唯一的实例。匿名内部类的语法比较简单，但必须要通过继承于一个父类或者一个接口来实现。定义匿名内部类的语法如下。

```
new 父类构造器(实参列表)|实现接口()
{
    //匿名内部类的类体部分
}
```

在本小节的代码中，在通过new FlatMapFunction等操作来定义匿名内部类时，就使用了org. apache. spark. api. java. function包中相应的各个类或者接口，并重载了其中的方法。

6.8 Spark与HBase的整合

第5章介绍了Hadoop的分布式数据库HBase。它是一个高可靠、高性能、面向列、可伸缩的分布式数据库，主要用来存储非结构化和半结构化的松散数据，可以通过水平扩展的方式，利用廉价计算机集群处理由超过10亿行数据和数百万列元素组成的数据表。对于存储于HBase中的海量数据，Spark也能够进行处理，并能够将数据写入HBase。这一节将通过简单的例子来说明如何基于Spark对HBase中的数据进行读写和处理。

这里在IDEA中基于Scala语言新建一个Maven项目来测试如何读写HBase中的数据。新建Scala项目的具体过程在6.7.2小节进行了说明。该项目将读取在第5章介绍HBase时创建的usr_beha表中的数据。该表的目标是存储用户观看视频网站的行为数据。在创建时，该表包含了两个列族：attr和beha。

● **attr**：attr 列族主要存储用户属性数据，目前只包含了一个名为 name 的列。

● **beha**：beha 列族主要存储用户的行为数据，目前只包含了一个名为 watch 的列。

为了说明 Spark 与 HBase 的整合，将首先从该表中读取数据，然后计算每个名称的长度，并将长度作为一个新的列写入 attr 列族下。需要说明的是，因为该项目的运行需要访问 HBase 以及 HBase 的运行依赖 HDFS 和 ZooKeeper，所以需要首先启动 HDFS、ZooKeeper以及 HBase。

下面将对该 Maven 项目的 pom. xml 文件和 Scala Class 文件进行说明。

6. 8. 1 pom. xml 文件

该项目将依赖 HBase、Hadoop 以及 Spark 的相关 jar 包。这里在 pom. xml 文件中进行具体配置。pom. xml 文件的详细代码如下。

```
<project xmlns="http://maven.apache.org/POM/4.0.0"
        xmlns:xsi="http://www.w3.org/2001/XMLSchema-instance"
        xsi:schemaLocation="http://maven.apache.org/POM/4.0.0 http://maven.apache.org/
maven-v4_0_0.xsd">
    <modelVersion>4.0.0</modelVersion>
    <groupId>com.liu</groupId>
    <artifactId>SparkHBase</artifactId>
    <version>1.0-SNAPSHOT</version>

    <dependencies>
        <dependency>
            <groupId>org.apache.spark</groupId>
            <artifactId>spark-core_2.11</artifactId>
            <version>2.4.5</version>
        </dependency>
        <dependency>
            <groupId>org.apache.hadoop</groupId>
            <artifactId>hadoop-client</artifactId>
            <version>2.10.0</version>
        </dependency>
        <dependency>
            <groupId>org.apache.HBase</groupId>
            <artifactId>HBase-client</artifactId>
            <version>1.5.0</version>
        </dependency>
        <dependency>
            <groupId>org.apache.HBase</groupId>
            <artifactId>HBase-server</artifactId>
```

```
            <version>1.5.0</version>
        </dependency>
        <dependency>
            <groupId>org.apache.HBase</groupId>
            <artifactId>HBase-common</artifactId>
            <version>1.5.0</version>
        </dependency>
    </dependencies>
</project>
```

6.8.2 Scala Class 文件

在配置完上述 pom.xml 文件之后，新建一个 Scala Class 文件，并在该文件中编写具体的读写 HBase 的代码。该文件的主要内容以及代码说明如下。

```
import org.apache.hadoop.HBase.{HBaseConfiguration}
import org.apache.hadoop.HBase.mapreduce.TableInputFormat
import org.apache.spark._
import org.apache.hadoop.HBase.client.Put
import org.apache.hadoop.HBase.io.ImmutableBytesWritable
import org.apache.hadoop.HBase.mapreduce.TableOutputFormat
import org.apache.hadoop.mapreduce.Job
import org.apache.hadoop.HBase.util.Bytes

object SparkHBase {
  def main(args:Array[String]):Unit = {
    val sparkConf = new SparkConf().setMaster("local")
      .setAppName("sparkHBase")
      //设置不去验证输出设置,否则在写入数据到 HBase 时出错
      .set("spark.hadoop.validateOutputSpecs","false")
    val sc = new SparkContext(sparkConf)

    //(1)从 HBase 中读取数据
    //读取 HBase 的配置
    val conf = HBaseConfiguration.create()
    //HBase 中的表,这个表要事先创建
    val tablename = "usr_beha" //表名
    conf.set(TableInputFormat.INPUT_TABLE,tablename) //设置读数据的表

    //设置 ZooKeeper 集群地址
    conf.set("HBase.ZooKeeper.quorum","localhost") //本地运行时,ZooKeeper 运行在 localhost
    //设置 ZooKeeper 连接端口,默认为 2181
```

```
conf.set("HBase.ZooKeeper.property.clientPort","2181")

//读取 HBase 数据并转换成 RDD
//这里借用了 SparkContext 的 newAPIHadoopRDD()方法来读取 HBase 并创建 RDD
//从该接口可以看出,生成的 RDD 中是<key,value>形式的键值对数据
val hBaseRDD = sc.newAPIHadoopRDD(conf,classOf[TableInputFormat],
  classOf[org.apache.hadoop.HBase.io.ImmutableBytesWritable],//返回键值对中 key 值类型
  classOf[org.apache.hadoop.HBase.client.Result])//返回键值对中 value 值类型

//通过 RDD 的 foreach 操作打印输出表中的每一行数据
//HBase 返回的 result 对象封装了表的一行数据
//可以通过 getRow()和 getValue()等方法获取一行中的行键以及各个单元格中的数据
hBaseRDD.foreach { case (_,result) => {
  val id = Bytes.toString(result.getRow)//获取行键,用户的 ID
  //通过列族和列名获取列
  val name = Bytes.toString(result.getValue("attr".getBytes,"name".getBytes))
  val watch = Bytes.toString(result.getValue("beha".getBytes,"watch".getBytes))
  println("id:" + id + ",name:" + name + ",watch:" + watch)
  }
}

//通过 RDD 的 map 操作来计算每个名称的长度
val result = hBaseRDD.map(tuple => {
  val item = tuple._2//元组的第二个值即为 HBase 返回键值对中的 result 对象
  val id = Bytes.toString(item.getRow)//获取行键
  val name = Bytes.toString(item.getValue("attr".getBytes,"name".getBytes))//用户名称
  (id,name,name.length())//返回一个元组
})

//(2)写入数据到 HBase 中
//写入 HBase 时的写入配置
var resultConf = HBaseConfiguration.create()
//设置 ZooKeeper 集群地址
resultConf.set("HBase.ZooKeeper.quorum","localhost")
//设置 ZooKeeper 连接端口,默认为 2181
resultConf.set("HBase.ZooKeeper.property.clientPort","2181")
//设置输出的 HBase 表,这里仍然输出 usr_beha 表
resultConf.set(TableOutputFormat.OUTPUT_TABLE,"usr_beha")

var job = Job.getInstance(resultConf)
job.setOutputFormatClass(classOf[TableOutputFormat[ImmutableBytesWritable]])
val HBaseOut = result.map(tuple => {
```

```
            val put = new Put(Bytes.toBytes(tuple._1)) //行键,用户 ID
            put.addColumn(Bytes.toBytes("attr"), //列族
                        Bytes.toBytes("name_length"), //列
                        Bytes.toBytes(tuple._3.toString())) //名称长度,转换成 String 类型方便查看
            (new ImmutableBytesWritable, put)
        })
        HBaseOut.saveAsNewAPIHadoopDataset(job.getConfiguration) //写入数据
        sc.stop()
    }
}
```

6.9 Spark 创建 RDD 的常用方式

从对 Spark 的基本结构与原理以及 Spark 的 WordCount 程序的介绍可以看出，Spark 通过 RDD 来组织计算过程，Spark 的计算过程就是创建 RDD 以及对 RDD 进行转换的过程。因此，创建 RDD 从某种角度来说是 Spark 计算过程的起点。在 WordCount 的例子可知，可以通过 textFile()方法用一个文本文件中的数据创建一个 RDD。那么是不是还有其他的方式来创建 RDD 呢?

一般来说，Spark 提供了两种方式来创建 RDD：一是根据 Scala 集合来创建 RDD，二是根据外部存储系统中的数据来创建 RDD。实现上述方式的具体方法都封装在 SparkContext 之中，具体请参见官网 API 文档的详细说明。官网 API 文档的链接为 http://spark.apache.org/docs/2.4.5/api/scala/#org.apache.spark.SparkContext。

6.9.1 基于 Scala 集合创建 RDD

基于 Scala 集合来创建 RDD 的常用方法有如下两种。

(1) parallelize 方法

parallelize 方法会将 Driver 中的数据集合进行复制，然后利用该集合创建一个 RDD。该方法的接口声明如下。

```
def parallelize[T:ClassTag](seq:Seq[T],numSlices:Int = defaultParallelism):RDD[T]
```

从该声明可以看出，该方法有两个参数：一个是必须设置的 Seq 参数，也就是输入数据的集合对象；还有一个是并行数的设置参数，该参数可以设置，也可以省略。该方法的使用示例如下。

```
var data = List(1,2,3,4,5,6,7,8) //List 类型的数据集合
val datardd = sc.parallelize(data) //sc 为 SparkContext 对象
```

（2）makeRDD 方法

makeRDD 与 parallelize 的功能类似，也能够从一个 Scala 数据集合来创建 RDD。其使用示例如下。

```
var data = List(1,2,3,4,5,6,7,8) //List 类型的数据集合
val datardd = sc. makeRDD( data) //sc 为 SparkContext 对象
```

6.9.2　基于外部存储系统创建 RDD

利用 Spark 进行大数据处理时，数据往往存在于外部的存储系统中，因此实际中更多的是利用外部存储系统中的数据来创建 RDD。常见的外部存储系统包括本地文件系统以及 HDFS。

从本地文件系统以及 HDFS 创建 RDD 的常见方法如下。

（1）textFile( )

textFile( )方法主要用来读取本地或者 HDFS 中的文本文件来创建 RDD。在前面的 WordCount 示例中已经看到了该方法的使用。该方法的使用示例如下。

```
val lines = sc. textFile( "hdfs://localhost:9000/dataset/example. txt" ) //从 HDFS 中读取数据
val lines = sc. textFile( "file:/// home/hadoop/example. txt" ) //从本地读取数据
```

从上述示例可以看出，在使用 textFile( )方法时，需要提供读取文件的 path 路径。

（2）sequenceFile( )

在介绍 MapReduce 的输出格式时，曾说明 SequenceFile 文件是 Hadoop 用来存储二进制形式的 <key，value>键值对而设计的一种文件类型。Spark 也提供了相应的 sequenceFile( )方法来读取 SequenceFile 并创建 RDD。Spark 通过重载为该方法提供了若干实现。该方法其中一个实现的使用示例如下。

```
//读取 dataset 目录下所有的文件
val data = sc. sequenceFile[ Int,String] ( "hdfs://localhost:9000/dataset/" )

//读取 dataset 目录下以 p 开头的文件
val data = sc. sequenceFile[ Int,String] ( "hdfs://localhost:9000/dataset/p * " )
```

从上述示例可以看出，与 textFile( )方法类似，在使用 sequenceFile( )方法时也需要指定文件或者目录的路径，并且可以指定多个以逗号分隔的目录路径。但是，由于 sequnceFile存储的是 <key，value>类型的数据，因此在读取时还需要指定 key 和 value 的类型。

（3）hadoopFile( )

Hadoop 支持自定义输入和输出的格式。为此，Spark 提供了 hadoopFile( )方法来根据自定义的输入格式从一个文件中读取数据并形成 <key，value>键值对，然后基于这些键值对数据创建 RDD。Spark 通过重载提供了若干个该方法的实现。以下为 hadoopFile( )方法其中

一个实现的使用示例。

```
val file = sc.hadoopFile[LongWritable,Text,TextInputFormat](path,minPartitions)
```

在上述示例中，设定的输入格式为 TextInputFormat。根据该格式，数据读取之后形成的 <key，value>键值对的 key 为 LongWritable 类型，value 为 Text 类型。path 为输入数据文件所在目录的字符串。path 字符串可以包含多个以逗号分隔的文件目录。minPartitions 是建议的将创建的 RDD 中最小的分区个数。

（4） hadoopRDD()

除了 hadoopFile()方法之外，Spark 还提供了一个 hadoopRDD()方法来从 Hadoop 能够读取的文件创建 RDD。Spark 还为 hadoopRDD()提供了一个新的命名为 newAPIHadoopRDD 的实现。该方法的一个使用示例如下。

```
val rdd = sc.newAPIHadoopRDD(job.getConfiguration(),TextInputFormat,LongWritable,Text)
```

上述示例中，job 为 Hadoop 的 MapReduce 的作业任务对象。job 对象封装了输入数据的文件路径以及输入格式等信息。hadoopRDD()方法将根据 job 对象的 configuration 获取输入文件的路径等信息。其实在 6.8.2 小节中读取 HBase 中的数据来创建 RDD 时已经应用过该方法。

6.10 Spark 的共享变量

在 Spark 的执行过程中，Spark 的一个或者多个函数操作（如 map）会作为一个 Task 分发到某个节点上的 Executor 去执行。如果这些函数使用到某些程序中定义的变量，那么 Spark 会将这些变量创建一个副本，并与这些函数一起打包到相应的 Task 中。当将多个 Task 应用到同一个变量，并且变量是一个包含众多数据的字典或者集合时，不仅会引起大量的网络传输，也有可能造成一个 Executor 的内存溢出。与此同时，各个 Task 对变量的修改也不会传递回 Spark 应用的 Driver。为了解决上述问题，Spark 提供了两种共享变量：广播变量和累加器。

6.10.1 广播变量

广播变量的目的是当将 Spark 程序中的某个变量声明为广播变量之后，Spark 的 Driver 只会给每个 Executor 发送一份该变量的副本，而不是为每个 Task 都发送一个该变量的副本，同一个 Executor 中的多个 Task 共享该变量，这样就减少了网络数据的传输，也减少了对 Executor资源的占用。需要注意的是，当一个变量被定义为广播变量之后，其便不能被修改。并且，不能将一个 RDD 作为广播变量广播到各个 Executor 中，因为 RDD 是一个抽象的数据结构，其中并不包含其所描述的具体数据。

广播变量的定义和使用方式如下。以下示例是在前面 WordCount 程序的基础上，判断读取的一行文本中是否包含广播变量。Maven 程序的 pom.xml 文件与前面 WordCount 应用中的一致。

```
import org. apache. spark. SparkContext
import org. apache. spark. SparkConf

object BroadcastTest {
  def main( args: Array[ String] ) {
    val conf = new SparkConf( )
      . setMaster( "local" ) //本地启动
      . setAppName( "BroadcastTest" )

    //创建 SparkContext 对象
    val sc = new SparkContext( conf)

    val str = "hadoop" //定义一个将被作为广播变量的变量
    val broadCast = sc. broadcast( str) //将一个变量定义为广播变量

    val textFile = sc. textFile( "hdfs://localhost:9000/dataset/example. txt" ) //读取 HDFS 文件
    //在 filter 中通过 value 属性来获取广播变量的值
    val wordCount = textFile. filter( word = > word. contains( broadCast. value) )
      . foreach( println) //打印输出包含广播变量的文本行
  }
}
```

6.10.2　累加器

累加器的作用是实现分布式计数的功能。当一个变量声明为累加器之后，各个 Task 对其的修改将会在 Driver 中进行累加计算。需要注意的是，对累加器的操作必须包含在一个动作算子中，或者在对累加器操作之后必须有动作算子，否则对累加器的操作不会立即执行，导致累加器的值为 0。

累加器的定义和使用方式如下。以下示例是在 6.10.1 小节广播变量示例的基础上，使用一个累加器来统计有多少行文本包含了一个广播变量。该 Maven 程序的 pom. xml 文件与之前的 WordCount 程序的 pom. xml 文件一致。

```
import org. apache. spark. SparkContext
import org. apache. spark. SparkConf

object BroadcastTest {
  def main( args: Array[ String] ) {
    val conf = new SparkConf( )
      . setMaster( "local" ) //本地启动
      . setAppName( "AccumulatorTest" )
```

```
        //创建 SparkContext 对象
        val sc = new SparkContext(conf)

        val str = "hadoop" //定义一个将被作为广播变量的变量
        val broadCast = sc.broadcast(str) //将一个变量定义为广播变量
        val accumulator = sc.accumulator(0) //累加器

        val textFile = sc.textFile("hdfs://localhost:9000/dataset/example.txt") //读取 HDFS 文件
        //在 filter 中通过 value 属性来获取广播变量的值
        val wordCount = textFile.filter(word => word.contains(broadCast.value))
          .foreach{ //在动作算子 foreach 中使用累加器
            x => {accumulator.add(1) //当找到一个包含广播变量的文本行时,累加器的值加 1
                println(accumulator)}} //打印累加器当前的值
        println(accumulator) //打印累加器最终的结果
    }
}
```

6.11 本章小结

本章主要从 Spark 与 MapReduce 的区别与联系、Spark 的组成结构与运行流程、Spark 计算过程的模型、Spark 计算过程的核心组件 RDD 以及基于 WordCount 的 Spark 应用、Spark 与 HDFS 和 HBase 的整合等方面，对 Spark 核心计算框架的原理与实践进行了介绍。

Spark 的核心计算框架与 MapReduce 一样，也是一个针对大数据的分布式批处理框架。它借鉴了 MapReduce 的设计思想，并弥补了 MapReduce 的诸多缺陷。除了 map 和 reduce 操作之外，它提供了更多的操作。它也提供了基于 DAG 的任务规划，使得多个操作可以在集群的同一个节点以流水线的方式执行，减少了磁盘的 I/O 开销。它还支持将计算过程的中间结果缓存到内存，从而更好地支持迭代计算。因此，相比于 MapReduce，Spark 可以支持更多类型的计算任务，同时也具有更快的处理速度。

Spark 的计算过程就是创建 RDD 并对 RDD 进行转换处理的过程。从某种角度上来说，Spark 的计算过程围绕 RDD 来进行组织和实施。RDD 是 Spark 对需要进行处理的只读数据集合进行描述的一种抽象数据类型。一个 RDD 对象并不包含具体的数据，但是它包含了数据的位置、需要对数据进行的操作、当前 RDD 与其他 RDD 之间的衍生关系等信息。基于这些信息，Spark 就可以将多个 RDD 中记录的多个操作汇集到一起进行计算，减少了 I/O 开销，提高了计算效率。因此，Spark 中的操作分为两种：转换操作和动作操作。转换操作可对一个 RDD 进行处理，得到另外一个 RDD。但是，该操作是惰性的，Spark 计算过程中的该操作并不会立即执行。它们也是可以汇集到一起同时执行的操作。而动作操作是触发 Spark 进行计算处理的操作。当在 Spark 计算过程中碰到一个动作操作时，就会启动 DAG 任务规划，将当前计算过程也即多个 RDD 之间转换过程中可以汇集到一起的操作汇集并封装到一个任务中，然后提交到一个节点的 Executor 执行。

Spark 基于 Scala 语言开发，支持 Scala 的各种数据类型。当然，Spark 也提供了对 Java 和 Python 的支持，人们也可以使用 Java 和 Python 来编写应用程序。但是，应用 Scala 语言编写的程序往往更加简洁。Spark 也提供了诸多运行模式。它可以在单机上运行，也可以在集群上运行。它可以完全不依赖 Hadoop，但也可以运行在 Hadoop 的资源管理与调度组件 YARN 上，从而方便地与 Hadoop 一起部署，充分利用 HDFS 与 HBase 等组件。

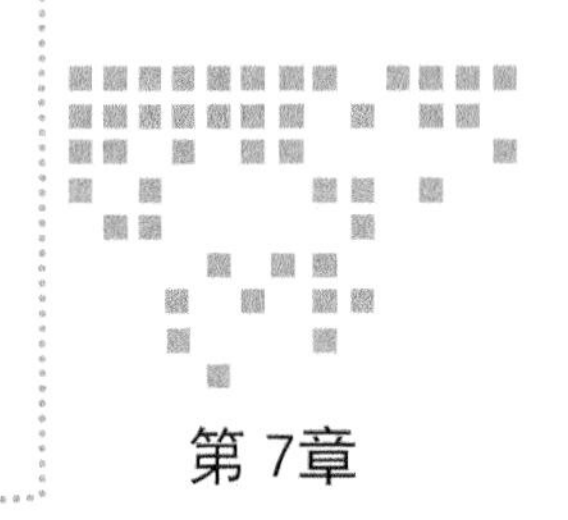

Chapter 7 第7章

Spark流计算框架(Spark Streaming)

本章导读

在现实世界中，大数据的存在方式往往分两种：静态和动态。静态的大数据已经积累产生并存在那里，而动态的大数据随着时间的推移不断地产生。对于静态的大数据，人们一般采用批处理的方式进行处理。而对于动态的大数据，由于数据的时效性，则一般采用流处理的方式进行处理。前面章节所介绍的 Hadoop 和 Spark 主要针对的是如何对静态的大数据进行批处理。

当前，针对动态的流式大数据，也已经存在了许多计算框架。这一章和接下来的一章将主要介绍流处理框架中的代表：Spark Streaming 和 Storm。本章主要介绍 Spark 软件栈中处理流数据的组件 Spark Streaming，将从 Spark Streaming 的 Dstream 与 Dstream graph、Spark Streaming 的结构与执行流程、Spark Streaming 的 WordCount 案例、Spark Streaming 与 Flume 和 Kafka 的整合等方面来介绍 Spark Streaming 的原理与实践。

7.1 流计算与流计算框架

现实世界中，很多大数据是以流的形式产生的，并且数据的价值会随着时间的流逝而降低，比如火车站各种摄像头的监控数据、12306 的订票请求、银行的交易请求等。这种类型数据背后的业务讲究时效性，数据也自然需要即时处理，而不能攒到一起进行批量处理。在这种情况下，人们就需要针对这种源源不断到来的数据进行实时处理，而这种处理方式一般称为流处理或者流计算。

在一些流式大数据处理业务中，比如 12306 的订票业务，由于数据到来的速度快，数据多、计算量大，因此会导致普通的单台服务器无法实时地响应用户的业务请求。在这种情况下，一个可行的方式就是利用集群的分布式处理能力来对流式数据进行快速处理。

当前，常见的分布式流计算框架包括了 Storm、Spark Streaming、Flink 和 S4 等。这里仅简要介绍具有代表性的 Storm 和 Spark Streaming 两种流计算框架。

(1) Storm

Storm 最早是由 Nathan Marz 和他的团队于 2010 年在数据分析公司 BackType 开发的。

2011 年，BackType 公司被 Twitter 收购，接着 Twitter 开源 Storm，并在 2014 年成为Apache顶级项目。Storm 被业界称为实时版的 Hadoop，它与 Hadoop、Spark 并称为 Aache 基金会三大顶级的开源项目，是当前流计算技术中的佼佼者和主流。它将数据流中的数据以元组的形式不断地发送给集群中的不同节点进行分布式处理，能够实现高频数据和大规模数据的真正实时处理，并具有处理速度快、可扩展、容灾与高可用的特点。

（2）Spark Streaming

Spark Streaming 是 Spark 软件栈中的一个用于流计算的组件。在2014 年发布的 Spark 1.0 版本中，Spark Streaming 已经包含在 Spark 软件栈中。它基于 Spark 的核心批处理计算框架，通过将数据流沿时间轴分成不同的片段，然后交给 Spark，对不同片段的数据进行批处理来实现流式计算。所以，从严格意义上来说，Spark Streaming 实现的并不是流式计算，具有一定的时间延迟，无法做到毫秒级的响应。但是由于 Spark 处理速度快，因此 Spark Streaming 也能够胜任和满足许多场景下的流计算需求。

7.2 Spark Streaming 的原理与概念

7.2.1 Spark Streaming 的设计原理

从图 6-1 所示的 Spark 生态系统可以看出，Spark Streaming 是建立在 Spark 或者 Spark Core 之上的。由于已经知道 Spark 底层核心计算框架主要进行的是批处理，那么 Spark Streaming 是如何通过 Spark 这一批处理的计算框架来实现流处理的呢？

Spark Streaming 的实现原理如图 7-1 所示。由图 7-1 可以看出，Spark Streaming 接收数据流的数据，然后根据一个固定的时间段（比如 1s）将数据流分成不同的片段（batches），然后交由底层其所依赖的 Spark 进行处理。也就是说，Spark Streaming 将一段时间内数据流中的数据攒到一起，然后交由 Spark 进行处理。显然，Spark Streaming 实现的并不是完全的实时处理，而是具有一定的延迟性。并且，其延迟的时间与其在划分不同的 batches 时所采取的时间间隔紧密相关。

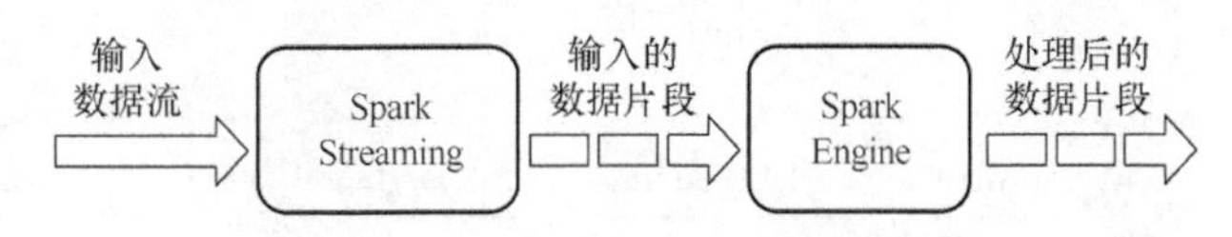

图 7-1　Spark Streaming 的实现原理

那么 Spark Streaming 是如何将数据流划分成不同的 batches，并交由 Spark 进行处理的呢？这个过程是如何实现的呢？接下来，通过对 Spark Streaming 中数据的抽象以及 Spark Streaming 的结构和具体执行流程的介绍来进行说明。

7.2.2 Dstream 与 Dstream graph

1. 离散数据流 Dstream 的概念

我们知道 Spark 中的数据处理是通过 RDD 进行组织和实施的。因此，Spark Streaming 在将数据流中的数据按照时间间隔切分成不同的 batches 时，显然是将每个 batch 都封装成一个

RDD，然后交给 Spark 进行处理。

但是，在 Sprak 中，通常在编写应用程序时需要明确地创建一个输入数据的 RDD，并通过定义多个操作来将这个 RDD 转换成其他 RDD 来实现对数据的处理。Sprak 在执行这些操作时也会根据这些 RDD 之间的血缘依赖关系建立 RDD 之间的有向无环图（DAG），并最终根据 DAG 来生成最终的任务集合。而对于 Spark Streaming 而言，此时输入的是数据流，人们显然无法在编写程序时明确地定义具体的 RDD，进而无法定义 RDD 的操作。为了使人们可以像在 Spark 中编写程序一样来对数据流中的每个 batch 进行处理，Spark Streaming 在 Spark 的 RDD 的基础上进一步封装，提出了离散数据流 Dstream（Discretized Stream）数据类型，以描述数据流。

一个 Dstream 对象就是一个数据流。与 RDD 类似，Dstream 对象只能通过外部接入的数据流或者经过对其他 Dstream 对象的转换操作来得到。当有了 Dstream 数据类型之后，人们在编写对数据流的处理应用时就可以像在 Spark 中编写应用程序一样：根据外部输入的数据流创建 Dstream 对象，然后根据具体的处理需求定义多个操作来对 Dstream 对象进行转换处理。

也就是说，人们在编写应用程序时无须关心具体的 RDD，只需要在数据流的抽象层次去编写应用逻辑即可。此时，人们定义的 Dstream 操作所形成的 Dstream 对象之间的依赖关系被称为 Dstream graph。

在实际中，每个 Dstream 对象内部其实是由根据时间片段进行分割所得到的一连串 RDD 所组成的，如图 7-2 所示。而且，对 Dstream 的任何操作都将转换为对内部 RDD 的操作。因此，从某种角度来说，通过 Dstream 数据类型来定义具体的 Dstream 对象以及对 Dstream 对象的操作，最终定义的是一个处理逻辑的模板。这个模板描述了如何对数据流的每个 batch 进行处理。Spark Streaming 会将所描绘的对 Dstream 对象的操作转换为每个 batch 对应的 RDD 操作。

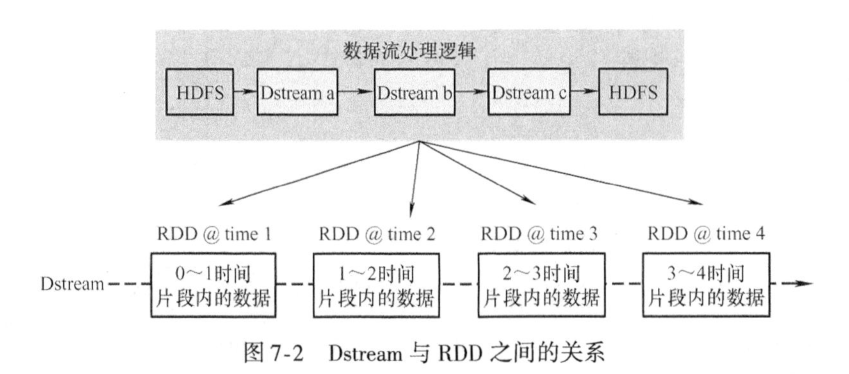

图 7-2　Dstream 与 RDD 之间的关系

2. 创建 Dstream 的数据源

需要通过外部的数据源来创建 Dstream 对象。当前，Spark Streaming 主要提供了 3 种类型的数据源。

- **基础数据源**：这类数据源如文件目录和 Socket，StreamingContext 中有具体的 API 来支持从这些数据源创建数据流对象。
- **高级数据源**：这类数据源如图 7-3 所示的 Kafka、Flume、HDFS 等，人们需要配置额外的依赖来使用它们。

● **自定义数据源**：Spark Streaming 也支持以自定义的方式来创建输入 Dstream。在这种情况下，人们需要自定义 Receiver，以便从自定义的数据源接收数据。

图 7-3 Spark Streaming 支持的高级数据源

3. Dstream 支持的操作

与 RDD 类似，Dstream 也具有多种操作可供编程人员调用，常见的操作及其说明介绍如下。

（1）转换操作

Dstream 支持大部分的 RDD 转换操作。一些常用的转换操作见表 7-1。

表 7-1 常见的 Dstream 转换操作

操作	说明
map（func）	根据传入的 func 将当前 Dstream 中的每个元素映射为一个新的元素，并返回一个新的 Dstream
flatMap（func）	与 map 不同，它根据传入的 func 将当前 Dstream 的每个元素映射为 0 到多个元素
filter（func）	根据 func 函数对当前 Dstream 的元素进行过滤，返回一个只包含过滤之后剩余元素的新 Dstream
union（otherStream）	联合其他 Dstream 来得到一个新的 Dstream
count	统计当前 Dstream 中每个 RDD 所含元素的个数来得到单元素 RDD 的新 Dstream
reduce（func）	传入的 func 方法会作用在 RDD 的每一个元素上，将其中的元素进行两两计算，最终返回包含一个元素的 Dstream
reduceByKey（func）	当前 Dstream 为 <k，v>形式，返回一个新的<k，v>形式的 Dstream，其中新的 v 是根据传入的 func 进行聚合得到的
transform（func）	返回一个新的 Dstream，传入的 func 可以为任意的对 RDD 的操作

（2）窗口操作

窗口操作是 Spark Streaming 中特有的操作。它可以对多个时间片段内的数据进行某种处理。一个窗口的大小即为所包含的多个时间片段的长度。并且，实际中的窗口大小和窗口滑动速率都需要是 batches 间隔时间的整数倍。一些常见的窗口操作见表 7-2。

表 7-2 常见的 Dstream 窗口操作

操作	说明
window（windowLength，slideInterval）	根据传入窗口长度和窗口滑动速率，将当前时刻当前长度窗口中的元素取出，形成一个新的 Dstream

（续）

操作	说明
countByWindow（windowLength，slideInterval）	返回指定长度和滑动速率的窗口内元素的个数
reduceByWindow（func，windowLength，slideInterval）	提取窗口内的数据，形成一个新的 Dstream，并根据传入的 func 方法对新 Dstream 中的数据进行聚合
reduceByKeyAndWindow（func，windowLength，slideInterval）	与转换操作中的 reduceByKey 类似，只是 reduceByKeyAndWindow 操作只会作用于窗口内的数据

（3）输出操作

输出操作的作用类似于 RDD 中的动作操作。也就是说，只有当碰到输出操作时，前面的转换才会执行。但是又与 RDD 中的动作操作不同，Dstream 输出操作主要是将 Dstream 中的数据推送到外部系统中。一些常见的输出操作见表 7-3。

表 7-3 常见的 Dstream 输出操作

操作	说明
print（）	将 Dstream 中每一个 batch 的前 10 个元素在 driver 节点打印出来
saveAsTextFiles（prefix，[suffix]）	将 Dstream 中的内容保存为 text 文件，每个 batch 的数据单独保存为一个文件夹。prefix 为文件夹名前缀参数，该参数必须传入，suffix 为文件夹名后缀参数，该参数可选，最终文件夹名称的完整形式为 prefix-TIME_IN_MS [. suffix]
saveAsObjectFiles（prefix，[suffix]）	与 saveAsTextFiles 类似，不同的是它将 Dstream 中的内容保存为 SequenceFile文件类型
saveAsHadoopFiles（prefix，[suffix]）	将 Dstream 中每一 batch 中的内容保存到 HDFS 上，也需要提供文件夹名的前缀，后缀可选
foreachRDD（func）	该操作接收一个 func 来作用于数据流的每个 RDD 上，该 func 实现如何将 RDD 的数据推送到外部系统

7.2.3 Spark Streaming 的结构与执行流程

Spark Streaming 的结构如图 7-4 所示。

在 Spark 原有进程组件的基础上，Spark Streaming 的执行涉及一些新的进程组件。各个组件的主要功能简要介绍如下。

- **StreamingContext**：StreamingContext 负责 Spark Streaming 的上下文。在初始化时，StreamingContext 对象会构造 Dstream graph、Job Scheduler 等重要组件。
- **Dstream graph**：Dstream graph 主要用于记录人们在编写应用时所定义的 Dstream 和 Dstream 之间的依赖关系等信息。
- **Job Scheduler**：Job Scheduler 主要负责调度生成 job 并提交给 SparkContext，然后由 Spark 去异步执行 job。Job Scheduler 会构造 Job Generator 和 Receiver Tracker 两个成员，然后通过 Job Generator 产生 job，并通过 Receiver Tracker 管理流数据接收器 Receiver。

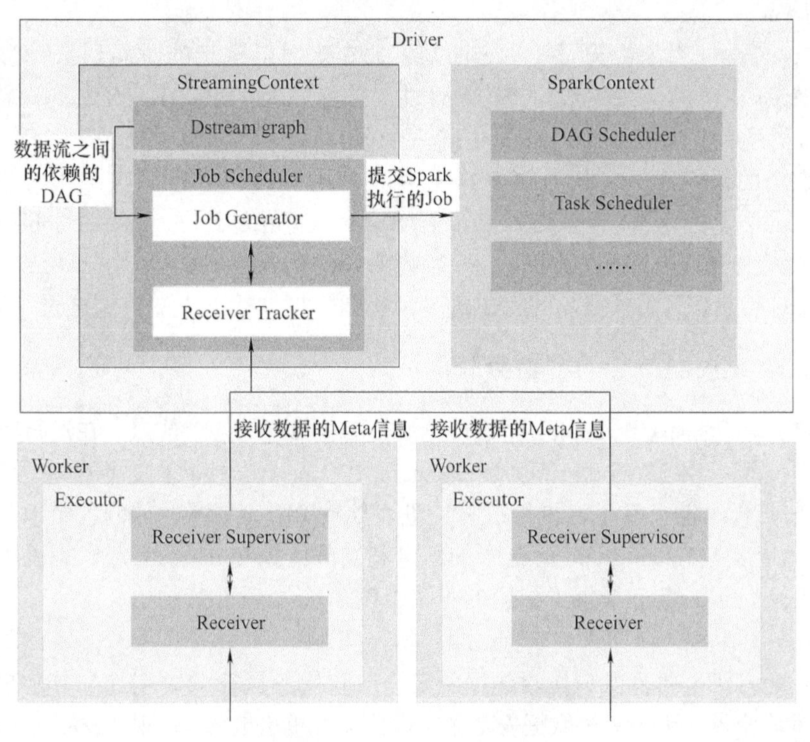

图 7-4　Spark Streaming 的结构

- **Job Generator**：Job Generator 维护了一个定时器，在定时器的时间到来时会进行生成作业的操作。
- **Receiver Tracker**：Receiver Tracker 启动各个节点上的 Receiver Supervisor，接收和管理各个 Executor 上的 Receiver 的元数据。
- **Receiver Supervisor**：Receiver Supervisor 启动 Receiver 和转存数据，并在数据转存完毕后将数据存储的元信息汇报给 Receiver Tracker。
- **Receiver**：Receiver 从外部数据源接收数据流数据，并将数据交给 Receiver Supervisor 进行转存等处理。

基于上述组件，Spark Streaming 的运行流程如下。

1）当一个 Spark Streaming 应用启动时，首先初始化 StreamingContext 对象。该对象会构造和实例化 Dstream graph 和 Job Scheduler，而 Job Scheduler 中包括了 Receiver Tracker 和 Job Generator。应用程序通过 star( ) 操作启动 Job Scheduler，然后 Job Scheduler 启动 Receiver Tracker 和 Job Generator。在 Receiver Tracker 启动过程中，Receiver Tracker 根据 Reciver 分发策略通知对应 Worker 节点中的 Executor 启动 Receiver Supervisor，再由 Receiver Supervisor 实例化和启动流数据接收器 Reciver。

2）当 Worker 节点上的 Reciver 启动之后，就开始源源不断地接收外部数据源的数据。Receiver 会根据传过来数据的大小进行判断。如果数据量很小，则将多条数据并成一块，然后进行块存储；如果数据量大，则直接进行块存储。Receiver 会将这些数据交给 Receiver Supervisor 进行转储操作。数据存储完毕后，Receiver Supervisor 会把数据存储的元信息汇报给

Receiver Tracker。

3）Job Generator 对象维护了一个定时器，并在定时器规定的时间到来时为数据流的每个 batch 生成 RDD 实例。在生成 RDD 实例时，它首先通知 Receiver Tracker 提取属于当前 batch 的数据，然后要求 Dstream graph 生成一个 RDD DAG 实例，并从 Receiver Tracker 获取当前 batch 数据的元信息。在得到 RDD DAG 实例和当前 batch 的元信息之后，将它们一起提交给 Job Scheduler，并由 Job Scheduler 提交给 Spark 进行异步处理。最后，Job Generator 会在将作业信息提交给 Job Scheduler 之后，将当前系统的运行状态包括当前 Dstream graph 记录的 Dstram DAG 信息以及各个 job 的完成进度情况通过设置检查点的方式进行存储。

7.2.4 Spark Streaming 的容错处理

如图 7-4 所示，Spark Streaming 的运行也涉及一个集群的各个节点。在运行时，Worker 节点可能会发生宕机，导致 Worker 节点的 Executor 中 Receiver 接收的数据信息丢失，而 Driver 进程所在的节点也可能会发生宕机等故障，进而导致 Driver 中所存储的各个 Receiver 所接收数据的元信息以及 Dstream graph 所记录的信息和当前所提交 job 的完成状态丢失。为了应对上述故障，Spark Streaming 提供了相应的容错机制。

1. Executor 的容错

Executor 的容错主要是保障接收数据的安全性和任务执行的安全性。其中最主要的是保障接收数据的安全性，因为只要数据安全了，就能通过重启 Receiver 和 Receiver Supervisor，并基于 RDD 血缘依赖关系的重算机制，保障任务执行的安全性。

在保障接收数据的安全性方面，Spark Streaming 主要有以下两种机制。

一是 Spark Streaming 默认对接收的数据进行 MEMORY_AND_DISK_2 方式的持久化，即将数据首先存储到内存上，当内存不够时写入硬盘上，并且复制一份到集群的另外一台机器上建立数据的副本。基于这种机制，当一台机器上的 Executor 失效之后，可以立即切换到另一台机器上的 Executor，这种方式在一般情况下非常可靠且没有切换时间。

二是 WAL 机制。WAL 即 Write Ahead Log。如图 7-5 所示，它要求 Receiver 在将数据写入 Executor 的内存之前先写入日志，并且日志一般存储于 HDFS 等可靠的存储系统中。WAL 机制要求人们进行明确的配置（设置 spark. streaming. receiver. writeAheadLog. enable 为 true）。基于这种机制，如果 Executor 失效，则可以将数据从日志记录中恢复，然后把数据存到 Executor 中。但是这种机制下的数据恢复往往需要一定时间。

2. Driver 的容错

Driver 端的容错主要涉及 Spark Streaming 应用的配置信息、Dstream graph 记录的 DAG 信息、Recevier Tracker 中存储的元数据信息和 Job Scheduler 中存储的 job 的完成进度情况等数据的安全保障。对此，Spark Streaming 提供的主要保障机制如下。

对于 Spark Streaming 应用的配置信息、Dstream graph 记录的 DAG 信息和 Job Scheduler 中存储的 job 的完成进度情况等信息，通过检查点机制来实现容错。Spark Streaming 会在每个 job 生成和提交之后立即进行检查点设置，并在某个 job 进度更新时再一次进行检查点设置。并且检查点设置一般会将数据存储到诸如 HDFS 的可靠存储系统中。这样当 Driver 失效时，直接从检查点中恢复即可获取对 StreamingContext 对象非常重要的数据。

对于 Recevier Tracker 中存储的元数据信息，通过 WAL 机制实现容错。如图 7-5 所示，

Recevier Tracker 在存储接收的数据元信息时，首先将它们写入 HDFS 等可靠存储系统的日志中。当 Driver 失效时，即可从日志中恢复上述元数据信息。

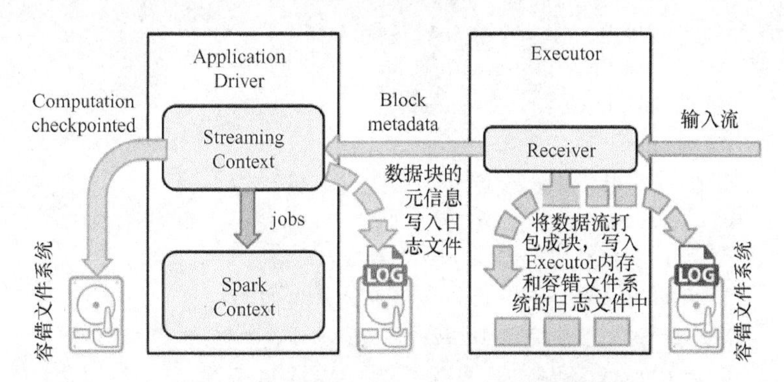

图 7-5　Spark Streaming 基于 WAL 的容错机制

7.3　Spark Streaming 的 WordCount 案例

在介绍 Spark Streaming 的数据类型 Dstream 时曾说明，Dstream 可以由外部高级数据源来创建，也可以由内置基础数据源来创建。其中，常见的基础数据源包括 Socket 和文件目录。也就是说对于 Socket 和文件目录，StreamingContext 提供了相应的 API 来与 Socket 的端口和文件系统建立连接，读取其中的数据来创建数据流对象 Dstream。本节将以 WordCount 应用为例，介绍如何从 Socket 和文件目录来创建 Dstream。

7.3.1　以 Socket 为数据源

在网络通信领域，Socket 通常被翻译为套接字。它封装了网络中计算机的 IP 地址与端口号，使得计算机中的应用程序可以将 I/O 插入网络中，并与网络中的其他应用程序进行通信。这里基于 IDEA + Maven 来创建一个 Scala 项目，展示如何编写一个 Spark Streaming 应用来监控计算机的一个端口，读取其中的数据并计算其中单词的个数。

（1）WordCount 的代码

该 WordCount 应用的 pom.xml 文件的内容如下。

```
<project xmlns="http://maven.apache.org/POM/4.0.0"
        xmlns:xsi="http://www.w3.org/2001/XMLSchema-instance"
        xsi:schemaLocation="http://maven.apache.org/POM/4.0.0 http://maven.apache.org/
    maven-v4_0_0.xsd">
    <modelVersion>4.0.0</modelVersion>
    <groupId>com.liu</groupId>
    <artifactId>socketSparkStreaming</artifactId>
    <version>1.0-SNAPSHOT</version>

    <dependencies>
```

```
            <!--对 Spark Core 的依赖-->
            <dependency>
                <groupId>org.apache.spark</groupId>
                <artifactId>spark-core_2.11</artifactId>
                <version>2.4.5</version>
            </dependency>
            <!--对 Spark Streaming 的依赖-->
            <dependency>
                <groupId>org.apache.spark</groupId>
                <artifactId>spark-streaming_2.11</artifactId>
                <version>2.4.5</version>
            </dependency>
        </dependencies>
    </project>
```

从上述 pom.xml 文件的信息可以看出，Spark Streaming 的应用既要依赖 Spark Core，也要依赖 Spark Streaming。

该 WordCount 应用的 Scala Class 文件如下。

```
import org.apache.spark.streaming.{Seconds,StreamingContext}

object SocketWordCount {
    def main(args :Array[String]) = {
        //创建一个 StreamingContext 对象,在本地运行,两个线程
        //设置划分数据流为片段的时间间隔为 20s
        val sc = new StreamingContext("local[2]","socketWordCount",Seconds(20))
        //创建一个数据流对象,连接到 serverIP:serverPort,如 localhost:9999
        val lines = sc.socketTextStream("localhost",9999)
        //将输入数据流中的每一行以空格为分隔符分为单词
        val words = lines.flatMap(line => line.split(" "))
        //统计一个时间片内的单词个数
        val wordCounts = words.map(word => (word,1)).reduceByKey((a,b) => a + b)
        //将每个时间片中的前 10 个单词打印到控制台
        wordCounts.print()
        //输出到本地以 wordcount 为前缀文件名的文件中
        wordCounts.saveAsTextFiles("wordcount")
        //启动 Job Scheduler,开始执行应用
        sc.start()
        sc.awaitTermination()
    }
}
```

从上述程序可以看出：

1）与 Spark 应用一样，Spark Streaming 的应用也首先需要创建一个 StreamingContext 对象来作为应用程序的起始。并且，在该对象中设置应用程序的运行模式、名字以及划分数据流的时间间隔。

2）Spark Streaming 提供了 socketTextStream 接口来方便创建一个数据流对象，监控一个 Socket 端口。

3）从具体的对数据的处理逻辑代码可以看出，在 Spark Streaming 应用中所编写的 WordCount 处理逻辑代码（flatMap、map 和 reduceByKey 操作的使用）与 Spark 中的完全相同。

4）在上述代码的处理逻辑之后有一个非常重要的语句：sc. start( )。在介绍 Spark Streaming 的执行流程时曾说明，Spark Streaming 有一个重要的组件 Job Scheduler。Job Scheduler 会启动应用的执行。而 sc. start( )的作用就是启动 Job Scheduler。

（2）在 IDEA 环境下运行

上述代码可以在 IDEA 下运行。人们可以重新启动一个 Linux 终端，然后输入如下命令来打开端口号为 9999 的应用。

```
nc -l 9999
```

之后继续在终端输入任意的以空格分隔的字符串，此时就会在 IDEA 的输出窗口打印输出对输入字符串的单词个数统计。需要注意的是，因为 Spark Streaming 启动之后会一直不断地运行，因此会在 IDEA 的输出窗口打印输出很多状态信息，此时可以向前翻找打印输出的单词统计情况。因为将单词的统计信息也输出到本地文件中，因此也可以在文件中查看输出的统计结果。

如图 7-6 所示，在 IDEA 环境下，默认将输出文件放在当前项目所在的根目录下。每个时间片的结果都输出到一个文件中，文件以给定的前缀和时间等信息进行命名。

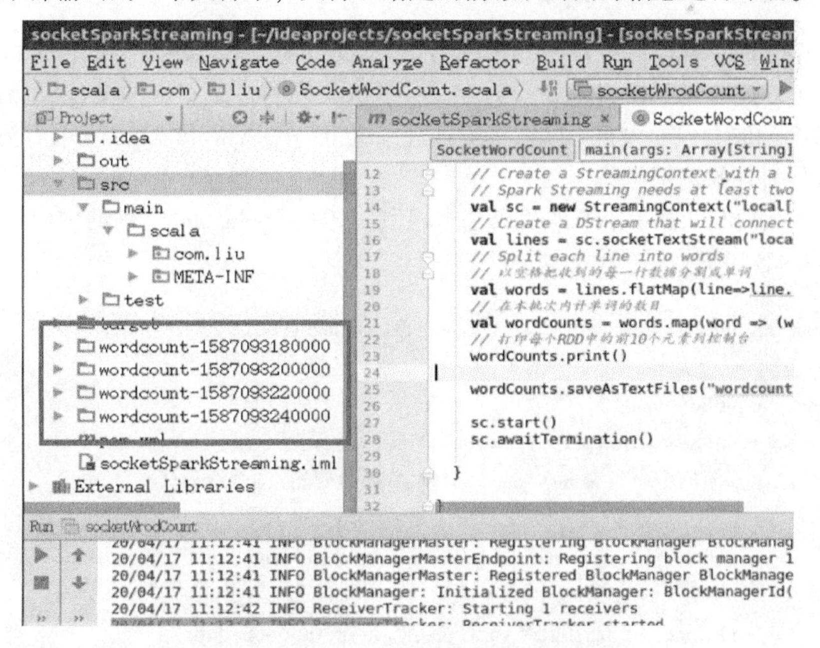

图 7-6　Spark Streaming 输出的文件

（3）提交到 Spark 中运行

也可以将上述代码打包成 jar，然后打开 Linux 终端，通过如下 Spark 命令提交到 Spark 集群中去运行。此时在前面运行 nc 命令的终端，输入一些以空格分隔的字符串，就会在运行 spark-submit 的终端下看到统计单词个数的输出结果。

```
//先进入产生 jar 包所在的目录,进入该目录的目的是避免在 spark-submit 命令中输入过长的 jar
//包所在的文件路径信息
cd /home/hadoop/ideaprojects/socketSparkStreaming/out/artifacts/socketSparkStreaming_jar
//通过 spark-submit 命令提交
spark-submit--class com. liu. SocketWordCount--master local[2] . /socketSparkStreaming. jar
```

同时，在集群环境下，Spark Streaming 的 saveAsTextFiles 操作将数据写入 HDFS 之中。所以在通过上述命令来将 Spark Streaming 应用提交到 Spark 集群中运行时，还需要启动 HDFS，否则会报“localhost：9000 拒绝连接”的错误。人们也可以在 HDFS 中查看输出的对每个时间片段数据的统计结果。每个时间片段内数据的处理结果都为一个单独文件，放置在 HDFS 的/user 目录下以当前 Linux 用户命名（本书使用的 Linux 用户名为 hadoop）的文件夹下。可以通过如下 HDFS 命令查看。

```
//使用如下命令查看所生成的统计结果文件,/user 后面的 hadoop 为当前 Linux 用户
hadoop fs -ls /user/hadoop
//使用如下命令来显示一个文件中的内容
hadoop fs -text 文件名
```

7.3.2 以文本文件目录为数据源

Spark Streaming 提供了 API 来监控一个目录，通过与文件系统的某个目录建立连接来创建数据流对象。当建立了数据流对象之后，一旦所监控的目录有新的文件添加进来，Spark Streaming 就会读取文件的内容，然后进行处理。这里仍然以 WordCount 应用为例来展示监控一个文本文件目录的应用代码。

该部分的代码与 7.3.1 小节的代码基本相似。其中，pom. xml 文件的内容一样，而Scala Class 文件的内容如下。

```
import org. apache. spark. streaming. {Seconds,StreamingContext}

object SocketWordCount {
    def main(args :Array[String]) = {
        //创建一个 StreamingContext 对象,在本地运行,两个线程
        //设置划分数据流为片段的时间间隔为 20s
        val sc = new StreamingContext("local[2]","fileWordCount",Seconds(20) )
        //创建一个数据流对象,连接到一个文件目录
        val lines = sc. textFileStream(file:/// home/hadoop/data)
        //将输入数据流中的每一行以空格为分隔符分为单词
```

```
            val words = lines. flatMap( line = > line. split(" "))
            //统计一个时间片内的单词个数
            val wordCounts = words. map( word = > (word,1)). reduceByKey((a,b) = > a + b)
            //将每个时间片中的前 10 个单词打印到控制台
            wordCounts. print()
            //输出到本地以 wordcount 为前缀文件名的文件中
            wordCounts. saveAsTextFiles("wordcount")
            //启动 Job Scheduler,开始执行应用
            sc. start()
            sc. awaitTermination()
        }
    }
```

由上述代码可以看出，通过文件目录来建立数据流对象，然后进行 WordCount 处理的代码与基于 Socket 的 WordCount 的代码基本一样。唯一的不同就是需要使用 StreamingContext 的 textFileStream 操作接口来创建监控文件目录的数据流对象。该操作的参数为具体的文件目录，可以是本地文件系统中的目录，也可以是 HDFS 中的目录。上述代码中使用的是本地文件系统中的一个目录。如果使用 HDFS 中的目录，则可以通过如下方式指定参数。

```
    //指定 HDFS 中的一个目录来创建数据流对象
    val lines = sc. textFileStream(HDFS://localhost:9000/user/hadoop/data)
```

注意：当在实现上述代码时，不能在文件系统中通过鼠标的快捷菜单命令复制一个文件到目录中。这样的话 Spark Streaming 会没有反应，侦测不到目录的变化。此时可以先创建一个文件，然后通过 Linux 的 cp 命令将该文件复制到监控的目录中，而在 HDFS 中，可通过“hadoop fs -put”命令来将创建的文件复制到 HDFS 中的监控目录下。

7.4　Spark Streaming 整合 Flume

除了上述的 Socket 和文件目录的基本数据源外，Spark Streaming 的输入数据流对象还可以通过一些高级数据源来创建。这些所谓的高级数据源就是一些第三方的能够搜集数据的工具。这里将介绍两种典型的工具，即 Flume 和 Kafka，并介绍如何将它们与 Spark Streaming 进行整合，从而能够基于 Spark Streaming 来对这些工具产生的数据进行流式处理。本节将主要介绍 Flume 以及 Flume 与 Spark Streaming 的整合。

7.4.1　Flume 介绍

Flume 是一个分布式的、高可靠、高可用日志收集和汇总的工具。它能够将大批量的不同数据源的日志数据收集、聚合、移动到数据中心进行存储。它也是 Apache 软件基金会下、Hadoop 生态系统中的一个开源项目。在实际中，Flume 的使用不仅仅局限于日志数据收集聚合，还可以用于传输网络流量数据、社交媒体数据、电子邮件消息等。

Flume 通过在数据产生的节点上启动 agent 来收集数据，并推送给其他 Flume 的 agent 或者 HDFS、HBase 等数据存储系统。一个 agent 就是一个 Java 进程，它包括了以下 3 个组件。

● **Source**：从产生数据的数据源接收数据，并以 event 事件的形式发送给 Channel。一个 Source 可以将数据发送给多个 Channel。

● **Channel**：从 Source 接收和临时存储数据（以内存或者文件形式存储），直到 Sink 将数据消费。Channel 是 Source 和 Sink 之间的桥梁，如图 7-7 所示。

● **Sink**：从 Channel 获取数据并消费，然后将数据发送给其他的 agent 或者 HDFS 等数据存储设施。

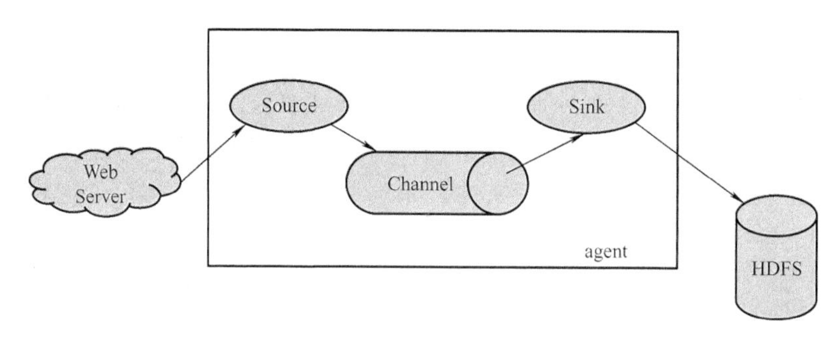

图 7-7 Flume 的 agent 结构

在实际中，在一个 agent 内部，一个 Source 可以将数据发送多个 Channel，但一个 Sink 只能对应一个 Channel。而一个 Flume 集群可以有多个 agent，它们之间可以串联，也可以并联。串联如图 7-8 所示，串联就意味着前面一个 agent 的 Sink 将数据发送给另外一个 agent 的 Source。而并联如图 7-9 所示，并联则意味着多个 agent 的 Sink 都将数据发送给一个 agent 的 Source。图 7-10 所示的多 Sink 结构在实际中用得也比较多。这种结构可以将数据传输到不同的存储系统或者不同的消费者。

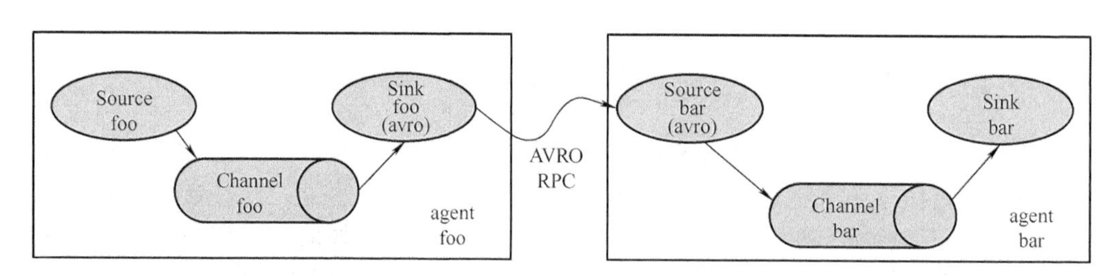

图 7-8 Flume agent 的串联

Flume 将传输的数据封装为 event。event 是 Flume 内部数据传输的最基本单元。一个 event包括了 event headers、event body，其中 event body 包含了 Flume 收集和传输的日志信息。在 event 从 Source 流向 Channel 再到 Sink 的过程中，为了保证数据传输的可靠性，event 在送达 Sink 之前，会在 Channel 中进行缓存，直到 event 可靠到达 Sink 之后，Channel 才会删除缓存的数据。

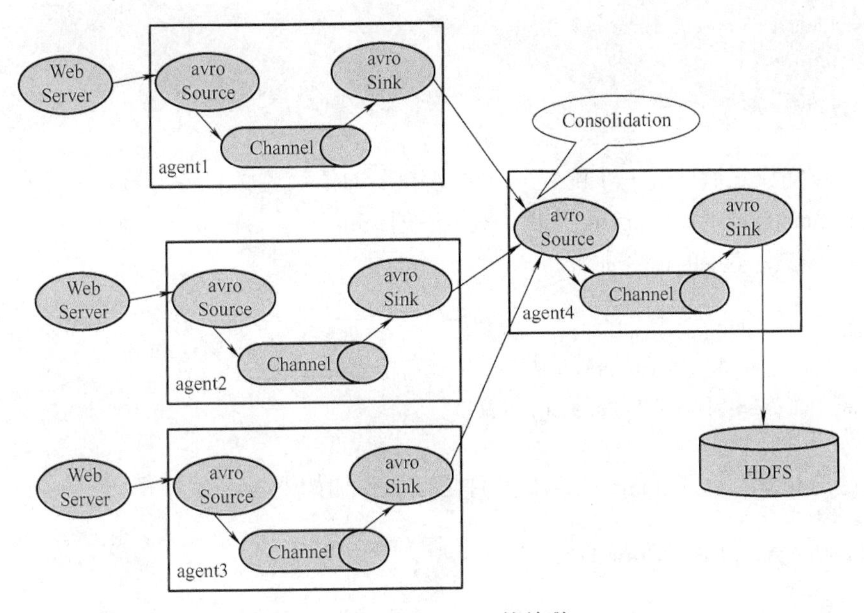

图 7-9　Flume agent 的并联

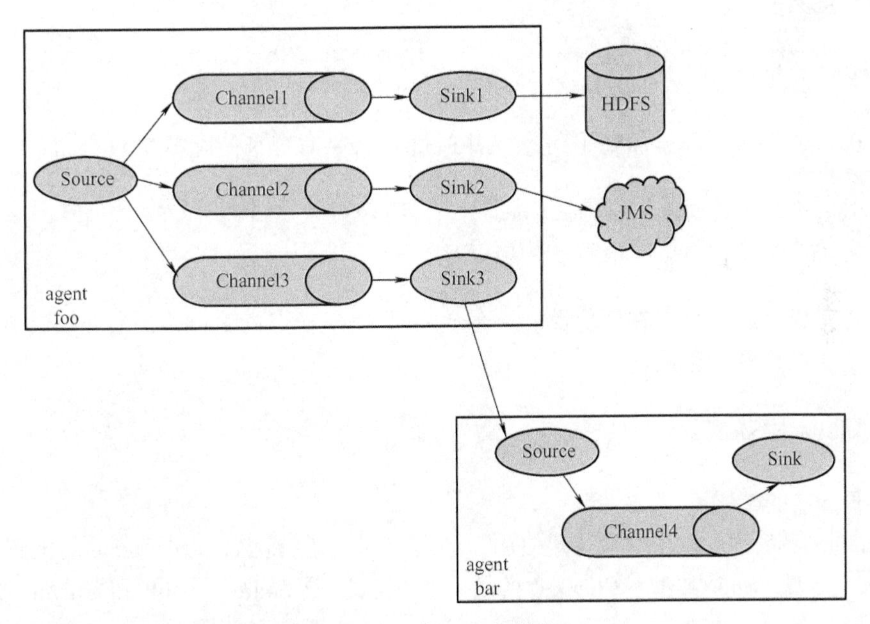

图 7-10　多 Sink 的结构

7.4.2　Flume 的下载安装与配置

（1）Flume 下载安装

可以从 Flume 的官方网站 http：//flume. apache. org/download. html 下载 Flume 的安装文件。本书下载的是 Flume 的 1. 9. 0 版本，安装包的全称为 apache-flume-1. 9. 0-bin. tar. gz。

当在 Windows 中下载完 Flume 的安装包之后，可以将其拖入虚拟机的桌面，然后进入虚拟机桌面所在的路径下，进行解压安装、重命名等操作。具体的命令如下。

```
sudo tar -zxvf apache-flume-1.9.0-bin.tar.gz -C /usr/local
cd /usr/local
sudo mv apache-flume-1.9.0-bin flume//将安装文件重命名
```

上述操作完成之后，进一步配置 Flume 对 Java 的依赖环境。进入 Flume 安装文件的 conf 目录，复制 flume-env.sh.template 文件，得到一个 flume-env.sh 文件，然后在该文件中添加 Java 的路径，依次使用的命令如下。

```
cd /usr/local/flume/conf//进入 conf 目录
cp flume-env.sh.template flume-env.sh//复制后得到 flume-env.sh 文件
vim flume-env.sh//打开 flume-env.sh 文件
```

在通过 vim 命令打开 flume-env.sh 文件之后，添加如下 Java 的路径。

```
export JAVA_HOME=/usr/local/jdk1.8.0_161
```

接下来将 Flume 的安装路径添加到系统的环境变量之中。使用如下命令打开当前用户根目录下的配置文件。

```
vim ~/.bashrc
```

然后在该文件的尾部添加如下信息，并通过 source 命令来使配置生效。

```
export FLUME_HOME=/usr/local/flume
export PATH=$PATH:$FLUME_HOME/bin
```

在安装完成之后，可以在任意路径下通过如下命令来查询 Flume 的版本号，验证 Flume 安装和环境变量配置是否成功。

```
flume-ng version
```

（2）Flume 的配置

在 Flume 安装完成之后不能立即使用，还需要对它进行配置。对 Flume 的配置包括了对它的 Source 类型、Sink 类型、Channel 的缓存方式，以及 Source、Sink 和 Channel 之间的连接关系进行配置。

如下为官网给出的在一个节点上运行 Flume 的配置信息。

```
# 对 agent 的 Source、Sink 和 Channel 组件进行命名
a1.sources=r1
a1.sinks=k1
a1.channels=c1
#配置 Source
a1.sources.r1.type=netcat#配置 Source 的类型
```

```
#Source的位置,绑定机器的IP地址,这里使用localhost,也可以使用127.0.0.1
#因为127.0.0.1的IP地址默认的名称为localhost。这个可以在/etc/hosts文件中查看或者修改
a1.sources.r1.bind = localhost
a1.sources.r1.port = 4444#接收数据的端口

#配置Sink
a1.sinks.k1.type = logger#配置Sink的类型

#配置Channel
a1.channels.c1.type = memory#设置Channel缓存的方式
a1.channels.c1.capacity = 1000
a1.channels.c1.transactionCapacity = 100

#绑定Source、Sink和Channel
a1.sources.r1.channels = c1
a1.sinks.k1.channel = c1
```

在任意文件夹下通过 vim example.conf 命令创建一个配置文件，然后在打开的编辑界面中将上述配置信息输入，并保存退出。比如，将 example.conf 文件放置到 Flume 的安装目录的 conf 文件夹下，那么此时就可以使用如下命令来启动 Flume。

```
cd /usr/local/flume/conf //进入配置文件所在的路径
flume-ng agent-conf conf --conf-file example.conf --name a1 -Dflume.root.logger = INFO,
console
```

在上述命令中，flume-ng 即为 Flume 的启动命令，--conf-file example.conf 即为指定配置文件，--name a1 即为指定当前 agent 的名称，而-Dflume.root.logger = INFO，console则指定将信息输出到控制台。运行上述命令之后，Flume 就启动了，并在控制台打印输出状态信息。此时，启动另外一个 Linux 终端，然后输入如下命令来开启一个 netcat 应用，并与 source 的 4444 端口建立连接。nc 命令可启动 netcat 应用。

```
nc localhost 4444
```

在启动的 netcat 应用的界面中输入任意字符串，并按〈Enter〉键，即可在启动 Flume 的终端看到输入的字符串信息。比如输入“hello word”，就会在 Flume 终端看到如图 7-11 所示的信息。

```
20/04/18 11:02:52 INFO sink.LoggerSink: Event: { headers:{} body: 68 65 6C 6C 6
F 20 77 6F 72 6C 64                    hello world }
```

图 7-11 输入的字符串信息

（3）Source、Channel 和 Sink 的类型

在上述单机上的 Flume 配置文件中，可以看到配置文件设定了 Source、Channel 和 Sink 的类型。这些 Source 和 Sink 的类型决定了 Flume 所能接收的数据源、输出的目的地，以及在传

输过程中对数据的缓存方式等。实际中，常见的Source、Channel和Sink类型见表7-4、表7-5和表7-6。关于这些类型的详细介绍和使用请查阅Flume的官方文档说明，链接为http：//flume.apache.org/FlumeUserGuide.html#flume-sources。Flume也支持自定义Source和Sink类型。

表7-4 Source类型

Source类型	说 明
avro	监听avro端口来接收外部avro客户端的事件流
thrift	与avro类似，监听thrift协议的端口，接收外部thrift客户端的事件流
exec	将UNIX的command的输出作为输入数据
spooldir	持续监听一个目录，将目录中新增的文件作为数据源
netcat	监听一个网络端口，接收端口的数据作为数据源
seq	序列生成器数据源，生产序列数据
syslog	读取syslog数据，产生event

表7-5 Channel类型

Channel类型	说 明
memory	将event数据缓存到内存中，这种方式速度快，但是当遇到宕机等情况时会丢失数据
file	将event数据存储在磁盘文件中，需要在配置文件中指定数据的存储文件路径，这种方式由于涉及磁盘I/O，所以速度会比memory方式慢，但是数据不会丢失
spillable memory	将event数据主要存储在内存中，当内存队列满了之后存储到磁盘文件

表7-6 Sink类型

Sink类型	说 明
hdfs	将数据输出到HDFS之中，需要设置输出到HDFS的目标文件路径，还需要通过hdfs.fileType设置输出文件的格式，默认是SequenceFile
logger	将event以日志的形式输出，一般用于调试
avro	将数据转换成avro event，发送到配置的RPC端口上
thrift	将数据转换成thrift event，发送到配置的RPC端口上
file_roll	将数据输出并存储到本地文件系统，需要使用sink.directory设置输出的本地文件的路径
null	将数据丢弃
hbase	将数据输出到HBase之中，需要设置输出到HBase中的具体表格、列族和列的名称等

7.4.3 整合Flume与Spark Streaming

Spark Streaming可以通过两种方式来与Flume进行整合：一种是通过pull的方式，即Spark Streaming主动从Flume中拉取数据，这需要在Flume中使用Spark Streaming自定义的Sink类型；另一种是通过push的方式，也即Flume主动将数据推送给Spark Streaming。下面以从netcat应用输入的文本数据中统计单词个数的WordCount应用为例，通过具体的代码来说明上述两种整合方式的程序结构。

（1）pull（拉）的方式

在该方式下首先需要重新配置 Flume，然后使用 IDEA + Maven 来创建一个 Spark Streaming 应用，对 Flume 传输的数据进行处理。

1）配置和启动 Flume。

Flume 的 agent 的配置文件如下。

```
# 对 agent 的 Source、Sink 和 Channel 组件进行命名
a1. sources = r1
a1. sinks = k1
a1. channels = c1

#配置 Source
a1. sources. r1. type = netcat#配置 Source 的类型
#Source 的位置,绑定机器的 IP 地址,这里使用 localhost,也可以使用 127. 0. 0. 1
#因为 IP 地址 127. 0. 0. 1 默认的机器名称为 localhost。可以在/etc/hosts 文件中查看或者修改
a1. sources. r1. bind = localhost
a1. sources. r1. port = 4444#接收数据的端口

#配置 Sink,设置 Sink 的类型为 Spark Streaming 自定义的类型
a1. sinks. k1. type = org. apache. spark. streaming. flume. sink. SparkSink
a1. sinks. k1. hostname = localhost
a1. sinks. k1. port = 8888

#配置 Channel
a1. channels. c1. type = memory#设置 Channel 缓存的方式
a1. channels. c1. capacity = 1000
a1. channels. c1. transactionCapacity = 100

#绑定 Source、Sink 和 Channel
a1. sources. r1. channels = c1
a1. sinks. k1. channel = c1
```

从上述配置信息可以看出，这里修改了 Sink 的类型，设置 Sink 从 8888 端口将数据传输出去。这里，Flume 的 Source 和 Channel 的设置没有变。

在启动 Flume 之前还需要将定义 SparkSink 的 jar 包进行下载并放置到 Flume 安装目录的 lib 文件夹下。这里使用的 jar 包为 spark-streaming-flume-sink_2. 11-2. 4. 2. jar。

然后通过如下命令启动 Flume。

```
cd /usr/local/flume/conf//进入配置文件所在的路径
flume-ng agent-n a1 -f example. conf//启动 Flume
```

2）基于 IDEA + Maven 创建 Spark Streaming 应用。

在 IDEA 中创建一个基于 Maven 的 WordCount 项目。该项目 pom. xml 文件的内容如下。

```
<project xmlns = "http://maven.apache.org/POM/4.0.0"
        xmlns:xsi = "http://www.w3.org/2001/XMLSchema-instance"
        xsi:schemaLocation = "http://maven.apache.org/POM/4.0.0 http://maven.apache.org/
    maven-v4_0_0.xsd" >
    <modelVersion>4.0.0</modelVersion>
    <groupId>com.liu</groupId>
    <artifactId>socketSparkStreaming</artifactId>
    <version>1.0-SNAPSHOT</version>

    <dependencies>
        <!--对 Spark Core 的依赖 -->
        <dependency>
            <groupId>org.apache.spark</groupId>
            <artifactId>spark-core_2.11</artifactId>
            <version>2.4.5</version>
        </dependency>
        <!--对 Spark Streaming 的依赖 -->
        <dependency>
          <groupId>org.apache.spark</groupId>
          <artifactId>spark-streaming_2.11</artifactId>
          <version>2.4.5</version>
        </dependency>
        <dependency>
          <groupId>org.apache.spark</groupId>
          <artifactId>spark-streaming-flume_2.11</artifactId>
          <version>2.4.2</version>
        </dependency>
    </dependencies>
</project>
```

从上述 pom.xml 的内容可以看出，这里添加了对 spark-streaming-flume 的依赖。除 pom.xml 文件之外，项目 Scala Class 文件的内容如下。

```
import java.net.InetSocketAddress
import org.apache.spark.storage.StorageLevel
import org.apache.spark.streaming.dstream.{Dstream,ReceiverInputDstream}
import org.apache.spark.streaming.flume.{FlumeUtils,SparkFlumeEvent}
import org.apache.spark.streaming.{Seconds,StreamingContext}

object FlumeWordCount {
    def main(args :Array[String]) = {
        //创建一个 StreamingContext 对象,在本地运行,包括两个线程
```

```
        //设置划分数据流为片段的时间间隔为 20s
        val sc = new StreamingContext("local[2]","flumeWordCount",Seconds(20))

        //定义一个 Flume 的 Sink 的机器和端口
        val ncAddresses = Seq(new InetSocketAddress("localhost",8888))

        //获取 Flume 中的数据
        val inputDstream:ReceiverInputDstream[SparkFlumeEvent] =
            FlumeUtils.createPollingStream(sc,ncAddresses,StorageLevel.MEMORY_ONLY)

        //将 Flume 输出的 event 中的数据取出,并转换成字符串
        val lines:Dstream[String] = inputDstream.map(x => new String(x.event.getBody.
    array()))

        //将输入数据流中的每一行以空格为分隔符分为单词
        val words = lines.flatMap(line => line.split(" "))

        //统计一个时间片内的单词个数
        val wordCounts = words.map(word => (word,1)).reduceByKey((a,b) => a + b)

        //将每个时间片中的前 10 个单词打印到控制台
        wordCounts.print()

        //启动 Job Scheduler,开始执行应用
        sc.start()
        sc.awaitTermination()
    }
}
```

这里将上述代码中与 7.3 节中的 Spark Streaming 代码的不同之处加粗显示。从中可以看出，不同之处包括需要使用 createPollingStream 操作来获取 Flume 输出的数据并建立数据流对象，以及需要将 Flume 输出的 event 数据流数据中的具体信息提取出来的位置。由于上述程序要处理的是 Flume 从 netcat 应用接收的文本数据，所以这里将 Flume event 中的信息转换成 String 类型进行接下来的处理。

上述 pom.xml 文件和 Class 文件建立好之后，在运行该项目时可能会出现如下异常报告。该异常报告反馈的是所建立的应用与 Flume 进行连接时出现了问题。

```
org.apache.avro.AvroRuntimeException:Unknown datum type:java.lang.Exception:java.lang.NoClassDef-
FoundError:Could not initialize class org.apache.spark.streaming.flume.sink.EventBatch
```

上述异常的原因主要是 avro 的版本过低（本书安装的 Flume 的安装包中自带的 avro 为 1.7.4 版本）。需要将如下的依赖信息添加到项目的 pom.xml 文件中，并待 Maven 下载好了

依赖的 jar 包之后，从本地的 Maven 仓库中找到这两个 jar 包，然后将它们复制到 Flume 安装文件（本书安装的路径是/usr/local/flume）的 lib 文件夹下，并将 lib 文件夹下原有的相关 jar 包通过 rm 命令删除。

```
<dependency>
    <groupId>org.apache.avro</groupId>
    <artifactId>avro</artifactId>
    <version>1.8.2</version>
</dependency>
<dependency>
    <groupId>org.apache.avro</groupId>
    <artifactId>avro-ipc</artifactId>
    <version>1.8.2</version>
</dependency>
```

上述任务完成之后，人们就可以在 IDEA 中启动所建立的应用。之后，Spark Streaming 就会与 Flume 建立连接。

3）启动 netcat 应用输入文本。

在上述的工作做完之外启动一个新的 Linux 终端，然后使用下面的命令来启动一个 netcat 应用，并与 Flume 的 Source 监听的端口建立连接。

```
nc localhost 4444
```

通过在上述命令之后的输入行中输入任意字符串，人们可以在 IDEA 的控制台查看输入字符串中的单词统计信息。

（2）push（推）的方式

push 方式是 Flume 主动将数据推送给 Spark Streaming。

1）配置和启动 Flume。

在该方式下，Flume 的配置文件如下。

```
# 对 agent 的 Source、Sink 和 Channel 组件进行命名
a1.sources = r1
a1.sinks = k1
a1.channels = c1

#配置 Source
a1.sources.r1.type = netcat#配置 Source 的类型
#Source 的位置,绑定机器的 IP 地址,这里使用 localhost,也可以使用 127.0.0.1
#因为 IP 地址 127.0.0.1 默认的机器名称为 localhost。可以在/etc/hosts 文件中查看或者修改
a1.sources.r1.bind = localhost
a1.sources.r1.port = 4444#接收数据的端口
```

```
#配置 Sink
a1.sinks.k1.type = avro#就是这点与 pull 方式不同
a1.sinks.k1.hostname = localhost
a1.sinks.k1.port = 8888

#配置 Channel
a1.channels.c1.type = memory#设置 Channel 缓存的方式
a1.channels.c1.capacity = 1000
a1.channels.c1.transactionCapacity = 100

#绑定 Source、Sink 和 Channel
a1.sources.r1.channels = c1
a1.sinks.k1.channel = c1
```

从上述配置文件的内容可以看出，push 方式下 Flume 的配置与 pull 方式的不同之处仅在于 Sink 的类型不同。此时 Sink 的类型是 avro，也就是说，Flume 将以 avro 的格式将数据推送到指定的端口。

在上述配置文件定义完之后，还不能事先启动 Flume，否则会出现图 7-12 所示的异常。该异常显示与输出端口的连接失败。这是因为接收数据的 Spark Streaming 应用还未启动。

```
        ... 10 more
Caused by: java.net.ConnectException: 拒绝连接: localhost/127.0.0.1:8888
        at sun.nio.ch.SocketChannelImpl.checkConnect(Native Method)
        at sun.nio.ch.SocketChannelImpl.finishConnect(SocketChannelImpl.java:71
7)
        at org.jboss.netty.channel.socket.nio.NioClientBoss.connect(NioClientBo
```

图 7-12　配置 Flume 文件后出现的异常

2）基于 IDEA + Maven 创建 Spark Streaming 应用。

此时在基于 IDEA 和 Maven 所建立的 Spark Streaming 的项目中，pom.xml 文件与前面 pull 方式的文件内容相同，项目的 Class 文件的内容如下。

```
package com.liu
import java.net.InetSocketAddress
import org.apache.spark.storage.StorageLevel
import org.apache.spark.streaming.dstream.{Dstream,ReceiverInputDstream}
import org.apache.spark.streaming.flume.{FlumeUtils,SparkFlumeEvent}
import org.apache.spark.streaming.{Seconds,StreamingContext}

object FlumeWordCount{
    def main(args :Array[String]) = {
        //创建一个 StreamingContext 对象,在本地运行,包括两个线程
        //设置划分数据流为片段的时间间隔为 20s
        val sc = new StreamingContext("local[2]","flumeWordCount",Seconds(20))
```

```
        //获取 Flume 中的数据
        val inputDstream: ReceiverInputDstream[SparkFlumeEvent]
            = FlumeUtils.createStream(sc,"localhost",8888)

        //将 Flume 输出的 event 中的数据取出,并转换成字符串
        val lines: Dstream[String] = inputDstream.map(x => new String(x.event.getBody.array()))

        //将输入数据流中的每一行以空格为分隔符分为单词
        val words = lines.flatMap(line => line.split(" "))

        //统计一个时间片内的单词个数
        val wordCounts = words.map(word => (word,1)).reduceByKey((a,b) => a + b)

        //将每个时间片中的前 10 个单词打印到控制台
        wordCounts.print()

        //启动 Job Scheduler,开始执行应用
        sc.start()
        sc.awaitTermination()
    }
}
```

从上述代码可以看出，此时 push 方式的 Class 代码与 pull 方式的唯一不同在于创建输入数据流的方式。此时使用的是 createStream 操作，而不是 createPollingStream 操作。

上述项目创建完成之后，可以在 IDEA 中启动 Spark Streaming 的 WordCount 应用，然后启动 Flume，最终在一个新的 Linux 终端中启动 netcat 程序，并输入相应的字符串，就可以在 IDEA 的控制台中看到单词的统计结果。

上述的 WordCount 示例代码都是在 IDEA 中运行的。人们也可以将 WordCount 的应用程序打包提交到 Spark 集群中去运行，从而进一步检验 Spark Streaming 与 Flume 的整合。

7.5 Spark Streaming 整合 Kafka

7.5.1 Kafka 介绍

Kafka 是一个分布式消息队列，能够实现高吞吐量的分布式消息发布订阅。它也是 Apache软件基金会下的一个应用 Scala 语言编写的开源流处理平台。

Kafka 的使用场景如图 7-13 所示。在实际中，可以由多个不同的应用程序来作为消息的生产者（producer）向 Kafka 集群写入消息，然后也会有多个应用程序作为消息的消费者（consumer）来从 Kafka 集群中主动读取消息，并进行实时的数据分析。所以，Kafka 在消息的生产者和消费者之间实现了解耦。

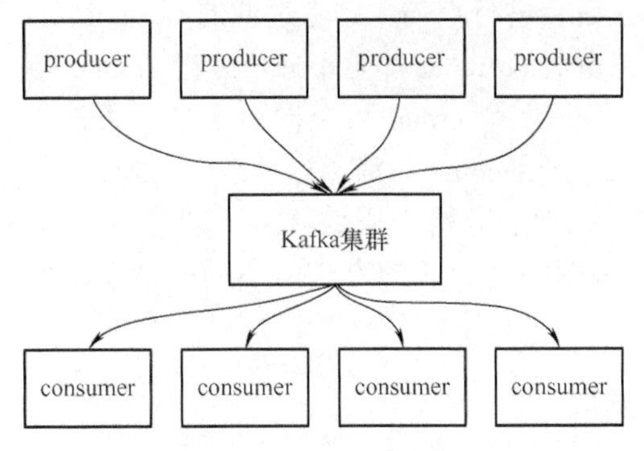

图 7-13 Kafka 的使用场景

Kafka 按照消息的主题 topic 将消息分类存储。消息的生产者在向 Kafka 集群写入消息时必须指定消息的主题。如图 7-14 所示，Kafka 将一个主题下的消息分为多个分区（partition）。当消息的生产者在写入一条指定主题的消息时，会根据一定的分配策略（如基于 key 值的 hash 策略）将该条消息发送到该主题下的某个分区。该条消息会以日志的形式追加到该分区当前记录的后面，并按照写入的时间顺序分配一个单调递增的顺序编号。这个顺序编号也称为 offset，是该条消息在分区内的 ID。所以，每个主题下的分区都是一个有序的消息序列。

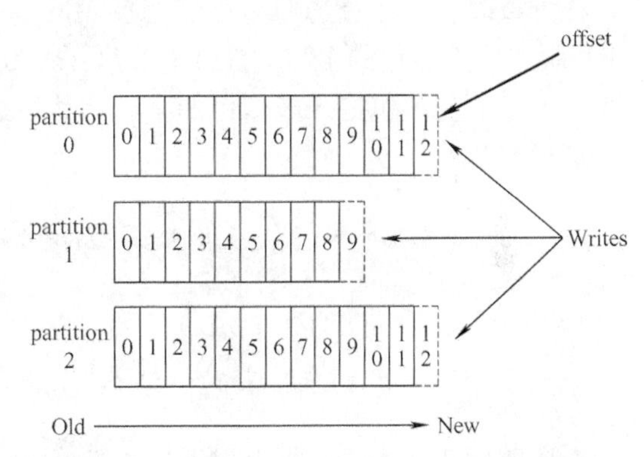

图 7-14 Kafka 将一个主题的消息分区存储

Kafka 主题下的数据以 segment file 的形式进行存储。每个 segment file 分别对应两个文件，一个是以日志形式存储消息的 . log 文件，一个是用于建立索引的 . index 文件。. index 文件以 key-value 的形式记录消息在 . log 文件中的序号和 offset 值。主题下的一个分区往往对应多个 segment file。当生产者不断地写入消息且内存空间不足时，Kafka 就会将消息 flush 到 segment file 中。实际中，用户可以设置生成 segment file 的方式，比如可以按照日志滚动的周期时长，当到达指定周期时生成一个 segment file，也可以按照 segment file 的大小，当 segment file 达到一定大小之后，强制生成一个新的 segment file。一个分区的第一个 segment file 的文件名为 0，后续的每个 segment file 则以前面一个 segment file 中最后一条消息的 offset 值命名。通过 . index 文件以及 segment file 的命名机制，Kafka 的消费者在基于 offset 值读取某个主题下的消息时就能快速定位消息的具体位置。

Kafka 会持久化存储所有的消息，不管它们是否已经被消费者消费。为了进一步保证消息存储的可靠性，Kafka 中每个主题的分区都会有多个副本以保证数据存储的可靠性。在分区的多个副本中，Kafka 集群基于 ZooKeeper 选择一个分区作为 Leader，来响应和处理对该分区数据的读写请求。所有的其他副本跟随 Leader，称为 Follower。Follower 与 Leader 保持数据同步。如果 Leader 失效，则从 Follower 中选举出一个新的 Leader。

Kafka 的消息持久化机制并不会永远存储消息。Kafka 会定期清理过期的消息日志。人们可以配置消息在 Kafka 中暂存的时长（如 2h），以及对过期消息的处置方式，默认的方式是删除。Kafka 会定期地在后台进行扫描，删除过期的 segment file 文件。

Kafka 中消息的每个消费者 cosumer 都属于某个分组 group，并且一条消息只能被分组内的一个 consuemr 所消费，但是多个 group 可以同时消费一条消息。所以，如果存在多个应用，比如人们既想通过 Spark Streaming 对消息进行即时处理，又希望能够将一段时间内的消息攒到一起应用 Spark 进行批处理分析，那么就需要创建多个消费者的 group。在具体获取 Kafka 中的消息时，Kafka 采用的是 pull 的方式由不同的消息消费者来主动拉取消息，以适应不同处理速率的消息者。

7.5.2 Kafka 的下载安装

人们可以从 Kafka 的官方网站 http://kafka.apache.org/downloads 下载 Kafka 的安装文件。在下载时，要注意选择与自己所使用的 Scala 版本一致的版本。这里下载的是 Kafka 的 1.0.0 版本，安装包的全称为 kafka_2.11-1.0.0.tgz。

将下载的安装包拖入虚拟机的桌面，然后进入虚拟机桌面所在的路径下，依次使用如下命令进行安装。

```
sudo tar -zxvf kafka_2.11-1.0.0.tgz -C /usr/local
cd /usr/local
sudo mv kafka_2.11-1.0.0 kafka//将安装文件重命名
sudo chown -R hadoop ./kafka//赋予 hadoop 用户使用当前目录下 kafka 目录的权限
```

上述操作完成之后，将 Kafka 的安装路径添加到系统的环境变量之中。使用如下命令打开当前用户根目录下的配置文件。

```
vim ~/.bashrc
```

然后，在该文件的尾部添加如下信息，并通过 source 命令来使配置生效。

```
export KAFKA_HOME=/usr/local/kafka
export PATH=$PATH:$KAFKA_HOME/bin
```

安装完成之后，就可以通过启动 Kafka 来验证安装是否成功。Kafka 的运行依赖 ZooKeeper。Kafka 的安装包中自带了 ZooKeeper。这里安装 ZooKeeper 的合适版本，而不使用自带的版本。ZooKeeper 的安装请见 5.4.1 小节。使用如下命令启动 ZooKeeper。

```
zkServer.sh start//启动 ZooKeeper
```

在 ZooKeeper 启动之后，不要关闭启动 ZooKeeper 的终端，然后打开一个新的终端，通过 kafka-server-start 命令来启动 Kafka。启动 Kafka 时仍然需要指定它的配置文件。该配置文件也在 Kafka 安装文件的 config 目录下。如果进行集群分布式部署，还需要修改该配置文件。启动 Kafka 之后，也不要关闭相应的终端。

```
cd /usr/local/kafka/config//进入 Kafka 配置文件所在的路径
kafka-server-start.sh server.properties//启动 Kafka
```

当启动完 ZooKeeper 和 Kafka 之后，打开一个新的 Linux 终端，使用 jps 命令来查看 ZooKeeper和 Kafka 是否启动了。如果正常启动，终端会显示图 7-15 所示的信息。

```
hadoop@hadoop-virtual-machine:~$ jps
4497 QuorumPeerMain
4843 Kafka
5229 Jps
```

图 7-15 ZooKeeper 和 Kafka 启动成功后显示的信息

7.5.3 Kafka 的常用命令

在 ZooKeeper 和 Kafka 启动之后，可以使用 Kafka 所提供的命令来进行简单的 Kafka 操作，以进一步验证 Kafka 的安装是否成功。

首先使用如下命令来创建一个主题 topic。该命令创建了一个名为 test 的主题，该主题只有一个分区。localhost：2181 为默认的 ZooKeeper 在本机上的端口号。

```
kafka-topics. sh--create--ZooKeeper localhost:2181--replication-factor 1--partitions 1--topic test
```

在创建完主题之后，可以通过如下命令来查看所创建的主题是否成功。该命令会列出所有的主题。

```
kafka-topics. sh--list--ZooKeeper localhost:2181
```

然后，可以通过如下命令来创建一个该主题消息的生产者。

```
kafka-console-producer. sh--broker-list localhost:9092--topic test
```

通过该命令创建完消息的生产者之后，人们就可以在终端中输入任意字符串，输入的字符串将存入 Kafka 中。命令中，--broker-list localhost：9092 指定了写入数据到 Kafka 时需要连接和使用的 Kafka 集群中的节点，这里即为 localhost，端口为 9092。Kafka 集群中的节点称为 broker。

接下来启动一个新的 Linux 终端，然后通过如下命令来创建一个消息的消费者。

```
kafka-console-consumer. sh--bootstrap-server localhost:9092--topic test -from-beginning
```

该消息的消费者会将生产者产生的所有消息打印出来。这里的 --bootstrap-server localhost：9092 指定了需要连接和使用的 Kafka 集群中的 broker 及其端口。

7.5.4 整合 Kafka 与 Spark Streaming

本小节还是以 WordCount 应用为例来说明 Spark Streaming 如何以 Kafka 为数据源来创建数据流对象。这里基于 IDEA + Maven 来创建 WordCount 的 Scala 项目。

该项目的 pom. xml 文件内容如下。

```
<project xmlns="http://maven.apache.org/POM/4.0.0"
        xmlns:xsi="http://www.w3.org/2001/XMLSchema-instance"
        xsi:schemaLocation="http://maven.apache.org/POM/4.0.0 http://maven.apache.org/
    maven-v4_0_0.xsd">
    <modelVersion>4.0.0</modelVersion>
    <groupId>com.liu</groupId>
    <artifactId>socketSparkStreaming</artifactId>
    <version>1.0-SNAPSHOT</version>

    <dependencies>
        <!--对 Spark Core 的依赖 -->
        <dependency>
            <groupId>org.apache.spark</groupId>
            <artifactId>spark-core_2.11</artifactId>
            <version>2.4.5</version>
        </dependency>
        <!--对 Spark Streaming 的依赖 -->
        <dependency>
          <groupId>org.apache.spark</groupId>
          <artifactId>spark-streaming_2.11</artifactId>
          <version>2.4.5</version>
        </dependency>
        <!--对 Kafka 的依赖 -->
          <dependency>
            <groupId>org.apache.spark</groupId>
            <artifactId>spark-streaming-kafka-0-10_2.11</artifactId>
            <version>2.4.5</version>
          </dependency>
    </dependencies>
</project>
```

如上述文件内容所示，除了 Spark Core、Spark Streaming 之外，还需要添加对 Kafka 的依赖。这里需要注意的是，所选择的 Kafka 版本需要与 Spark core 的版本一致。

项目的 Scala Class 文件的内容如下。

```
import org.apache.kafka.common.serialization.StringDeserializer
import org.apache.spark.streaming.kafka010.{ConsumerStrategies,
                                             KafkaUtils,LocationStrategies}
import org.apache.spark.streaming.{Seconds,StreamingContext}

object KafkaSparkStreaming {
  def main(args:Array[String]):Unit = {
```

```
    //定义 StreamingContext 对象
    val sc = new StreamingContext("local[2]","kafkaWordCount",Seconds(20))

    //定义要获取消息的主题,这里获取的消息主题为 test
    val topicsSet = Array("test")

    //定义一个 map 对象来描述从 Kafka 获取消息时对 Kafka 的设置
    val kafkaParams = Map[String,Object](
      "bootstrap.servers"-> "localhost:9092",
      "key.deserializer"-> classOf[StringDeserializer],
      "value.deserializer"-> classOf[StringDeserializer],
      "group.id"-> "group1",
      "auto.offset.reset"-> "latest"//获取最新的消息数据
    )

    //以 Kafka 为数据源,创建一个消息的数据流对象
    val messages = KafkaUtils.createDirectStream[String,String](
      sc,
      LocationStrategies.PreferConsistent,
      ConsumerStrategies.Subscribe[String,String](topicsSet,kafkaParams)
    )

    //从消息数据流中获取消息的内容
    var lines = messages.map(x => x.value)

    //用空格把收到的每一行数据分为单词
    val words = lines.flatMap(line => line.split(" "))

    //在本批次内统计单词的数目
    val wordCounts = words.map(word => (word,1)).reduceByKey((a,b) => a + b)

    //打印每个 RDD 中的前 10 个元素到控制台
    wordCounts.print()

    //启动 Job Scheduler,开始执行应用
    sc.start()
    sc.awaitTermination()
  }
}
```

上述代码中，加粗的部分即为 Spark Streaming 整合 Kafka 涉及的内容。从中可以看出，人们需要利用一个 createDirectStream 操作来以 Kafka 为数据源创建 Spark Streaming 的数据流

对象。稍微复杂的是，人们需要指定从 Kafka 获取数据的主题，以及在获取数据时对 Kafka 的一些内容（诸如消息键值的序列化方式等）进行配置。

在上述应用建立好并在 IDEA 中运行起来之后，可在使用如下命令开启的消息生产者终端中输入任意字符串。此时就可以在 IDEA 的控制台中看到对输入字符串中单词的统计信息。

```
kafka-console-producer.sh --broker-list localhost:9092 --topic test
```

上述过程介绍了在 IDEA 中 Spark Streaming 如何读取 Kafka 中的数据来创建数据流对象，并进行处理。也可以将上述应用打包成 jar，然后提交到 Spark 集群中运行。

7.6 本章小结

本章主要介绍了 Spark 软件栈中流处理组件 Spark Streaming 的基本原理以及具体的操作实践。从本章的介绍可以看出，Spark Streaming 是将数据流根据时间间隔进行分片的，然后使用 Spark 将一个时间段内的数据进行批处理。因此，Spark Streaming 是基于 Spark 的核心批处理框架上的一种针对流式数据的应用。它依赖 Spark 的底层核心批处理框架 Spark Core，而且它的流处理过程并不是真正的实时流计算。

如同 Spark 通过 RDD 数据类型来组织计算过程，Spark Streaming 也定义了新的用于描述数据流的抽象数据类型 Dstream。基于 Dstream 类型，人们在编写 Spark Streaming 程序时与编写基本的 Spark 程序基本一致。Spark 中 RDD 的许多操作仍然可以在 Dstream 中继续使用。不同的是，人们需要根据基本的数据源或者高级的数据源来创建数据流对象。

Spark Streaming 支持从 Socket 端口、本地或者 HDFS 的文件目录等基本数据源来接收数据，创建数据流对象，也支持根据 Flume 和 Kafka 等外部高级的数据源来创建数据流对象。

第8章 Chapter 8

实时流计算框架Storm

本章导读

Storm 是 Twitter 开源的流处理平台，并在 2014 年成为 Apache 顶级项目。它与 Hadoop、Spark 并称为 Apache 基金会三大顶级的开源项目，被业界称为实时版的 Hadoop。不同于 Spark Streaming，Storm 实现的是实时的流计算处理。它将数据流中的数据以元组的形式不断地发送给集群中的不同节点以进行分布式处理，能够实现高频数据和大规模数据的实时处理，并具有处理速度快、可扩展、容灾与高可用的特点。

本章将通过介绍 Storm 的逻辑与物理架构，Storm 的消息容错机制，Storm 与 Hadoop、Flume、Kafka 的整合来说明 Storm 的原理与实践过程。

8.1 Storm 的逻辑架构

在 Storm 中，一个核心的抽象概念是 Stream。Stream 是没有边界的 tuple 序列。而一个 tuple 包含了多个字段，每个字段都可以是任意类型的数据，可以是诸如 integer、long、short、byte、string、double、float、boolean 和 byte array 等基本数据类型，也可以是自定义的数据类型。

基于 Stream 概念，Storm 认为每个 Stream 都有一个称为 Spout（喷嘴）的源头。这些 Spout 就像水龙头一样，只要一打开就会源源不断地产生 tuple。这些产生的 tuple 会流向一些 Bolt 进行处理。Bolt 或者将数据流写入数据库等目的地，或者进行处理之后产生一些新的 tuple，这些新的 tuple 构成新的 Stream 流向其他的 Bolt 进行进一步的处理。整个数据流的处理过程就是由 Spout 产生然后经过不同的 Bolt 进行处理的管道式过程。产生数据流的 Spout、处理数据流的 Bolt 以及它们之间的数据流导向关系构成了一张图 8-1 所示的网。

所以，Storm 提供了 Topology 概念和组件来描述这样一张网。在 Storm 中，一个Topology 就是一个流处理的计算逻辑流程图。该图中只有两种负责计算的节点：Spout 和 Bolt。Spout 节点的计算逻辑负责产生数据，Bolt 节点的计算逻辑负责对流入的 tuple 进行处理。Topology 中节点之间的连接代表了数据流处理过程中的不同数据流 Stream 对象。

因此，Topology 就是对数据流处理逻辑的描述。也基于此，在 Storm 中，编写一个数据

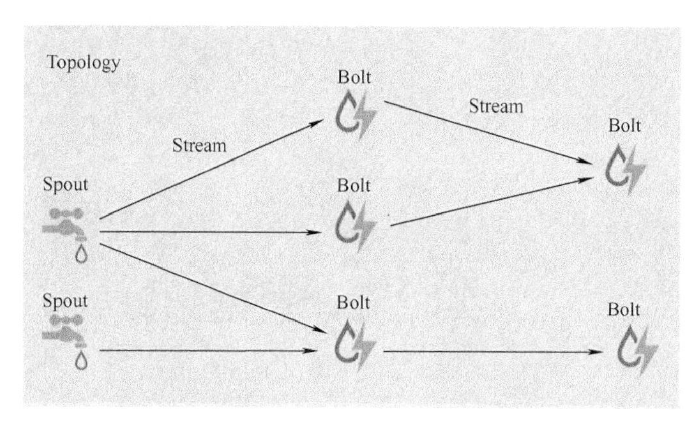

图 8-1　Storm 应用的逻辑架构

流处理应用的主要任务就是创建一个 Topology。用户向 Storm 提交的需要 Storm 执行的也是一个 Topology。一旦用户提交了一个 Topology，Storm 将会一直执行下去，直到用户主动结束为止。

8.2　Storm 的物理架构

Topology 描述了 Strom 的执行逻辑，Strom 执行的也是 Topology。那么实际中，一个 Topology是如何在 Strom 中执行的呢？

8.2.1　Storm 集群的架构

Strom 的设计借鉴了 Hadoop。一个 Storm 集群也采用 Master-Slave 结构。其中，Master 节点主要运行一个称为 Nimbus 的进程。而 Slave 节点也就是 Worker 节点，主要负责具体的计算处理任务。如图 8-2 所示，具体的 Worker 节点上又运行着 Supervisor 和 Worker 进程，而一个 Worker 进程又可以执行若干个 Task 线程任务。

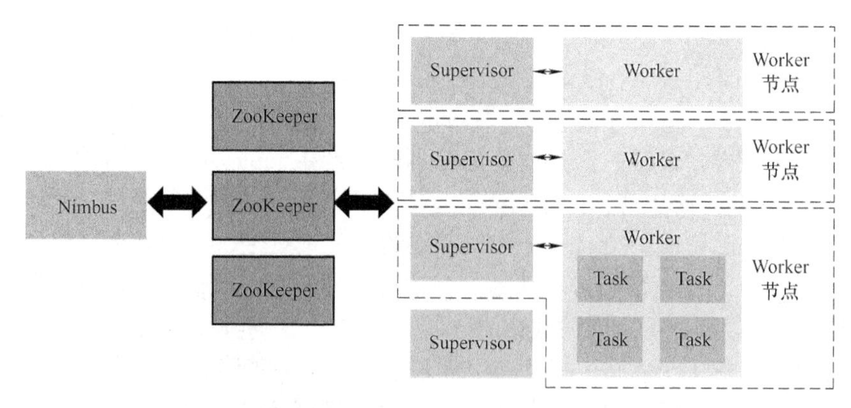

图 8-2　Storm 集群的架构

上述各个进程的主要功能和负责的任务如下。

- **Nimbus**：Nimbus 是 Storm 集群的 Master 进程，负责接收用户提交的 Topology，分配资

源和任务，并监控集群的运行。一个 Storm 集群只有一个 Nimbus。

- **Supervisor**：Supervisor 运行于集群的 Worker 节点上，负责接收 Nimbus 分配的任务，启动和管理一个集群节点上的所有 Worker 进程。一个 Worker 节点可以有多个具体的 Worker 进程。
- **Worker**：Worker 是运行于集群 Worker 节点的工作进程，主要负责执行具体的 Task 任务。一个 Worker 进程可以执行多个 Task 线程任务。
- **Task**：Task 即是 Topology 中描述的 Spout 或者 Bolt 计算处理任务。在 Storm 集群中，每个 Spout 和 Bolt 都由若干个 Task 线程来并行执行。每个 Spout 和 Bolt 对应的线程任务个数可以在将 Spout 和 Bolt 添加到 Topology 时通过 setSpout( ) 和 setBolt( ) 方法的 parallelism 参数来进行设置。

实际上，Topology 还提供了 setNumberTask 接口来设置 Spout 和 Bolt 的任务数量。那么 setNumberTask 设定的任务数量与 parallelism 参数设定的数量有什么区别呢？两者的区别在于，parallelism 设置的是运行一个 Spout 或者 Bolt 的物理线程数量，而 setNumberTask 设置的是逻辑上 Spout 和 Bolt 的 Task 数。每个逻辑上的 Task 都将交由物理的线程去执行。setNumberTask 设置的逻辑上的 Task 数量和 parallelism 参数设置的物理线程数量在实际中可以不同。但是，parallelism 参数设置的物理线程数不能大于 setNumberTask 设置的逻辑上的 Task 数量。也就是说，一个物理线程可以承担一个 Spout 或者 Bolt 的多个 Task 的执行。但是两者的数量最好相等。人们在实际中可设置任何一个数量。当设置其中一个数量时，一个 Task 将对应一个线程，一个线程将执行一个 Task。并且，当人们不设置上述两个数量时，Storm 默认为每个 Spout 或者 Bolt 创建一个 Task。

图 8-2 所示的 Storm 集群架构可以看出，Storm 集群的核心是 ZooKeeper。ZooKeeper 广泛使用于 HBase、Kafka 等工具，本书在 5.3 节介绍 HBase 的运行架构时介绍过ZooKeeper。它是 Hadoop 生态系统中的一个在分布式环境下提供高性能和高可靠的协调服务的程序组件。ZooKeeper 主要由两部功能组成：文件系统和事件监听器。ZooKeeper 维护着一个类似文件系统的多层级数据结构，但与标准的文件系统不同，ZooKeeper 所维护的多层级数据结构中的目录节点可以有数据，也可以有目录，被称为 Znode。Znode 可以被集群中的各个客户端订阅。当 Znode 发生变化时，各个客户端会收到 ZooKeeper 的通知，并做出相应的调整和改变。基于此，在分布式环境下，ZooKeeper 可以监控集群中的服务器是否存活、是否是可以访问的状态，并提供服务器故障或宕机的通知。

Storm 也依赖 ZooKeeper 来监控集群各个节点的状态，并负责存储集群的运行状态数据和配置数据。集群的各个 Worker 节点会把心跳数据发送给 ZooKeeper，而不是 Nimbus。Nimbus只是通过访问 ZooKeeper 来获知集群节点的状况。并且，当 Nimbus 接收到具体需要执行的任务时，将 jar 包和分配的任务发送给 ZooKeeper，然后由各个 Supervisor 去ZooKeeper 获取需要执行的计算任务和数据。

8.2.2　数据流的分组策略

通过上述的我们可知，Storm 执行的一个流处理应用涉及多个 Spout 和 Bolt 计算任务，Spout 的计算输出会发送给 Bolt 计算任务。而每个 Spout 和 Bolt 计算任务实际中又可以由多个具体的 Task 线程来完成，如图 8-3 所示。如果一个 Bolt 对应多个 Task 线程，那么实际中

Spout 的输出或者其他 Bolt 的输出是如何在该 Bolt 的多个 Task 之间进行分发的呢？这就涉及 Storm 的 Stream Grouping 策略。

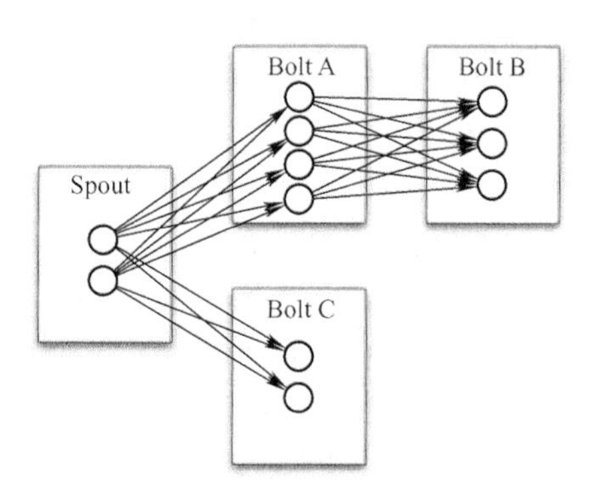

图 8-3 Storm 的数据流分组策略

Storm 提供了如下几种数据流的分组策略。

- **Shuffle Grouping**：随机分组策略。以这种方式，Storm 会将数据流中的数据随机、尽量均匀地发送给下游 Bolt 的多个 Task。
- **Fields Grouping**：按字段分组策略。这种方式就是将数据流中的各个 tuple 按照指定的字段发送给下游 Bolt 的不同 Task。这种方式保证了拥有相同字段的 tuple 会发送给同一个 Task。
- **Partial Key Grouping**：基于关键字的分组策略。这种方式与基于字段的方式相似。不同的是这种方式会考虑下游 Bolt 数据处理的均衡性问题。
- **All Grouping**：广播策略。这种方式会将数据流的数据复制并发送给下游 Bolt 的每个 Task。
- **Global Grouping**：全局分组策略。这种方式会将数据流中所有的 tuple 全部发送给下游 Bolt 的具有最小 task_id 的 Task 进行处理。
- **None Grouping**：不分组策略。这种方式表明用户不关心数据流中的数据如何进行分组。目前，这种方式等同于 Shuffle Grouping。
- **Direct Grouping**：直接分组策略。这种分组策略由 tuple 的产生者直接决定将 tuple 发送给下游 Blot 的哪个 Task。这种方式只有被声明为 Direct Stream 的数据流才可以使用，而且这种数据流中的 tuple 必须使用 emitDirect( )方法来发送。
- **Local or Shuffle Grouping**：本地或者随机分组策略。基于这种方式，如果下游 Bolt 的一个或者多个 Task 都运行在同一个 Worker 进程中，Storm 会将数据流中的 tuple 按照随机方式发送给这些进程中的 Task，否则就按照普通的随机分组策略进行 tuple 的分发。

8.3 Storm 的消息容错机制

Storm 是一个分布式的流计算平台。在实际的运行过程中，集群的节点可能会由于宕机而导致集群中的 Nimbus 或者 Supervisor 等进程终止，即使集群的节点不发生宕机，也可能会因为内存溢出等原因而导致运行的进程终止。这些都可能导致数据流中的某些数据不能被正确处理。针对这些情况，Storm 高效的 ack-fail 机制能够保证数据流中的每条消息至少被处理一次。

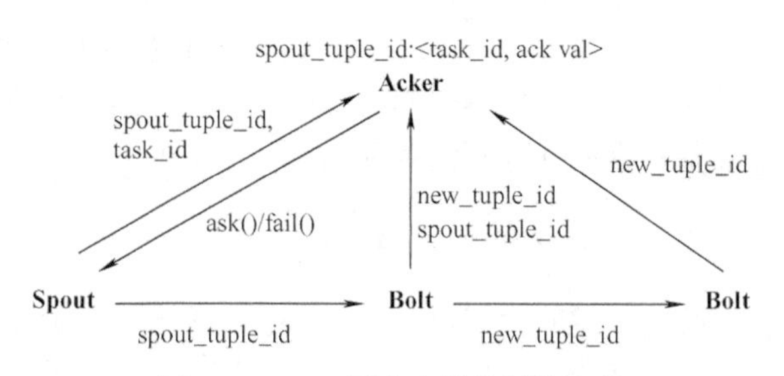

图 8-4 Storm 消息容错机制的流程

如图 8-4 所示，在 Storm 的执行过程中，除了 Spout 和 Bolt 外，还有一个很重要的组件 Acker。Storm 依赖 Acker 并创建几个 Acker 的 Task 来实现流处理过程中的消息容错。一个 Topology 中 Acker 的 Task 数量可以通过 Config. TOPOLOGY_ACKERS 来设置，默认值是 1。

通过 Acker，Storm 能够实现对一个 tuple 的完全处理。在 Storm 中，每当 Spout 产生并发出一个 tuple 后，该 tuple 经过多个 Bolt 的处理会产生一系列新的 tuple。Acker 组件的任务就是跟踪从 Spout 的某个 Task 中流出的每一个 tuple 及其导致的一系列 tuple 的处理情况。一个 tuple 被完全处理的意思就是：Spout 所产生的 tuple 以及其所导致的所有 tuple 都被成功处理。而一个 tuple 如果在规定的 timeout 时间内没有被成功处理，则被认为是处理失败了。

基于 Acker，Storm 实现消息容错的具体过程如下。

1）当 Spout 发出一个 tuple 时，它会创建一个 64 位的随机数来作为该 tuple 的 id，并将该 id 随 tuple 一起发送给下游的 Bolt。Spout 在将 tuple 发送给 Bolt 时，也会将该 tuple 的 id 和发送该 tuple 的 Spout Task 的 id（一个 Spout 可以有多个 Task）一起发送给 Acker 的一个 Task。然后这个 Acker 的 Task 会维护该 tuple 的 id、发送该 tuple 的 Spout Task 的 id 和一个 64 位的被称为 ack val 的数值之间的映射。ack val 用来保存和记录 tuple 的处理状态，它的初始值为 0。

2）当 Bolt 接收到 Spout 发送的 tuple 后，它也可能会经过处理产生新的 tuple。此时，新产生的 tuple 中也会包含一个 64 位随机数的 tuple id，并且还包含输入 tuple 的 id。所以，当一个 tuple 从 Spout 产生并经过多个 Bolt 处理而产生新的 tuple 之后，多个 tuple 之间就会形成一个具有父子结构的 tuple 树。从每个子 tuple 出发，也可以追踪到产生这棵树的原始 Spout 发出的 tuple。

3）当 Bolt 对输入 tuple 成功处理并产生一个新的 tuple 之后，它会通过一个 ack( ) 方法将接收的 tuple 和新产生的 tuple 的 id 都发送给 Acker。当 Acker 接收到这些 tuple 的 id 之后，就会做如下的异或运算来更新 ack val 的值。

```
ack val = spout_tuple-id xor spout_tuple-id xor new_tuple_id
```

在实际中，Acker 并没有显式地去跟踪由 Spout 发出的 tuple 所产生的每一个 tuple，而是通过对接收的所有 tuple id 做异或运算来判断 Storm 对这些 tuple 的处理状态。显然，如图 8-4 所示，当一个 Spout 发出的 tuple 被完全成功处理之后，Acker 接收的各个 tuple_id 的异或运算的结果为 0。当异或运算的结果是 0 时，Acker 就根据保存的 Spout Task id 调用该 Spout Task 的 ack( ) 方法，通知 Spout 该 tuple 已经处理完成。然后 Storm 就清理由该 tuple 产生的 tuple 树的相关信息，消除对存储空间的占用。否则，如果在设定的 timeout 时间内，一个 tuple 仍然没有处理完成，那么 Acker 则会调用 Spout 的 fail( ) 方法，通知该 tuple 处理失败。Spout 会重新发送该 tuple。

因为 tuple 的 id 是随机数，因此它可能会在产生时就是 0。这可能导致某一个 tuple 还没有被成功处理，但 Acker 异或运算的结果已经是 0，从而误以为 tuple 已经成功被处理。但是由于 tuple 的 id 是 64 位的随机数，因此这种概率非常小。

4）当 Bolt 对输入 tuple 的处理失败时，它也可以主动地通过 fail( ) 方法来通知 Acker 当前 tuple 处理失败。此时，Acker 就会立即通知 Spout，而不是等到 timeout 时间到来之后再通知 Spout。

8.4 Strom 的下载与安装

Storm 的运行依赖 JDK、Python 与 ZooKeeper。本书已经在第 2 章的 2.3 节介绍过 JDK 的安装，在第 5 章的 5.4.1 小节介绍过 ZooKeeper 的安装。并且，Python 也可以通过在 Linux 终端使用“sudo apt install python”命令来在线安装。因此，这里将主要介绍 Storm 的部署过程。

8.4.1 Storm 的安装配置

可以从如下 Apache 的镜像站点下载 Storm 的安装文件。本书下载和使用的是 Storm 的 2.0.0 版本，安装包的全称是 apache-storm-2.0.0.tar.gz，下载网址如下

https://mirror.bit.edu.cn/apache/storm/

与其他组件的安装过程一样，可将下载的安装包拖入虚拟机的桌面，然后进入虚拟机桌面所在的路径下，使用以下命令进行安装。

```
sudo tar -zxvf apache-storm-2.0.0.tar.gz -C /usr/local
cd /usr/local
sudo mv apache-storm-2.0.0 storm//将安装文件重命名
sudo chown -R hadoop ./storm//赋予 hadoop 用户使用当前目录的权限
```

上述操作完成之后，将 Storm 的安装路径添加到系统的环境变量之中。使用如下命令打开当前用户根目录下的配置文件。

```
vim ~/.bashrc
```

然后，在该文件的尾部添加如下信息，并通过 source 命令来使配置生效。

```
export STORM_HOME=/usr/local/storm
export PATH=$PATH:$STORM_HOME/bin
```

在安装完成之后，需要进一步对 Storm 进行配置，设置 ZooKeeper 实例运行的节点地址，设置 Nimbus 运行的节点以及启动 Supervisor 的端口等信息。首先通过如下命令打开 Storm 的配置文件。

```
cd /usr/local/storm/conf
vim storm.yaml
```

然后，在打开的 storm.yaml 文件中修改或者添加图 8-5 所示的内容。

在上述内容中：

1）storm.zookeeper.servers 设置的是在 Storm 集群中运行 ZooKeeper 实例的节点地址。在实际的集群中一般会有多个节点来运行 ZooKeeper 实例来保证 ZooKeeper 的稳定性。由于是在伪分布式环境下，所以运行 ZooKeeper 的节点为 localhost，具体的 IP 地址也是 127.0.0.1。

```
########## These MUST be filled in for a storm configuration
 storm.zookeeper.servers:
     - "localhost"

 nimbus.seeds: ["localhost"]

 storm.local.dir: "/usr/local/storm/stormlocaldir"

 supervisor.slots.ports:
        - 6700
        - 6701
        - 6702
        - 6703
```

图 8-5 需添加的内容

该地址可以在/etc/hosts 文件中进行查看和修改。

2）nimbus. seeds 设置的是运行 Nimbus 的节点，也就是 Storm 集群的主节点。在实际中也可以有多个，用于实现集群主节点的热备。

3）storm. local. dir 设置的 Storm 存放数据的本地目录。

4）supervisor. slots. ports 设置的是一个 Supervisor 下开启槽的数量以及端口列表。每个槽对应一个 Worker，并占用一个端口，每个端口只运行一个 Worker。因此，通过该配置可以设定集群每个节点可以运行的 Worker 进程数量。

8.4.2 Storm 的启动

在 JDK、Python 以及 ZooKeeper 已经安装完成并启动的情况下，可以通过如下命令在 Linux 终端来启动 Storm。首先启动 Nimbus。

```
storm nimbus//启动 Nimbus
```

通过上述命令启动 Nimbus 之后，就会看到图 8-6 所示的反馈信息。也可以通过“storm nimbus &”命令来启动 Nimbus，这样就可以使得 Nimbus 启动之后在后台运行。否则不能关闭当前启动 Nimbus 的终端，并需要开启新的终端来启动其他的进程。

```
hadoop@hadoop-virtual-machine:/usr/local/storm$ storm nimbus
Running: /usr/local/jdk1.8.0_161/bin/java -server -Ddaemon.name=nimbus -Dstorm.
options= -Dstorm.home=/usr/local/storm -Dstorm.log.dir=/usr/local/storm/logs -D
java.library.path=/usr/local/lib:/opt/local/lib:/usr/lib:/usr/lib64 -Dstorm.con
f.file= -cp /usr/local/storm/*:/usr/local/storm/lib/*:/usr/local/storm/extlib/*
:/usr/local/storm/extlib-daemon/*:/usr/local/storm/conf -Xmx1024m -Djava.deseri
alization.disabled=true -Dlogfile.name=nimbus.log -Dlog4j.configurationFile=/us
r/local/storm/log4j2/cluster.xml org.apache.storm.daemon.nimbus.Nimbus
```

图 8-6 启动 Nimbus 之后的反馈信息

这里可以开启一个新的终端，然后使用如下命令来启动 Supervisor。

```
storm supervisor &//启动 Supervisor
```

此时打开一个新的 Linux 终端，通过 jps 命令就可以查看 Nimbus 和 Supervisor 进程是否启动成功。如果看到图 8-7 所示的内容，就说明进程启动成功了。

也可以通过如下命令启动 Storm 的 UI 进程，然后在浏览器中查看 Storm 集群的相关情况。

```
hadoop@hadoop-virtual-machine:~$ jps
5778 Nimbus
4808 QuorumPeerMain
5980 Supervisor
6175 Jps
```

图 8-7　进程启动成功的内容

```
storm ui//启动 UI 进程
```

在启动上述 UI 进程之后，在浏览器中输入 http://localhost:8080/就能看到图 8-8 所示的 Storm UI 界面。

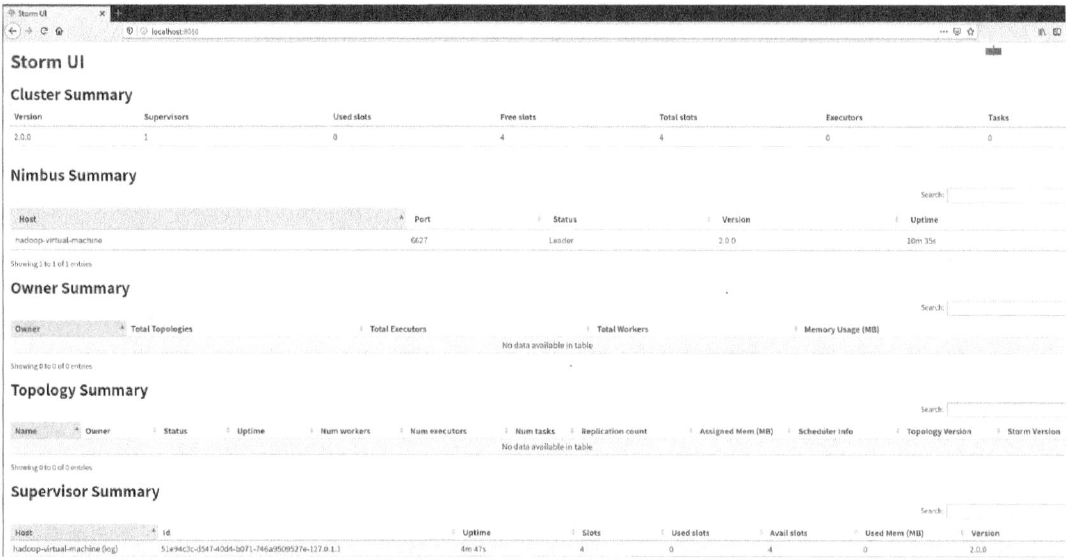

图 8-8　Storm UI 页面

8.5　Storm 的 WordCount 程序

8.4 节已经介绍了 Storm 的安装和部署。本节将通过经典的 WordCount 应用来展示和说明 Storm 程序的结构。这里基于 IDEA + Maven 来创建 WordCount 应用。该应用的逻辑结构如图 8-9 所示。

Sentence Spout —sentence→ Split Bolt —(word, 1)→ WordCount Bolt

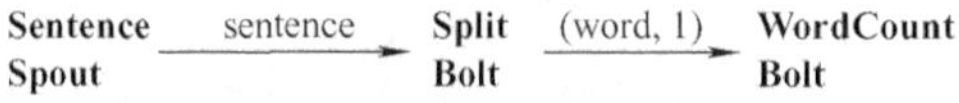

图 8-9　WordCount 应用的逻辑结构

如图 8-9 所示，在该应用中将构建一个 Sentence Spout 来发送句子，然后由 Split Bolt 来将句子分为一个个单词并发送出去，最后由 WordCount Bolt 来统计每个单词出现的次数。

8.5.1 Pom.xml 文件

项目的 pom.xml 文件的内容如下。

```
<?xml version="1.0" encoding="UTF-8"?>
<project xmlns="http://maven.apache.org/POM/4.0.0"
         xmlns:xsi="http://www.w3.org/2001/XMLSchema-instance"
         xsi:schemaLocation="http://maven.apache.org/POM/4.0.0
http://maven.apache.org/xsd/maven-4.0.0.xsd">
    <modelVersion>4.0.0</modelVersion>

    <groupId>com.liu</groupId>
    <artifactId>StormWordCount</artifactId>
    <version>1.0-SNAPSHOT</version>

    <!--这里使用的版本为2.0.0 -->
    <dependencies>
    <dependency>
            <groupId>org.apache.storm</groupId>
            <artifactId>storm-core</artifactId>
            <version>2.0.0</version>
        </dependency>
    </dependencies>
</project>
```

8.5.2 Java Class 文件

如图 8-9 所示，本应用中有 3 个逻辑处理的 Java Class 文件，另外还有一个 main 文件来定义 Topology。各个文件的内容如下。

（1）SentenceSpout

```
import org.apache.storm.spout.SpoutOutputCollector;
import org.apache.storm.task.TopologyContext;
import org.apache.storm.topology.OutputFieldsDeclarer;
import org.apache.storm.topology.base.BaseRichSpout;
import org.apache.storm.tuple.Fields;
import org.apache.storm.tuple.Values;
import org.apache.storm.utils.Utils;

import java.util.Map;
import java.util.Random;

public class SentenceSpout extends BaseRichSpout {
```

```
    SpoutOutputCollector collector; //用于发射 tuple
    Random rand; //产生随机数

    //初始化方法,该方法在一个 Spout 任务启动时执行,做准备工作
    public void open( Map map, TopologyContext context, SpoutOutputCollector collector) {
        this. collector = collector;
        this. rand = new Random( ) ;
    }

    //Storm 通过一个 while( true) 循环不断调用 nextTuple( ) 方法来发射 tuple
    public void nextTuple( ) {
        Utils. sleep( 100) ;
        String[ ] sentences = new String[ ] {
            sentence( " hello hadoop" ) ,
            sentence( " hello china" ) ,
            sentence( " I love china" ) ,
            sentence( " hadoop is good" )
        } ;
        //根据随机数选择一个句子
        final String sentence = sentences[ rand. nextInt( sentences. length) ] ;
        System. out. print( " [ * * * * * * * * * * ] Spout sentence: " + sentence + " \n" ) ;
        //发射出去时选择的句子
        collector. emit( new Values( sentence) ) ;
    }

    protected String sentence( String input) {
        return input;
    }

    //声明发射出去的数据流中的 tuple 所拥有的字段
    public void declareOutputFields( OutputFieldsDeclarer declarer) {
        declarer. declare( new Fields( " sentence" ) ) ;
    }
}
```

上述代码展示了一个 Spout 的逻辑结构。从中可以看出，该 Spout 继承于 BaseRichSpout。在 Storm 中，BaseRichSpout 继承于 IrichSpout。IrichSpout 定义了 Spout 必须实现的接口，包括 open( )、nextTuple( )、cleanup( )、declareOutputFields( )、ack( )和 fail( )等方法。

- open( )方法主要用于在 Spout 的 Task 启动时做一些准备工作，比如变量的初始化。
- nextTuple( )方法是 Spout 的主要工作方法。Storm 循环调用该方法来不断地发射 tuple 给下游的 Bolt。
- close( )方法主要是在 Spout Task 结束时做一些收尾工作。

● declareOutputFields()方法主要用于设定 nextTuple()方法发射出去的 tuple 的各个字段。这些字段的值可以通过 getStringByField()方法或者根据字段的类型操作如 getString()来获取。

● ack()方法是供 Acker 的 Task 调用来告知 Spout 一个 tuple 已经被完整处理。在该方法中可以编写逻辑来将成功处理的 tuple 从消息队列中删除。

● 与 ack()方法类似，fail()方法供 Acker 的 Task 在一个 tuple 处理失败时调用。在该方法中可以编写逻辑来响应 tuple 的处理失败，比如重新发射失败的 tuple。

在实际中，BaseRichSpout 已经实现了 IrichSpout 的诸如 ack()、fail()等实现 Ack 机制的方法，保证了可靠的 Spout。

（2）SplitBolt

```
import org.apache.storm.task.OutputCollector;
import org.apache.storm.task.TopologyContext;
import org.apache.storm.topology.OutputFieldsDeclarer;
import org.apache.storm.topology.base.BaseRichBolt;
import org.apache.storm.tuple.Fields;
import org.apache.storm.tuple.Tuple;
import org.apache.storm.tuple.Values;
import java.util.Map;

public class SplitBolt extends BaseRichBolt {
  OutputCollector outputCollector;//用于发射 tuple
  //初始化方法
  public void prepare(Map map,TopologyContext topologyContext,OutputCollector outputCollector) {
        this.outputCollector = outputCollector;
  }

//被 Storm 通过 while(true)循环调用,每次调用处理一个接收的 tuple
public void execute(Tuple tuple) {
        //根据 tuple 的字段提取字段的值
        String sentence = tuple.getStringByField("sentence");
        String[] words = sentence.split(" ");//将接收的句子分成单词
        for(String word :words) {
            //将每个单词发射出去,发射的数据是 tuple 类型,包含两个字段
            outputCollector.emit(new Values(word,1)); }
  }

  public void declareOutputFields(OutputFieldsDeclarer outputFieldsDeclarer) {
        //声明发射的 tuple 包含两个字段
        outputFieldsDeclarer.declare(new Fields("word","count"));
  }
}
```

从上述代码可知，与所定义的 Spout 类似，所定义的 Bolt 继承于 BaseRichBolt。实际应用中，BaseRichBolt 继承于 IrichBolt。IrichBolt 也定义了 Bolt 的通用接口，包括了prepare( )、execute( )、cleanup( )和 declareOutputFields( )等方法。上述一些方法与 IrichSpout 中对应方法的功能相似，比如 prepare( )、cleanup( )和 declareOutputFields( )。其中，execute( )方法是 Bolt 的主要工作方法。该方法对 Bolt 接收的每个 tuple 进行处理。在 IrichBolt 的接口中，prepare( )、execute( )和 declareOutputFields( )方法是必须要在 Bolt 中实现的。

（3） WordCountBolt

```
import org. apache. storm. task. OutputCollector;
import org. apache. storm. task. TopologyContext;
import org. apache. storm. topology. IBasicBolt;
import org. apache. storm. topology. IRichBolt;
import org. apache. storm. topology. IWindowedBolt;
import org. apache. storm. topology. OutputFieldsDeclarer;
import org. apache. storm. topology. base. BaseRichBolt;
import org. apache. storm. tuple. Tuple;
import java. util. * ;

public class WordCountBolt extends BaseRichBolt {
  //保存每个单词出现次数的数据结构
  Map < String, Integer >  map = new HashMap < String, Integer > ( ) ;

  //Bolt 的 prepare( )方法
  public void prepare( Map map, TopologyContext topologyContext,
                               OutputCollector outputCollector) { }
  //execute( )方法
  public void execute( Tuple tuple) {
      String word = tuple. getString(0) ; //根据字段的类型和位置来获取字段值
      Integer count = tuple. getInteger(1) ;
      if ( map. containsKey( word) ) {
            count + = map. get( word) ;
            map. put( word, count) ;
      } else {
            map. put( word, count) ;
      }

      System. out. println( "[ ************ ] The word is:" + word + ",出现的个数是:" +
  count) ;
  }

  //Bolt 的 declareOutputFields( )方法
  public void declareOutputFields( OutputFieldsDeclarer outputFieldsDeclarer) { }
}
```

上述的 WordCountBolt 用于统计每个单词出现的次数，并将它们保存在一个 HashMap 数据结构中。从上述代码可以看出，由于 WordCountBolt 不需要发射 tuple，所以它的 declareOutputFields( )方法为空，不需要再声明发射 tuple 的字段。

（4）StormWordCountTopology

```
import org.apache.storm.Config;
import org.apache.storm.LocalCluster;
import org.apache.storm.StormSubmitter;
import org.apache.storm.generated.AlreadyAliveException;
import org.apache.storm.generated.AuthorizationException;
import org.apache.storm.generated.InvalidTopologyException;
import org.apache.storm.thrift.TException;
import org.apache.storm.topology.TopologyBuilder;
import org.apache.storm.tuple.Fields;

public class StormWordCountTopology {
    //应用的 main 函数
    public static void main(String[] args)
            throws AlreadyAliveException,InvalidTopologyException {

        //(1)创建一个 TopologyBuilder
        TopologyBuilder topologyBuilder = new TopologyBuilder();

        //添加 Spout,设置它的名字,设置 Spout Task 的个数为 1
        topologyBuilder.setSpout("sentenceSpout",new SentenceSpout(),1);

        //添加 SplitBolt,设置它的名字,设置其 Task 的个数为 10,并指定其订阅 SentenceSpout 的输出
        //而且,设置 SentenceSpout 的输出到 SplitBolt 的数据流分组策略为随机分组策略
        topologyBuilder.setBolt("splitBolt",new SplitBolt(),10).shuffleGrouping("sentenceSpout");

        //添加 WordCountBolt,设置它的名字,设置其 Task 的个数为 2,并指定其订阅 splitBolt
        //而且,设置 SplitBolt 的输出到 WordCountBolt 的数据流分组策略为按 word 字段进行分组
        topologyBuilder.setBolt("wordCountBolt",new WordCountBolt(),2)
                .fieldsGrouping("splitBolt",new Fields("word"));

        //(2)创建 configuration,指定 Topology 需要的 Worker 的数量
        Config config = new Config();
        config.setNumWorkers(2);

        //(3)集群模式,提交任务到 Storm 集群中运行
```

```
        /*
        try {
          StormSubmitter.submitTopologyWithProgressBar("stormWordCount",config,topologyBuilder.
               createTopology());
        } catch (AuthorizationException e) {
             e.printStackTrace();
        }
        */
        //(4)本地模式,提交任务到本地,通过一个 JVM 来运行
        LocalCluster localCluster = null;
        try {
             localCluster = new LocalCluster();
        } catch (Exception e) {
             e.printStackTrace();
        }
        try {
          localCluster.submitTopology("stormWordCount",config,topologyBuilder.createTopology());
        } catch (TException e) {
             e.printStackTrace();
        }
    }
}
```

从上述代码可以看出，Storm 的应用程序编写与 MapReduce 非常相似。

- 在 MapReduce 中，需要通过继承 Mapper 和 Reducer 接口来自定义 Mapper 和 Reducer。而自定义的 Mapper 和 Reducer 也具有 setup()、cleanup()、map()或者 reduce()等方法。然后，人们需要在应用的 main()方法中创建一个 job 对象，通过 job 对象来封装和设置 MapReduce的应用代码。
- 在 Storm 中，也需要通过继承 IrichSpout 和 IrichBolt 接口来自定义应用的 Spout 和 Bolt。每个 Spout 和 Bolt 中也都有 open()、close()、nextTuple()、cleanup()、execute()等方法。并且，最后人们也需要在应用的 main()方法中创建一个 Topology 对象，来封装和设置 Storm 的执行逻辑。

8.5.3 提交集群运行

8.5.2 小节的代码在 IDEA 中编译完成之后，可以直接在 IDEA 中以本地方式运行，此时 Storm 的输出就显示在 IDEA 的控制台上。除此之外，也可以在 IDEA 中将上述的 WordCount项目打包，然后开启一个 Linux 终端，通过如下命令提交到 Storm 集群中运行。

```
//进入 jar 包所在的目录
cd /home/hadoop/ideaprojects/StormWordCount/out/artifacts/StormWordCount_jar
//提交 Topology 到集群运行
storm jar StormWordCount.jar StormWordCountTopology
```

通过上述命令将 Topology 提交到集群后，如果在 Topology 中实现的是本地运行方式，那么应用的状态输出到终端上。而如果实现的是集群运行方式，那么则可以通过 Storm 的 UI 页面来查看集群的运行状况，包括可以在页面上通过 kill 按钮终止应用的执行。

8.6　Storm 与 Hadoop 的整合

Storm 作为一个流处理框架能够有效地弥补 Hadoop 的 MapReduce 计算框架实时性不足的问题。除了 MapReduce 之外，Hadoop 还有诸如 HDFS、HBase 等优秀的分布式存储组件。它们可以作为 Storm 的持久化的工具。因此，这一节将主要介绍如何将 Storm 与 Hadoop 整合，以使得人们在使用 Storm 时可以使用 Hadoop 的存储组件来持久化数据。

8.6.1　Storm 写入数据到 HDFS

为了将 Storm 和 HDFS 整合，以将 Storm 的数据写入 HDFS，Storm 提供了 HdfsBolt。下面仍以 WordCount 应用为例，在该应用的基础上添加一个 HdfsBolt 来将 WordCountBolt 的实时单词统计结果写入 HDFS 中。

在之前 WordCount 代码的基础上，需要改动的文件包括 pom.xml 文件、WordCountBolt 文件和 StormWordCountTopology 文件。

（1）改动之后的 pom.xml 文件

改动之后的 pom.xml 文件主要是增加了对 HDFS 以及 Storm-hdfs 的依赖。改动之后的 pom.xml 文件如下，新增的部分已经被加粗显示。

```
<?xml version="1.0" encoding="UTF-8"?>
<project xmlns="http://maven.apache.org/POM/4.0.0"
         xmlns:xsi="http://www.w3.org/2001/XMLSchema-instance"
         xsi:schemaLocation="http://maven.apache.org/POM/4.0.0
http://maven.apache.org/xsd/maven-4.0.0.xsd">
         <modelVersion>4.0.0</modelVersion>

         <groupId>com.liu</groupId>
         <artifactId>stormWordCount</artifactId>
         <version>1.0-SNAPSHOT</version>

         <dependencies>
             <dependency>
                 <groupId>org.apache.storm</groupId>
```

```
            <artifactId>storm-core</artifactId>
            <version>2.0.0</version>
        </dependency>
        <dependency>
            <groupId>org.apache.hadoop</groupId>
            <artifactId>hadoop-hdfs</artifactId>
            <version>2.10.0</version>
        </dependency>
        <dependency>
            <groupId>org.apache.hadoop</groupId>
            <artifactId>hadoop-client</artifactId>
            <version>2.10.0</version>
        </dependency>
        <dependency>
            <groupId>org.apache.storm</groupId>
            <artifactId>storm-hdfs</artifactId>
            <version>2.0.0</version>
        </dependency>
    </dependencies>
</project>
```

（2）改动之后的 WordCountBolt 文件

改动之后的 WordCountBolt 文件主要增加了 tuple 发送的代码。也就是 WordCountBolt 不光要统计所接收的 tuple 中单词的总数，还要将实时的统计结果发送给 HdfsBolt 以写入 HDFS 之中。该文件的主要内容如下。新增的部分已经被加粗显示。

```
import org.apache.storm.task.OutputCollector;
import org.apache.storm.task.TopologyContext;
import org.apache.storm.topology.IBasicBolt;
import org.apache.storm.topology.IRichBolt;
import org.apache.storm.topology.IWindowedBolt;
import org.apache.storm.topology.OutputFieldsDeclarer;
import org.apache.storm.topology.base.BaseRichBolt;
import org.apache.storm.tuple.Tuple;
import org.apache.storm.tuple.Fields;
import org.apache.storm.tuple.Values;
import java.util.*;

public class WordCountBolt extends BaseRichBolt {
    //保存每个单词出现次数的数据结构
    Map<String,Integer> map = new HashMap<String,Integer>();
    OutputCollector outputCollector; //用于发送 tuple
```

```
//Bolt 的 prepare()方法
public void prepare(Map map,TopologyContext topologyContext,OutputCollector outputCollector) {
  this.outputCollector = outputCollector;
}
//execute()方法
public void execute(Tuple tuple) {
    String word = tuple.getString(0); //根据字段的类型来获取字段值
    Integer count = tuple.getInteger(1);
    if (map.containsKey(word)) {
        count += map.get(word);
        map.put(word,count);
    }else{
        map.put(word,count);
    }

    System.out.println("[ ************ ]The word is:" + word + ",出现的个数是:" +
count);
    outputCollector.emit(new Values(word,count));
}

//Bolt 的 declareOutputFields()方法
public void declareOutputFields(OutputFieldsDeclarer outputFieldsDeclarer) {
  outputFieldsDeclarer.declare(new Fields("word","count"));
}
}
```

（3）改动之后的 StormWordCountTopology 文件

改动之后的 StormWordCountTopology 文件主要增加了对 HdfsBolt 的定义，以及将HdfsBolt 添加到 Topology 之中的代码。HdfsBolt 将接收 WordCountBolt 发射的 tuple，然后将其写入指定路径的 HDFS 文件之中。修改之后的 StormWordCountTopology 的内容如下。新增的部分已经被加粗显示。

```
import org.apache.storm.Config;
import org.apache.storm.LocalCluster;
import org.apache.storm.StormSubmitter;
import org.apache.storm.generated.AlreadyAliveException;
import org.apache.storm.generated.AuthorizationException;
import org.apache.storm.generated.InvalidTopologyException;
import org.apache.storm.thrift.TException;
import org.apache.storm.topology.TopologyBuilder;
import org.apache.storm.tuple.Fields;
//新增的依赖
```

```
import org.apache.storm.hdfs.bolt.HdfsBolt;
import org.apache.storm.hdfs.bolt.format.DefaultFileNameFormat;
import org.apache.storm.hdfs.bolt.format.DelimitedRecordFormat;
import org.apache.storm.hdfs.bolt.format.FileNameFormat;
import org.apache.storm.hdfs.bolt.format.RecordFormat;
import org.apache.storm.hdfs.bolt.rotation.FileRotationPolicy;
import org.apache.storm.hdfs.bolt.rotation.FileSizeRotationPolicy;
import org.apache.storm.hdfs.bolt.sync.CountSyncPolicy;
import org.apache.storm.hdfs.bolt.sync.SyncPolicy;

public class StormWordCountTopology {
    //应用的 main 函数
    public static void main(String[] args)
                    throws AlreadyAliveException, InvalidTopologyException {
        //(1)定义一个 HdfsBolt
        //定义输出格式,将输出 tuple 的各个字段使用逗号分隔
        RecordFormat format = new DelimitedRecordFormat().withFieldDelimiter(",");
        //设置每 10 个 tuple 同步到 HDFS 上一次
        SyncPolicy syncPolicy = new CountSyncPolicy(10);
        //设置每个写出文件的大小
        FileRotationPolicy rotationPolicy =
            new FileSizeRotationPolicy(5.0f, FileSizeRotationPolicy.Units.MB);
        //设置输出数据到 HDFS 中的文件夹路径
        FileNameFormat fileNameFormat =
            new DefaultFileNameFormat().withPath("/stormwordcount");
        //创建一个 HdfsBolt 对象
        HdfsBolt hdfsBolt = new HdfsBolt()
                .withFsUrl("hdfs://localhost:9000") //这是 HDFS 的地址
                .withFileNameFormat(fileNameFormat)
                .withRecordFormat(format)
                .withRotationPolicy(rotationPolicy)
                .withSyncPolicy(syncPolicy);

        //(2)创建一个 TopologyBuilder
        TopologyBuilder topologyBuilder = new TopologyBuilder();
        topologyBuilder.setSpout("sentenceSpout", new SentenceSpout(), 1);
        topologyBuilder.setBolt("splitBolt", new SplitBolt(), 10)
                    .shuffleGrouping("sentenceSpout");
        topologyBuilder.setBolt("wordCountBolt", new WordCountBolt(), 2)
                    .fieldsGrouping("splitBolt", new Fields("word"));

        //添加 HdfsBolt,默认 Task 个数为 1
```

```
        topologyBuilder.setBolt("hdfsBolt",hdfsBolt).shuffleGrouping("wordCountBolt");

        //(3)创建 configuration,指定 Topology 需要的 Worker 的数量
        Config config = new Config();
        config.setNumWorkers(2);

        //(4)集群模式,提交任务到 Storm 集群中运行
        /*
        try {
            StormSubmitter.submitTopologyWithProgressBar("stormWordCount",config,
                                                    topologyBuilder.createTopology());
        } catch (AuthorizationException e) {
            e.printStackTrace();
        }
        */

        //(5)本地模式,提交任务到本地,通过一个 JVM 来运行
          LocalCluster localCluster = null;
          try {
              localCluster = new LocalCluster();
          } catch (Exception e) {
              e.printStackTrace();
          }
          try {
              localCluster.submitTopology("stormWordCount",config,topologyBuilder.createTopol-
          ogy());
          } catch (TException e) {
              e.printStackTrace();
          }
    }
}
```

（4）运行结果

将上述代码在 IDEA 中本地运行之后，IDEA 控制台的输出如图 8-10 所示。

在 Linux 终端中通过 HDFS 的如下命令，可以发现 Storm 已经在 HDFS 的根目录中建立了在设置 HdfsBolt 时所指定的 stormwordcount 存储文件夹。

```
hadoop fs -ls /
```

然后，可以通过“hadoop fs -text 文件名”命令来打印及查看 stormwordcount 文件夹中文件的具体内容，如图 8-11 所示。此时可以看出，HdfsBolt 将接收的每个（word，count）的tuple 按行写入 HDFS 的 .txt 文件中，并且 word 与 count 之间按照设定的逗号进行了分隔。

```
Run  stormWordCount
[************************]The word is: good, 出现的个数是：55
[-------------]Spout sentence: hello hadoop
[************************]The word is: hello, 出现的个数是：114
[************************]The word is: hadoop, 出现的个数是：108
10:02:14.860 [Thread-55-hdfsBolt-executor[5, 5]] INFO  o.a.s.h.c.HDFSWriter - Attempting to sync all data to filesystem
[-------------]Spout sentence: hadoop is good
[************************]The word is: hadoop, 出现的个数是：109
[************************]The word is: good, 出现的个数是：56
[************************]The word is: is, 出现的个数是：56
[-------------]Spout sentence: hello china
[************************]The word is: hello, 出现的个数是：115
[************************]The word is: china, 出现的个数是：118
[-------------]Spout sentence: hadoop is good
[************************]The word is: is, 出现的个数是：57
[************************]The word is: hadoop, 出现的个数是：110
[************************]The word is: good, 出现的个数是：57
[-------------]Spout sentence: hello hadoop
[************************]The word is: hello, 出现的个数是：116
[************************]The word is: hadoop, 出现的个数是：111
10:02:15.260 [Thread-55-hdfsBolt-executor[5, 5]] INFO  o.a.s.h.c.HDFSWriter - Attempting to sync all data to filesystem
[-------------]Spout sentence: hadoop is good
[************************]The word is: hadoop, 出现的个数是：112
[************************]The word is: good, 出现的个数是：58
[************************]The word is: is, 出现的个数是：58
[-------------]Spout sentence: hello hadoop
[************************]The word is: hello, 出现的个数是：117
[************************]The word is: hadoop, 出现的个数是：113
[-------------]Spout sentence: hadoop is good
[************************]The word is: is, 出现的个数是：59
[************************]The word is: hadoop, 出现的个数是：114
[************************]The word is: good, 出现的个数是：59
[-------------]Spout sentence: hadoop is good
[************************]The word is: is, 出现的个数是：60
[************************]The word is: hadoop, 出现的个数是：115
[************************]The word is: good, 出现的个数是：60
10:02:15.664 [Thread-55-hdfsBolt-executor[5, 5]] INFO  o.a.s.h.c.HDFSWriter - Attempting to sync all data to filesystem
```

图 8-10　StormWordCount 在 IDEA 控制台的输出

图 8-11　Storm 写入 HDFS 中的文件内容

上述 Storm 将数据写入 HDFS 过程使用的是 HdfsBolt，该接口主要用来将数据以文本形式写入 HDFS 之中。Storm 还用 SequenceFileBolt、AvroGenericRecordBolt 等来将数据以不同的格式写入 HDFS 之中。可以参见 Storm 官网中关于 Storm 与 HDFS 整合的说明 http://storm.apache.org/releases/current/storm-hdfs.html 来了解关于它们的详细信息。

8.6.2　Storm 写入数据到 HBase

除了 HDFS 之外，HBase 也是一个常用的数据持久化平台。Storm 支持将数据输入 HBase 进行持久化存储。这里仍然以 WordCount 应用为例来说明如何将 WordCount 的统计结果写入 HBase 之中。

具体来说，在上述 WordCount 代码的基础上将增加一个 HBaseBolt，它负责将 WordCountBolt 发射的 tuple 写入 HBase 之中。因此，为了实现将 WordCount 的结果写入 HBase，需要在上述 WordCount 代码的基础上做如下修改。

1）修改 pom.xml 文件，新增对 HBase 的依赖。

2）新增一个定义 HBaseBolt 的文件。

3）修改 WordCountBolt 文件，增加发射 tuple 的内容。

4）修改 StormWordCountTopology 文件，将 HBaseBolt 添加到 Topology 之中。

对 WordCountBolt 文件的修改主要是增加发射 tuple 的内容，与在 Storm 和 HDFS 整合过程中对 WordCountBolt 文件的修改一样，因此这里不再说明该文件的修改内容。这里主要说明新增的 HBaseBolt 定义文件和对 StormWordCountTopology 文件的修改。除此之外，还需要事先在 HBase 中建立存储 WordCount 写入数据的表格。

（1）修改 pom. xml 文件

对 Maven 项目的 pom. xml 文件进行修改。新增的内容已加粗显示。

```
<?xml version="1.0" encoding="UTF-8"?>
<project xmlns="http://maven.apache.org/POM/4.0.0"
         xmlns:xsi="http://www.w3.org/2001/XMLSchema-instance"
         xsi:schemaLocation="http://maven.apache.org/POM/4.0.0
http://maven.apache.org/xsd/maven-4.0.0.xsd">
         <modelVersion>4.0.0</modelVersion>

         <groupId>com.liu</groupId>
         <artifactId>stormWordCount</artifactId>
         <version>1.0-SNAPSHOT</version>

         <dependencies>
             <dependency>
                 <groupId>org.apache.storm</groupId>
                 <artifactId>storm-core</artifactId>
                 <version>2.0.0</version>
             </dependency>
             <dependency>
                 <groupId>org.apache.hadoop</groupId>
                 <artifactId>hadoop-hdfs</artifactId>
                 <version>2.10.0</version>
             </dependency>
             <dependency>
                 <groupId>org.apache.hadoop</groupId>
                 <artifactId>hadoop-client</artifactId>
                 <version>2.10.0</version>
             </dependency>
             <dependency>
                 <groupId>org.apache.HBase</groupId>
                 <artifactId>HBase-client</artifactId>
                 <version>1.5.0</version>
             </dependency>
         </dependencies>
</project>
```

(2) 定义 HBaseBolt

HBaseBolt 主要负责接收 WordCountBolt 输出的 tuple，然后将其写入 HBase 之中。为此，它需要连接 HBase，然后逐个写入 tuple，并在任务结束时关闭与 HBase 的连接。这些工作可以通过重新实现 Bolt 的 prepare( )、execute( )和 cleanup( )方法来完成。新增的 HBaseBolt 定义文件内容如下。

```
import org.apache.hadoop.conf.Configuration;
import org.apache.hadoop.HBase.HBaseConfiguration;
import org.apache.hadoop.HBase.TableName;
import org.apache.hadoop.HBase.client.Connection;
import org.apache.hadoop.HBase.client.ConnectionFactory;
import org.apache.hadoop.HBase.client.Put;
import org.apache.hadoop.HBase.client.Table;
import org.apache.hadoop.HBase.util.Bytes;
import org.apache.storm.task.TopologyContext;
import org.apache.storm.topology.BasicOutputCollector;
import org.apache.storm.topology.OutputFieldsDeclarer;
import org.apache.storm.topology.base.BaseBasicBolt;
import org.apache.storm.tuple.Fields;
import org.apache.storm.tuple.Tuple;
import java.io.IOException;
import java.util.Map;

public class HBaseBolt extends BaseBasicBolt {
    private Connection connection; //连接 HBase 的对象
    private Table table; //HBase 中的表

    //将连接 HBase 的工作放在 prepare()方法中完成
    public void prepare(Map stormConf,TopologyContext context) {
        Configuration config = HBaseConfiguration.create();
        try {
            //获取 HBase 的配置信息
            connection = ConnectionFactory.createConnection(config);
            //获取 HBase 中名为 stormwordcount 的表,需要事先在 HBase 中建立该表
            table = connection.getTable(TableName.valueOf("stormwordcount"));
        } catch (IOException e) {
        }
    }

    //每接收一个 tuple 都将调用此方法将其写入 HBase 之中
    public void execute(Tuple tuple,BasicOutputCollector basicOutputCollector) {
        String word = tuple.getString(0); //按位置从 tuple 中获取单词
```

```
        //获取单词的 count,转换成字符串主要是方便在 HBase 中查看
        String count = tuple.getInteger(1).toString();
        try {
            //定义一个 Put 对象,以 tuple 中的单词作为行键
            Put put = new Put(Bytes.toBytes(word));
            //将单词写入 word_count:word 列,word_count 为列族名
            put.addColumn(Bytes.toBytes("word_count"),Bytes.toBytes("word"),Bytes.toBytes
        (word));
            //将单词的计数写入 word_count:count 列
            put.addColumn(Bytes.toBytes("word_count"),Bytes.toBytes("count"),Bytes.toBytes
        (count));
            //将一个 tuple 写入 HBase 表格
            table.put(put);
        } catch (IOException e) {
        }
    }

    //在任务结束时关闭与 HBase 的连接
    public void cleanup() {
        try {
            if(table != null){
                table.close();
            }
        } catch (Exception e){
        } finally {
            try {
                connection.close();
            } catch (IOException e) {
            }
        }
    }

    //不再发射数据,所以不需要声明发射 tuple 中的字段
    public void declareOutputFields(OutputFieldsDeclarer outputFieldsDeclarer) {}
}
```

(3) 修改 StormWordCountTopology

对 StormWordCountTopology 的修改主要是将定义的 HBaseBolt 添加到 Topology。修改之后的 StormWordCountTopology 文件内容如下。新增的内容已加粗显示。

```
import org.apache.storm.Config;
import org.apache.storm.LocalCluster;
```

```
import org.apache.storm.StormSubmitter;
import org.apache.storm.generated.AlreadyAliveException;
import org.apache.storm.generated.AuthorizationException;
import org.apache.storm.generated.InvalidTopologyException;
import org.apache.storm.thrift.TException;
import org.apache.storm.topology.TopologyBuilder;
import org.apache.storm.tuple.Fields;

public class StormWordCountTopology {
    //应用的 main 函数
    public static void main(String[] args)
                throws AlreadyAliveException,InvalidTopologyException {
        //(1)创建一个 TopologyBuilder
        TopologyBuilder topologyBuilder = new TopologyBuilder();
        topologyBuilder.setSpout("sentenceSpout",new SentenceSpout(),1);
        topologyBuilder.setBolt("splitBolt",new SplitBolt(),10)
                .shuffleGrouping("sentenceSpout");
        topologyBuilder.setBolt("wordCountBolt",new WordCountBolt(),2)
                .fieldsGrouping("splitBolt",new Fields("word"));
        //添加 HBaseBolt,默认 Task 个数为 1
        topologyBuilder.setBolt("HBaseBolt", new HBaseBolt()).shuffleGrouping("word-
    CountBolt");

        //(2)创建 configuration,指定 Topology 需要的 Worker 的数量
        Config config = new Config();
        config.setNumWorkers(2);

        //(3)集群模式,提交任务到 Storm 集群中运行
        /*
        try {
            StormSubmitter.submitTopologyWithProgressBar("stormWordCount",config,
                                        topologyBuilder.createTopology());
        } catch (AuthorizationException e) {
            e.printStackTrace();
        }
        */
        //(4)本地模式,提交任务到本地,通过一个 JVM 来运行
        LocalCluster localCluster = null;
        try {
            localCluster = new LocalCluster();
        } catch (Exception e) {
            e.printStackTrace();
```

```
            }
            try {
                localCluster.submitTopology("stormWordCount",config,topologyBuilder.createTopology());
            } catch (TException e) {
                e.printStackTrace();
            }
        }
    }
```

（4）在 HBase Shell 中查看结果

可以在 IDEA 中运行上述代码，运行一段时间之后将其结束，然后在一个新的 Linux 终端打开 HBase Shell，通过图 8-12 所示的 HBase Shell 命令查看写入 HBase 的内容。

```
hbase(main):017:0> scan 'stormwordcount', {COLUMNS=>['word_count:word', 'word_count:count']}
ROW                                   COLUMN+CELL
 I                                    column=word_count:count, timestamp=1587676459150, value=49
 I                                    column=word_count:word, timestamp=1587676459150, value=I
 china                                column=word_count:count, timestamp=1587676459160, value=96
 china                                column=word_count:word, timestamp=1587676459160, value=china
 good                                 column=word_count:count, timestamp=1587676458747, value=53
 good                                 column=word_count:word, timestamp=1587676458747, value=good
 hadoop                               column=word_count:count, timestamp=1587676459047, value=108
 hadoop                               column=word_count:word, timestamp=1587676459047, value=hadoop
 hello                                column=word_count:count, timestamp=1587676459044, value=102
 hello                                column=word_count:word, timestamp=1587676459044, value=hello
 is                                   column=word_count:count, timestamp=1587676458749, value=53
 is                                   column=word_count:word, timestamp=1587676458749, value=is
 love                                 column=word_count:count, timestamp=1587676459146, value=49
 love                                 column=word_count:word, timestamp=1587676459146, value=love
7 row(s) in 0.1050 seconds
```

图 8-12　通过 HBase Shell 命令查看写入 HBase 的内容

8.7　Flume 与 Storm 和 Kafka 的整合

通过 7.4 节和 7.5 节的介绍可以看出，Flume 的主要功能是将各个数据源的信息实时收集汇总，而 Kafka 则擅长于实现消息的生产者和消费者的解耦，实现消息的可靠持久化。因此，在实际的流处理过程中，一种应用方案是将 Flume、Kafka 和 Storm 结合起来，利用 Flume 来将数据进行实时的收集汇总，利用 Kafka 暂存收集的数据，然后以 Kafka 为 Spout，利用 Storm 来对数据进行实时的处理。本节仍将以 WordCount 应用为例介绍如何将上述三者结合起来。

具体来说，将通过 netcat 应用向 Flume 发送文本数据，然后 Flume 将数据汇集到 Kafka，最后 Storm 以 Kafka 为数据源进行文本的划分和单词的统计。这里首先介绍 Flume 与 Kafka 的整合，然后介绍 Kafka 与 Storm 的整合。

8.7.1　Flume 与 Kafka 的整合

Flume 与 Kafka 的整合工作主要涉及对 Flume 的配置。这里主要是将 Flume 的 Sink 设置为 Kafka。这里首先说明如何对 Flume 进行配置，然后通过 netcat 发送数据，最后启动 Kafka 自带的 consumer 来验证数据从 netcat 到 Flume 再到 Kafka 是否流通。

（1）配置 Flume

进入 Flume 安装文件的 conf 目录下，通过 cp 命令复制一份 Flume 的配置文件，然后将其内容进行如下修改。

```
# 对 agent 的 Source、Sink 和 Channel 组件进行命名
a1. sources = r1
a1. sinks = k1
a1. channels = c1

#配置 Source
a1. sources. r1. type = netcat#配置 Source 的类型
#Source 的位置,绑定机器的 IP 地址,这里使用 localhost,其 IP 地址为 127. 0. 0. 1
#因为 127. 0. 0. 1 的 IP 地址机器的默认的名称为 localhost。这个可以在/etc/hosts 文件中查看或者修改
a1. sources. r1. bind = localhost
a1. sources. r1. port = 4444#接收数据的端口

#配置 Sink,设置 Sink 的类型为 KafkaSink 自定义的类型
a1. sinks. k1. type = org. apache. flume. sink. kafka. KafkaSink
agent. sinks. k1. topic = wordcountTopic#写入 Kafka 中的 Topic
agent. sinks. k1. brokerList = localhost:9092#连接 Kafka 集群的机器和端口
agent. sinks. k1. serializer. class = kafka. serializer. StringEncoder#序列化方式

#配置 Channel
a1. channels. c1. type = memory#设置 Channel 缓存的方式
a1. channels. c1. capacity = 1000
a1. channels. c1. transactionCapacity = 100

#绑定 Source、Sink 和 Channel
a1. sources. r1. channels = c1
a1. sinks. k1. channel = c1
```

从上述配置信息可以看出，这里修改了 Sink 的类型，设置 Sink 为 KafkaSink。Flume 将通过该 Sink 连接 Kafka 集群的机器和端口将数据传输出去。

（2）验证数据是否流通

在配置文件修改完成之后，可以打开 Linux 终端，通过如下命令启动 Flume。

```
cd /usr/local/flume/conf//进入配置文件所在的路径
//启动 Flume,flume-kafka 为新修改得到的配置文件名称
flume-ng agent -n a1 -f flume-kafka. conf
```

然后打开新的终端，通过如下命令分别启动 ZooKeeper 和 Kafka。

```
zkServer. sh start//启动 ZooKeeper
cd /usr/local/kafka/config//进入 Kafka 配置文件所在的路径
kafka-server-start. sh server. properties//启动 Kafka
```

接着在一个新的 Linux 终端通过如下命令在 Kafka 中创建一个 wordcountTopic，并打开 Kafka 自带的 consumer。

```
//创建一个名为 wordcountTopic 的主题
kafka-topics. sh --create --ZooKeeper localhost:2181 --replication-factor 1 --partitions 1 --topic wordcountTopic
//打开 Kafka 自带的 consumer
kafka-console-consumer. sh --bootstrap-server localhost:9092 --topic wordcountTopic-from-beginning
```

最后通过如下命令启动 netcat 程序，然后在输入栏输入任意语句。此时，如果能够在打开 Kafka 自带 consumer 的终端看到输入的语句，就说明从 netcat 到 Flume 然后到 Kafka 的数据是流通的。

```
//打开 netcat 应用,并连接 localhost 的 4444 端口
nc localhost 4444
```

8.7.2　Storm 与 Kafka 的整合

为了实现 Storm 与 Kafka 的整合，需要在 8.5 节 WordCount 程序的基础上修改项目的 pom. xml 文件以添加对 Kafka 的相关依赖，修改 StormWordCountTopology 文件以创建 KafkaSpout 并添加到 Topology 之中，还需要创建一个 WordCountRecordTranslator 文件以将 Kafka 中的消息记录转换成 Storm 中的 tuple。其他的 SplitBolt 与 WordCountBolt 保持不变。

（1）pom. xml 文件

修改之后的 pom. xml 文件的内容如下。

```
<? xml version = "1. 0"  encoding = "UTF-8"?  >
<project xmlns = "http://maven. apache. org/POM/4. 0. 0"
        xmlns:xsi = "http://www. w3. org/2001/XMLSchema-instance"
        xsi:schemaLocation = "http://maven. apache. org/POM/4. 0. 0
http://maven. apache. org/xsd/maven-4. 0. 0. xsd" >
        <modelVersion>4. 0. 0</modelVersion>

        <groupId>com. liu</groupId>
        <artifactId>stormWordCount</artifactId>
        <version>1. 0-SNAPSHOT</version>

        <dependencies>
            <dependency>
                <groupId>org. apache. storm</groupId>
                <artifactId>storm-core</artifactId>
                <version>2. 0. 0</version>
```

```
            <dependency>
                <groupId>org.apache.storm</groupId>
                <artifactId>storm-kafka-client</artifactId>
                <version>2.0.0</version>
            </dependency>
            <dependency>
                <groupId>org.apache.kafka</groupId>
                <artifactId>kafka_2.11</artifactId>
                <version>1.0.0</version>
                <exclusions>
                    <exclusion>
                        <groupId>org.slf4j</groupId>
                        <artifactId>slf4j-log4j12</artifactId>
                    </exclusion>
                </exclusions>
            </dependency>
        </dependencies>
    </project>
```

从上述 pom.xml 文件可以看出，Storm 与 Kafka 的整合需要添加对 storm-kafka-client 和 kafka 的依赖。其中特别需要说明的是，本书使用的 Storm 2.0.0 版本，该版本相对于以前版本的一个重大变化就是在与 Kafka 整合的过程中去除了对 storm-kafka 的依赖，必须使用 storm-kafka-client。基于 storm-kafka-client，创建 KafkaSpout 的方式与之前版本有了较大变化。这里需要注意的是需要选择与 storm-core 版本一致的 storm-kafka-client。

（2）StormWordCountTopology 文件

```
import org.apache.storm.Config;
import org.apache.storm.LocalCluster;
import org.apache.storm.generated.AlreadyAliveException;
import org.apache.storm.generated.InvalidTopologyException;
import org.apache.storm.kafka.spout.*;
import org.apache.storm.topology.TopologyBuilder;
import org.apache.storm.tuple.Fields;
import org.apache.storm.thrift.TException;
import org.apache.storm.kafka.spout.KafkaSpoutConfig;
import org.apache.kafka.clients.consumer.ConsumerConfig;
import java.util.concurrent.TimeUnit;
import static org.apache.storm.kafka.spout.KafkaSpoutConfig.*;

public class StormWordCountTopology {
    //应用的 main 函数
    public static void main(String[] args) throws AlreadyAliveException, InvalidTopologyException {
```

```
//(1)创建一个 TopologyBuilder
TopologyBuilder topologyBuilder = new TopologyBuilder();

//(2)创建并添加 KafkaSpout,首先创建一个 kafkaSpoutConfig
KafkaSpoutConfig<String,String> ksc =
    //设置连接 Kafka 集群中 broker 的 IP 和端口,以及 Kafka 中消息的 Topic
    builder("localhost:9092","wordcountTopic")
    //设置 Kafka 消费者的用户分组的 id
    .setProp(ConsumerConfig.GROUP_ID_CONFIG,"group2")
    //设置 Kafka 中的消息与 Storm 中的 tuple 之间的转换方式和发射数据的字段
    .setRecordTranslator(new WordCountRecordTranslator(),new Fields("sentence"))
    .setRetry(//设置消息处理失败的策略
        new KafkaSpoutRetryExponentialBackoff(
          new KafkaSpoutRetryExponentialBackoff.TimeInterval(
                          500L,TimeUnit.MICROSECONDS),
          KafkaSpoutRetryExponentialBackoff.TimeInterval.milliSeconds(2),
          Integer.MAX_VALUE,
          KafkaSpoutRetryExponentialBackoff.TimeInterval.seconds(10)
        )
    )
    .build();

//创建并添加 KafkaSpout,设置它的名称,设置 Spout Task 的个数为 1
topologyBuilder.setSpout("kafkaspout",new KafkaSpout<String,String>(ksc))

//(3)添加其他的 SplitBol 和 WordCountBolt
topologyBuilder.setBolt("splitBolt",new SplitBolt(),10).shuffleGrouping("kafkaspout");
topologyBuilder.setBolt("wordCountBolt",new WordCountBolt(),2)
               .fieldsGrouping("splitBolt",new Fields("word"));

//(4)创建 configuration,指定 Topology 需要的 Worker 的数量
Config config = new Config();
config.setNumWorkers(2);

//(5)集群模式,提交任务到 Storm 集群中运行
/*
try {
    StormSubmitter.submitTopologyWithProgressBar("stormWordCount",config,
                                   topologyBuilder.createTopology());
} catch (AuthorizationException e) {
    e.printStackTrace();
    }
```

```
            */
            //(6)本地模式,提交任务到本地,通过一个 JVM 来运行
            LocalCluster localCluster = null;
            try {
                localCluster = new LocalCluster();
            } catch (Exception e) {
                e.printStackTrace();
            }
            try {
                localCluster.submitTopology("stormWordCount",config,topologyBuilder.createTopol-
            ogy());
            } catch (TException e) {
                e.printStackTrace();
            }
        }
    }
```

上述文件相对于8.5节中的 Topology 文件的改动部分已经被加粗显示。从上述代码可知，创建一个 KafkaSpout 需要利用一个 KafkaSpoutConfig 来封装 KafkaSpout，作为一个 Kafka 的消息消费者，需要提供的一些配置信息。上述代码还利用一个 RecordTranslator 来实现从 Kafka 中读取的消息记录与 Storm 中的 tuple 之间的转换。人们可以自定义具体的转换方式。

（3） WordCountRecordTranslator

这里自定义的 WordCountRecordTranslator 的内容如下。

```
import org.apache.storm.Config;
import org.apache.storm.LocalCluster;
import org.apache.storm.generated.AlreadyAliveException;
import org.apache.kafka.clients.consumer.ConsumerRecord;
import org.apache.storm.kafka.spout.Func;
import org.apache.storm.tuple.Values;
import java.util.List;

class WordCountRecordTranslator implements
                    Func<ConsumerRecord<String,String>,List<Object>> {
    //这里只是将 Kafka 中记录的一条文本的内容放入一个 tuple 中
    public List<Object> apply(ConsumerRecord<String,String> record) {
        return new Values(record.value());
    }
}
```

（4） 本地运行

上述代码在 IDEA 中编写完成之后，便可以在 IDEA 中运行。此时会看到，Storm 会取出

Kafka 中 wordcountTopic 下的所有文本并进行处理。当在 netcat 中输入一条新的语句时，就可以在 IDEA 的控制台中看到处理的结果。

8.8　本章小结

这一章主要介绍了流处理框架 Storm 的基本原理与基于 wordCount 的实践应用。Storm 不同于 Spark Streaming，它是一个可靠的实时流计算平台。从逻辑上而言，一个 Storm 应用由 Spout 和 Bolt 两部分组成。Spout 负责发射 tuple 形式的数据，Bolt 负责接收并处理 Spout 发射的数据。一个 Storm 应用可以有多个 Spout 和多个 Bolt。多个 Bolt 之间可以并联，也可以串联。从物理上而言，Storm 是一个 Master-Slave 结构的集群。集群的 Nimbus 节点是集群的主控节点，负责监控集群各个节点的状态。集群的 Supervisor 节点是集群的 Slave 节点，Supervisor是运行于集群 Slave 节点的负责管理 Slave 节点中 Worker 进程的进程。一个 Slave 节点可以运行多个 Worker 进程，一个 Worker 进程可以有多个 Executer 线程，而实际中一个 Executor 线程又可以执行多个 Task。一个 Storm 应用的 Spout 和 Bolt 可以由多个 Task 同时执行，而这些逻辑上的 Task 最终分配给具体的 Executor 去执行。

Storm 作为一个流处理平台，可以与 Hadoop 结合，充分利用 Hadoop 的 HDFS 和 HBase 等组件来作为流处理中数据流的目的地，也可以利用 Flume 和 Kafka 等平台来作为流处理的数据源。

参考文献

[1] VIKTOR M S, KENNETH C. 大数据时代：生活、工作与思维的大变革 [M]. 盛杨燕，周涛，译. 杭州：浙江人民出版社，2013.

[2] 林子雨. 大数据技术：原理与应用 概念、存储、处理、分析与应用 [M]. 2 版. 北京：人民邮电出版社，2017.

[3] 肖睿，丁科，吴刚山. 基于 Hadoop 与 Spark 的大数据开发实践 [M]. 北京：人民邮电出版社，2018.

[4] 王晓华. MapReduce 2.0 源码分析与编程实战 [M]. 北京：人民邮电出版社，2014.

[5] 高彦杰. Spark 大数据处理：技术、应用与性能优化 [M]. 北京：机械工业出版社，2014.

[6] QUINTON A. Storm 实时数据处理 [M]. 卢誉声，译. 北京：机械工业出版社，2014.

[7] 林子雨，赖永炫，陶继平. Spark 编程基础：Scala 版 [M]. 北京：人民邮电出版社，2018.

[8] 耿嘉安. 深入理解 Spark：核心思想与源码分析 [M]. 北京：机械工业出版社，2016.

[9] 马延辉，孟鑫，李立松. HBase 企业应用开发实战 [M]. 北京：机械工业出版社，2014.